戦争はいかに地球を破壊するか

ロザリー・バーテル 著
中川慶子・稲岡美奈子・振津かつみ 訳

緑風出版

助言をくださり、私を目覚めさせてくださった
多くのすばらしい方々に本書を捧げます。

PLANET EARTH：
THE LATEST WEAPON OF WAR
A Critical Study into the Military and the Environment
by Rosalie Bertell

日本語版へのまえがき

ロザリー・バーテル

『戦争はいかに地球を破壊するか』の初版を出してから四年余りが経過した。その間に米国の国際政策はますます悪化し、深刻な事態を迎えている。米国は二〇〇四年九月までに、ミサイル防衛システムをアラスカに配備する計画である。すでに二度も先制攻撃による戦争を仕掛け、そこで使用されたハイテク兵器には劣化ウランだけでなくプルトニウムも含まれていることが明らかになっている。米国は先制攻撃政策を依然として維持しており、何ら悔い改めることなく核兵器を所有している。そればかりか、さらに、いわゆる小型核兵器や核搭載のバンカーバスター（地下施設破壊兵器）の開発を現在進めている。「事態が好転する前にはいつも悪化するものだ」という古くからの言い伝えだけがわずかな望みの綱である。

二〇〇四年七月二二日に米国科学者連合は、一年間の研究の結果、米国の宇宙空間への兵器配備の必要はないとの結論に達したと発表した。米国の資産は他の方法によって守れると報告文書は述べている。それにもかかわらず米国は、初期防衛作戦（ＩＤＯ）と銘打って、初めての長距離弾道ミサイル防衛を二〇〇四年九月にも開始しようとしている。長さ約一六・七メートルの地上配備迎撃装置がアラスカのフォート・グリーリーに配備され、二〇〇四年末までに、さらに四基が北部カリフォルニアのヴァンデンバーグ空軍基地に建造される予定である。そして二〇〇五年末頃までに、もう一〇基をフォート・グリーリーに配備することが計画されている。また、中部欧州にも「米国支配のミサイル迎撃装置配備用地」を受け入れさせるため、ポーランド、チェコ共和国、ハンガリー、ブルガリア、ルーマニアと交渉が進められている。二〇〇四年七月八日には米国にそのような用地を提供する協定にオーストラリアが署名し、韓国、日本、英国、イスラエルにも触手が伸びている。

このような軍事開発は、国際法や国際対弾道弾条約を反古《ほご》にするものであり、ペンタゴン自らのルールにも反し、「新兵器システムの配備前には作戦上のテストを行う」ことを求めている合衆国連邦法にも違反しているので、強い反対の声が寄せられてきた。これまでに七三〇億ドルがこのプロジェクトに費やされ、今後五年間には五三〇億ドルの支出が約束されている。そして、総額八〇〇〇億ないしは一兆二〇〇〇億ドルもの出費が見込まれている。

二〇〇四年三月二七日、四九人の退役陸海軍司令官がブッシュ大統領にたいして、ミサイル防衛計画を保留し、その費用を海外にある核物質の安全管理と本国の港や国境の安全確保に使うべきだと強く進言した。ミサイル防衛システムはせいぜい二四か二五のミサイルを迎撃できるだけで、攻撃されて初めて反応するシステムであることは明白であり、このシステムを打ちのめすような攻撃力を持ち得るのはロシアや中国だけであり、ほとんどの国は脅威となるような弾頭と発射装置の両方を生産できる資金を持ち合わせてはいないからだ。

このような途方もない防衛を必要とする米国にとっての巨大な脅威とは、いったい何だろうか。おそらくそれは、二〇〇一年九月一一日に、これまでの世界で最悪の、対米破壊行為を引き起こしたアルカイダのテロリストであろう。多くの市民が乗った大型旅客機をハイジャックし、ジェット燃料もろともニューヨーク市の世界貿易タワーや米国国防総省に突っ込み、そして米国連邦議会議事堂をも破壊しようとしたのである。テロリスト達は、何の疑念をも抱いていなかった三〇〇〇人の市民を殺害し、巨大なビルを破壊し、米国経済を混乱に陥れたのだ［訳注　このように断定できないとの証言もいくつか存在している］。宣戦布告は国家間で行われるもので、アルカイダは国家ではないのだが、資金力もあり、目標達成のためには喜んで命を捧げる狂信的信奉者を持つ手ごわい相手である。しかし彼らが長距離ミサイルを建造できると信じている者はほとんどいない！

この危機にたいして、対テロ戦争を宣言したことが、米国大統領のそもそもの誤りだと私は確信している。「戦争」という言葉は、「貧困に対する戦争」とか「ガンに対する戦争」など、米国ではあいまいに使用されるが、世界的には国家間の武力紛争として理解されている。対テロ戦争を宣言することによって、これらの無法者が、まるで国家のような集団として扱われることになったのである。国際社会がこの「戦争」への参加を躊躇していたにもかかわらず、米国は軍事力をアフガニスタンとイラクに向ける選択を行った。この二つの国は、すでにこれまでの戦争や制裁によって弱体化され、攻撃に耐えられるような軍隊を持ち合わせてもいなかったのに。

アフガニスタン

他に選択はなかったのだろうか。九・一一の破壊行為とはなはだしい人命無視にたいして、米国や国際社会がなしえた選択はいくつもあったはずである。私なら、ふたつの選択を提案しただろう。ひとつは、アフガニスタンを支配していたタリバンの求めに応じて、ツイン・タワーの攻撃を行ったのはアルカイダであるという証拠を米国が明らかにし、オサマ・ビン・ラディンとその信奉者の引き渡しを求めるという方法である。もうひとつは、国際警察力、「国際刑事警察機構」（インターポール）を引き込んで、その活動を活発化し、歴史上初めてのことではあるが、重要な国際治安維持の問題に対応するようにしむけることである。これは国際刑事法廷でオサマ・ビン・ラディンを告発するといった努力を支えることにもなっただろう。この訴訟は、国連安全保障理事会ではなくて、国際犯罪を処理するために適切に配置されている全世界の下部機構に直接に訴えただろう。それは全地球的管理の業務を行う格好の機会であった。テロ攻撃の後に世界から米国に寄せられた好意を有効に活用することもできただろう。九・一一攻撃後に二七ヵ国で行われた世論調査（ギャラップ調査）では、圧倒的多数の人々が、軍事的対応ではなく法的対応を支持していた。米国、イスラエル、インドだけが例外であった。イスラム諸国家はテロリストへの攻撃を支持してはいたが、イスラム国家への攻撃を支持していたわけではなかった。

米国はアフガニスタンにたいして三つの要求を行った。(1)ビン・ラディンとアルカイダの幹部を引き渡すこと。(2)一一あったアルカイダのキャンプをすべて閉鎖すること。(3)アフガニスタンへの米国の査察を受け入れること。タリバンは、一九九七年の東アフリカでの米国大使館爆撃の後、オサマ・ビン・ラディンからすべての通信設備を取り上げたと返答した。一九九八年以降、人が直接に訪ねて行く以外には、オサマ・ビン・ラディンは、外界との連絡を一切取れなかったはずだとタリバンは確信していた（あるいは、そう強く主張した）。タリバンにとって仲間のイスラム教徒を西側に引き渡すことは受け入れられないことであった。アフガニスタンを西側の捜査のために開放することは、タリバン政府にとって、屈辱的で受け入れ難いことであった。

二〇〇一年一〇月七日、九・一一の悲劇から一ヵ月も経たないうちに、米国はアフガニスタンに侵攻した。この侵攻には「不朽の自由作戦」というコードネームがつけられていた。この軍事行動の間に、一万二〇〇〇発の爆弾が打ち込まれ、三〇〇〇人の「敵」の兵士が殺害され、七〇〇〇人の捕虜が捕えられ、一一のアルカイダのキャンプが破壊された。米軍部はアルカイダ勢力の三〇%を破壊したと判断した。米側は二人が戦闘で死亡（CIA職員と米軍兵士）、一二人が事故で亡くなった。この戦争にかかった費用は三八億ドルである。政治的成果はわずかで、大統領とみなされているハミッド・カルザイはカブールに引きこもっているようだ。五万の民兵を率いる軍閥の将軍達が国の大半を支配している。

今回の戦争前には、国連の地雷撤去作業や赤十字の人道支援によって、アフガニスタンと国際社会との平和的で正常な関係を回復しようとの試みが行われていた。アフガニスタンは、旧ソ連との戦争やタリバンの支配によって、長年の間苦しめられ、荒廃させられてきた。しかし、米国による戦争のために、すべての難民救済のための努力と人道支援機関はその活動を一時停止して引き上げることを余儀なくされ、およそ五〇〇〜六〇〇万人の難民が食糧も避難場所もないまま放置された。

アフガニスタンに対する戦争は、第一次イラク戦争やコソボで使われた通常の高度精密爆撃とは異なっていた。爆撃機は低空飛行をし、精密爆弾を使用しなかった。米軍はクラスター爆弾を使用し、そのために多くの市民の犠牲者を出した。第三〜五週にかけて、米軍はじゅうたん爆撃を行った。北部同盟は米軍と手を組んで、自制することを約束した代わりに、積年の恨みをはらしたのである。

アルカイダがアフガニスタン北部の洞窟に逃げ込んだために、地中深くまで到達するような貫通弾が使用された。この貫通弾が以前の地震による断層を不安定にさせたのではないだろうか。二〇〇二年三月三日、二六日、そして四月一二日とたて続けに地震が起きている。三月二六日の地震は、約一二〇〇人が死亡、何万人もの人々が家を失った。リヒタースケール［訳注　震源で放出される地震のエネルギーの大きさを間接的に対数で表した数値で、震源の深度は無視されている。日本で使用されているマグニチュードは、リヒタースケールを改良した気象庁マグニチュード」でマグニチュード六・三、震源の深さ四キロメートルであった。この地域では通常、震源の深さは二一七キロメートルである。米国国立地震情報センター（ＮＥＩＣ）によれば、アフガニスタンでは通常浅い震源はみられず、「表面に近い部分で断層が破断した可能性」があるとのこと。国連、ドイツ、欧州連合、ロシアは直ちに救援を申し出た［訳注　震源の深さについて著者に問い合わせたところ、戦争の後は、特に地下塹壕破壊に用いられたバンカーバスターの影響で、震源が七〇キロメートル以下にまで浅くなっているという」。

爆撃による市民の死者は一〇〇〇人から一三〇〇人と推定されている。難民や飢餓による死者は、この上さらに二〇〇〇人にのぼると推定されている。爆撃によって、国連の地雷撤去施設、赤十字の食糧センターや食糧護送車、軍病院、老人ホーム、子ども達の学校、小さな村落や居住地が破壊された。炸裂したクラスター爆弾からは子爆弾がばらまかれたが、それは米軍が戦場に投下した食糧の包みと同じ色をしていた。

戦争中に七〇〇〇人もの捕虜をとることは明らかに予期されていなかった。カブール郊外のバグラム空港が急ごしらえの捕虜収容所として使われた。これらの捕虜は「違法な戦闘員」と決めつけられ、完全に国際法の枠外に置かれ、法的権利を与えられなかった。米国は、二〇〇一年一〇月に、自国の国内外の利益を守るためには情報収集のための拷問を行ってもよいという通達を出していた。これらの尋問の方法は、電気ショックなどの用具ではなく、むしろ心理的方法、屈辱やストレスを与えるというものである。バグラムの「収容所」の責任者であった第五一九軍事情報大隊のキャロリン・ウッド大尉（後にイラクのアブグレイブに配属される）は、睡眠や感覚の剥奪、苦痛をしいる姿勢、食事の操作、犬を使った拷問などを、バグラムで日常的に行っていたと説明した。キャロリン・ウッドは、軍弁護士の指導の下で、最大限の有効な情報を得るという目的を達成するために、高度な軍事尋問を行う訓練をアリゾナのフォート・フチューカで受けた。

二〇〇四年六月二八日の『ガーディアン』紙（九ページ）は、バグラムの捕虜が、裸にされ、頭巾をかぶせられ、犬に脅され、そして眠れないよう一五分ごとに転がって体の向きを変えさせられたとの記事を掲載した。この捕虜は膝まづいたまま、手は後ろに縛られ、狭い横穴の中で、長時間動けない状態にされた。叩いたり、性的屈辱を与えたり、長時間苦しい姿勢をとらせるというようなひどい扱いが日常的に行われた。鈍器による傷害で二人が死亡したことが報告されている。多くの捕虜は、寒さに曝され、食事も水も与えられなかった。六〇〇人の捕虜が長期監禁のために移送されたキューバのグアンタナモ湾でも、イラクのアブグレイブでも、同じような「慣行」が明らかに繰り返された。役に立つ情報を持っていることが疑われて、拷問が容認されていることで知られるエジプトや他の国々に送られた捕虜もいた。

アフガニスタンは未だ混沌としている。タリバン以前に力を持っていたのと同じ軍閥の将軍達が支配している。無政府状態の下で、盗賊とアヘン栽培がまん延している。戦後必要とされる、政治、環境、人道上の問題は無視され続けている。国連は、二〇〇二年一月、国際安全保障支援軍（ＩＳＡＦ）を送ったが、兵員があまりにも少なすぎたというのが大方の評価である。約三万人が必要だったにもかかわらず、四五〇〇人しか派遣されなかった。支援団体も引き上げ始めた。彼らの推定によると、八〇〇〇人〜一万八〇〇〇人が戦闘地域から脱出する途上に飢えや乳幼児遺棄や負傷のために亡くなり、アフガニスタン国内の難民キャンプで約二五〇〇人が亡くなったという。国境なき医師団も支援に入ったが、二〇〇四年八月までに、治安悪化のためアフガニスタン国内で安全に活動することができないという理由で撤退した。

破壊行為にたいして戦うための、この西部劇風のやり方は、取り返しのつかない混乱と、苦しみと死をもたらし、世界の安全保障のためにはなんらよい結果をもたらさなかったと私は断言できる。

一一の訓練キャンプを破壊し、アルカイダの戦力を三〇％減らすだけであれば、これほどまでに野蛮な方法をとらずとも、インターポールや、もし必要であれば特殊部隊を使って達成できたはずだ。アフガニスタンの女性の解放は、国際的圧力によってもっと適切な方法で回復することもできたはずだ。

イラク

全世界の世論に反して、米国は、次にイラクに先制攻撃を行うことを決定した。イラクの生物、化学、核兵器プログラムが、テロリストを支援し、米国や同盟国にたいして使用される可能性があるというのがその理由であった。英国もこのやり方に賛同し、両国は国連にたいして強い申し立てを行った。国連の明確な承認なしに行ったこの先制攻撃が国際法違反であるかどうかについて、今、広く議論されている。しかし、イラクは大量破壊兵器を持っていなかったし、九・一一以前にアルカイダと共謀したわけでもなかったようだということが分かってきた今、この戦争の根拠は事実ではなかったとして退けられつつある。

かつてない国際的な平和を求める呼びかけがなされたにもかかわらず、米国と英国は二〇〇三年三月二〇日の攻撃へと突き進んでいった。戦闘は三週間で大方終結し、二〇〇三年四月九日には、イラクの人々がサダム・フセインの像を倒し、上に乗って足で踏み叩くという結果に至った。平和運動は無視された。そして二〇〇三年五月一日、ブッシュ大統領はカリフォルニア沖の戦艦パシフィック・オーシャンの艦上で勝利宣言を行った。

「当然のことながら、普通の人々は戦争など望んではいない。しかし、結局のところ政策を決定するのは国の指導者なのだ。民主主義であれ、ファシスト独裁であれ、議会制であれ、共産主義者の独裁であれ、人々を引きずり込むのは簡単なことだ」
「声をあげようが沈黙しようが、人々はいつも指導者の命令に服従させられる。簡単なことだ。人々にたいしては、自分達は攻撃を受けていると語り、平和主義者は愛国心に欠け国を危険にさらしているのだと公然と非難することだ。そうすれば、どの国でも同じようにうまくゆく」

第二次世界大戦後のニュルンベルク裁判における、ヘルマン・ゲーリング（ヒトラーのドイツ帝国の司令官）の証言

第二次湾岸戦争の戦い方は、第一次湾岸戦争やアフガン戦争とは違ったものだった。空軍は、攻撃目標をパイロットや地上監視員の助けなしに（レーザーの指示で）攻撃することのできるＪＤＡＭ《ジェイダム》スマート爆弾を使用した。パイロットが攻撃目標に近づいて爆弾を投下しさえすれば、ＧＰＳ（地球上位置決定システム）の誘導で爆弾は攻撃目標に向かう。短期間の空爆で、イラクの戦力をくじいてから地上攻撃が始まった。装甲車や戦車がクウェートから侵攻し、海兵隊は兵員移送用ヘリコプターや海から上陸用舟艇を使って兵士を送り込んだ。重要な攻撃目標へは、レンジャー部隊や特殊部隊がパラシュートで降り立ち、基地や飛行場を制圧した。

平和を持続させるようにプランを立てることはそれほど簡単ではなかった。米国は、自分達はイ

ラク支配に全く関心がないと誓って、主だった派閥から約八〇人のイラク人を集め、イブラーヒームの聖地であるウルで会合を持つよう呼びかけた。多くのイラク人はこの会合をボイコットし、何千もの人々が会場の外に集まり「アメリカもサダムもいらない」とシュプレヒコールをあげた。会合では、一〇日後に再会することを決めただけであった。これは平和の始まりではなく、イラクにおけるひどく混乱した抵抗運動の始まりとなった。それ以来、車での自爆、手榴弾による攻撃、外国人労働者の断頭、石油パイプラインの爆破、そして最近では各地のキリスト教会の爆破などが起きている。

米国はこの不評な戦争の遂行のために巨額の債務を背負い込み、一二五兆ドルの借金をかかえている。戦費は米国国民一人あたり約三四五一ドルにあたる［訳注　著者に問い合わせたところ、ジョージ・W・ブッシュが大統領に就任した時には莫大な余剰金があったが、彼はそれを使い尽くして借金を重ねた。そのうちには戦後の復興費も含まれている］。

イラク人に主権の移譲を行ったにもかかわらず、圧倒的な軍事力を有する米軍が依然として駐留している。もし米軍が最終的に手を引いたら、内戦が起こるのではないかと多くの人々が危惧している。

湾岸戦争症候群

湾岸戦争症候群は第一次湾岸戦争後に初めてみられるようになった病気だが、約一万人の若い米国兵がこの病気で亡くなり、二〇万人が障害者の認定を求めている。六〇〇〇人の英国兵がこの症候群にかかり、六〇〇人以上が亡くなっている。診断の下されていないこの病気は、コソボやアフガニスタンの戦争でも再びみられた。ペンタゴンは、三億ドルをかけて一二五の「研究」を行ったが、適切な診断や治療は見つかっていない。政府は、依然として、この疾患が劣化ウラン兵器使用となんらかの関係があるということを否定している。退役軍人は、病気になり、働くこともできず、結婚生活もうまくゆかず、あたりまえの生活をすることすら望めない状態の中で、自分たちでなんとかしなければならないのだ。この「謎の病気」は、アフガニスタンや第二次イラク戦争に参加した兵士の間でも再び起こり始めた。少なくとも一〇〇人の男女がこの病気にかかっており（二〇〇〇人という推定もある）、すでに亡くなった人もいる。この新たな「謎の病気」は、公には軍によって「肺炎」とされている。

この病気で命を落した若者の一人にジョシュ・ノイシェがいる。彼はもと陸上競技のスターだった二〇歳の若者で、喫煙者ではなかった。ジョシュの父親のマーク・ノイシェは、ドイツのラントシュトゥール病院に息子を訪ねた時の体験をはっきりと述べている。マークの証言によれば、この病院には約五五人の他の兵士が、全員同時期に収容された。歩ける者もいれば車椅子に乗っている者もいる。人工呼吸器を装着されている者もいた。医師は父親にたいし、息子さんは「毒素」を持っていると告げた。医師は「肺炎」についてはなにもふれず、死亡診断書にもそのことは一切記されていなかった。しかし、多くの兵士が病気になったことについて問われると、政府高官は「肺炎」のせいにするのだ。

二〇〇四年六月二六日、ジョシュが父親に、バグラム空港で秘密の「牽引」特務飛行の任務につく予定だと話してから、二〇〇四年七月一日にジョシュが意識不明の状態にあることを知らされるまで、家族には何の連絡もなかった。ジョシュが昏睡状態に入ったと確認されたその日に、突然彼は軍によって「医学的退役」として扱われるようになった。ジョシュも家族もこのような退役を承認しなかった。

身分的にこのように扱われることになったので、付き添うためにドイツまで行ったジョシュの家族にたいして、軍は何ら支援する義務がなくなった。ジョシュの二〇三技術大隊の隊員全員が一〇ドルずつカンパをして、やっと家族が寄り添うことができたが、ジョシュは二〇〇四年七月一二日に亡くなった。どれだけ多くの家族が同じような体験をしたのかは分からないが、軍人と退役軍人協会の多くは説明と誠実な回答を求めている！

第一次湾岸戦争（一九九〇～九一年）に従軍した退役軍人の訴えている健康障害には、頭痛、睡眠障害、もの忘れ、集中力の低下など、ストレスのためとも思われる症状が含まれている。しかし、報告されている他の症状――倦怠感、筋肉や関節の痛み、息切れ、ガン、泌尿生殖器系の非常に稀な疾患、造血器や血液系の障害、戦争後に生まれた子どもに増加している先天障害の発生――をストレスによるものとして片付けるには無理がある。これらは、断じてストレスとして簡単に片付けられるものではない！　ある退役軍人の間では、筋萎縮性側索《そくさく》硬化症（ルー・ゲーリック症候群）が、予想外に高い頻度でみられ、突然死したケースもある。同じような症状は旧ユーゴスラビアの領内で従軍した退役軍人にもみられる。これらの兵士の間では、ホジキン、非ホジキンの悪性リンパ腫が通常より高い頻度でみられる。ユーゴスラビアで活動した人道支援機関のスタッフも同じような異常な病気や症状を示す症候群に苦しんでいる。イラクの子どもやユーゴスラビア連邦の子どもに白血病が増加している。それは特に戦闘の行われた場所の近くの街でみられる。

退役軍人は戦争中に、劣化ウラン以外にも、これまで試されたことのないような多くの危険要因に曝された。戦場となった地域に特有なものも含む様々な感染症、臭化ピリドスチグミン［訳注　重症筋無力症の治療に用いられる半減期の短いアセチルコリンエステラーゼ阻害薬。湾岸戦争では、米軍がサリンを想定し、神経剤中毒予防として兵士に配布、強制的に飲ませたが、これはサリンに有効ではないと指摘されている]、ワクチン接種（なかには人体実験用のものもあった）、意図的にあるいは爆撃によって放出された化学・生物戦用の作用物質、油田火災、殺虫剤などがそのような危険要因である。戦場そのものには電磁場エネルギーが充満していた。これらすべてが健康に被害を及ぼしたのである。これら諸要因への暴露は、劣化ウラン兵器の影響をわかりにくくしてしまうだろう。しかし、米国内の宅配便会社、フェデラルエクスプレスの営業所で劣化ウランが燃える火災があり、二人の男性が約八時間にわたって劣化ウランのエーロゾルに曝されるという事故があった。二人ともその事故後、ずっと健康障害をかかえている。私はそのうちのひとりの診断書を持っているが、それには以下のように記されている。「進行性拘束性肺疾患、赤血球指数の低下と白血球の形態異常を伴う骨髄とリンパ系の異常、悪性疾患の前兆を示す徴候、鬱症状、末梢性神経障害、視力・聴力低下と前庭機能障害［訳注　めまいなどの症状を示す内耳性の平衡機能障害］を伴う器質性脳疾患、肝臓の構築の異常」。三人の子どもがいるが、そのうち二人は事故前に生まれた子どもで、健康である。三番目の女の子は四歳だが、持続性の皮疹がある。この男性は、戦場で有害物質に暴露された経験もなく、喫煙歴や飲酒歴もなく、違法な薬物の使用歴もない。彼は四八歳にして「九八％身体障害」とみなされている。四二歳で事故に遭った時には健康そのものだったのに。

二〇〇〇年三月にNATOは劣化ウランをバルカンで使用したことを明らかにした。そして二〇〇一年に国連環境計画はサラエボの近くで放射能の痕跡を検出している。謎の症候群や健康障害の原因が、この放射能の痕跡にある可能性を浮上させた。劣化ウランに対する懸念は、もはや湾岸戦争に参加した米英の退役軍人の問題だけでなく、国際社会の問題となったのだ。

劣化ウラン

天然ウランはU235、U234、U238の混合物である。ウラン化合物は、U235の含有量が〇・七一一%未満で、通常〇・二%くらいにまで低くなった場合「劣化」していると称される。劣化ウランは兵器製造や核燃料のためのウラン濃縮過程から出た廃棄物である。米国の法律によれば、劣化ウランは訓練を受けた核労働者によって扱われ、環境から隔離されなければならない。兵器に用いられる劣化ウランのいくらかは使用済み核燃料の再処理過程から供給され、それにはプルトニウムを含む核分裂生成物が汚染物として含まれている。使用済み核燃料が再処理されてプルトニウムが抽出される際に、核分裂しなかったU238をも抽出して兵器のためにリサイクル使用することができるのだ。この再利用のウラン〔訳注　回収ウラン〕にはわずかなプルトニウムや他の核分裂生成物が含まれている。

米英の両国政府は、ウラン鉱夫の酸化ウランへの曝露を引き合いに出して劣化ウラン兵器使用を正当化している。鉱山のウラン粉塵は部分的には体液中に溶解する。そのようなウランは生物学的半減期が短く、二~三日で体外に排出される。このように排泄が早いために、鉱夫では、化学毒性、つまり腎尿細管の障害が優位な健康障害となる。これがまず初めに起こる。鉱夫の週当たりの曝露量が過剰になると、排尿障害や血尿をきたす。戦場でウランが使用された場合には、状況はかなり違ってくる。劣化ウラン兵器が硬い目標物（建物や戦車など）に命中した場合、炸裂して燃え上がる（ウランは燃えやすい）。燃え上がると摂氏三〇〇〇～五〇〇〇度の高温に達する。このような高温では、炎の周囲の金属はほとんどすべて融けてしまい、冷えると小滴となり、エーロゾルと呼ばれるうすい金属で表面を覆われた空洞の球になる。これらの球は非常に小さく、直径が二ミクロン以下、しばしばナノメータ［訳注　ナノは一〇億分の一］級の大きさとなる。空中を容易に浮遊し、風によって遠くまで運ばれ、地上に落下しても再び浮遊することができる。人々が呼吸とともに吸い込むこともありうる。高温で燃えたために、これらの粒子はセラミック状になっており、体液に溶けることはない。

いったん吸い込まれると、これらの粒子は一〇年以上の生物学的半減期で体内に留まる。放射性と非放射性の両方の粒子があり、そのほとんどは重金属で、生物が分解することのできない、自然界にはない汚染物である。明らかに、重金属として作用し、腎臓、肝臓、その他の臓器に障害を与える。しかし、これらは必ずしも優位な健康障害とはならない。健康上の問題は、まず第一に肺に、次にはリンパ系に現れるようだ。体液に溶けない場合は、最終的に貪食細胞《どんしょくさいぼう》によって肺から除去される。そして、粒子は気管支のリンパ節に沈着し、リンパ液を介して体内を巡ることになる。

これらの粒子はすべて有害である。まず第一に、粒子が壊れて鋭い刃物のような形になれば、細胞構造を損傷するかもしれない。そして、これらの粒子は放射能を持っているので、さらにとりわけやっかいな問題が加わる。一〇年以上もの長期間にわたって体内に留まるために、体内に沈着した場所の周囲の細胞を照射し続け、様々な病気や症状を引き起こす。太陽の輻射は、数分間なら問題ないが、何時間も浴びていると問題が生じることはだれもが知っている。放射線源も同じである。太陽のようなもので、曝される期間が長いほど線量も大きくなる。劣化ウランや、他の放射性汚染物も同じである。国際法学者たちは劣化ウラン兵器の使用は、世界人権宣言、国連憲章、ジェノサイド条約、一九四九年のジュネーヴ条約、拷問禁止条約、一九八〇年の通常兵器条約〔訳注　特定通常兵器使用禁止制限条約〕、一八九九年と一九〇七年のハーグ条約に違反していることを確認している。劣化ウラン兵器の使用は水や空気、食べ物を汚染することによって、地雷の使用と同じく、戦争が終わってからも長い間、市民に害を与え続ける。放射能兵器はまた、成人男性よりも、女性や子どもの命を多く奪う。女性は乳ガンや子宮ガンのリスクが高いし、子どもは免疫系が未熟で、細胞の成長が速いのだから。また、余命が長い分だけ被害が大きいと言える。

未来

人々は、もはや、諸国が平和に向けた交渉を行うのに期待をかけて手をこまぬいて待っていることなどできない。市民は自分たちの国際組織——おそらくは「世界社会フォーラム」を中心として——を創らねばならない。より殺傷性を低くし、控えめで、慈悲深い軍事的研究などを期待することもできない。自然に循環している地球は、いつかはこの有害なごみをすべて将来のいずれかの予期せぬ世代に引き渡すことになるのだ。私たちはとっくの昔にこの世から姿を消してしまっているだろうが、未来の世代に対する私たちの配慮が、今、試されているのだ。

戦争は地球の補給能力をこえて天然資源を枯渇させる。人口の増加に伴って資源が枯渇してゆくのは目に見えている。そのため、将来の世代は、ただ生存するためにも、資源をめぐってとどまることのない戦争を強いられる。それに加えて、戦争によって生じた致死的な有害物は、使用する以上の資源を枯渇させ、あるいは汚染し、次の世代に遺伝的障害をもたらす。分け合い、消費を減らし、平和を保つことによってのみ、この地球を再び暮らせる場所にすることができるのだ。

私たちは恐ろしい未来を創り出しつつある！　今こそ、この流れを変える時だ！

私のこの著書が日本で出版されることに、変革に向けた希望を感じる。ここに記された情報が、日本国憲法の並外れた長所でもある平和への貢献を強化することを望んでいる。戦争によって疲弊した世の中がどのようなものか、日本は経験してきたはずだ。孤立しているように思えても、どうか希望を失わないでほしい。日本の皆さんや世界の人々に、ほんとうの平和が訪れ、友好がさらに深まり、お互いに兄弟姉妹のように抱擁しあえる日の来ることを私は切に願っている。

二〇〇四年一一月、フィラデルフィアにて

ロザリー・バーテル博士と私

埼玉大学名誉教授　市川　定夫

ロザリー・バーテル博士と私が初めて会ったのは、同博士が一九七〇年代末の原水禁世界大会の国際会議に招かれたときで、医療放射線の被曝とさまざまなガンの発生や寿命短縮との関連性を丁寧に説明したその講演ぶりに、すっかり感服したのをよく覚えている。その後、バーテル博士とは、海外でもたびたび会う機会があり、さまざまな面で協力し合ったが、何よりも緊密に同じ目的に向かって最大の努力を尽したのは、三菱化成がマレーシアで引き起こした極めて不法な典型的事例としての「公害の輸出」事件への対応であった。

その件に関して、私が放射線測定を含む現地調査の依頼をマレーシア・ペナン島の消費者団体の弁護士グループから初めて受けたのは、一九八四年一〇月のことであった。三菱化成が出資して設立したマレーシアのＡＲＥ（エイシアン・レア・アース）社が、ペラ州の州都イポー市郊外にあるブキ・メラー村に建設した工場で、モナザイト（モナズ石）という鉱石からイットリウムなど希土類金属を抽出する操業を、マレーシア政府の許可がないまま開始し、その工程で出る強い放射能を持つ産業廃棄物を、柵も放射能標識もないまま工場周辺に大量に放棄しているとして、現地調査を依頼してきたのであった。

ＡＲＥ社がモナザイトから抽出しようとしていた希土類金属のうち、特にイットリウムは、カラーテレビやパソコン画面の赤色の発色に不可欠なものであった。しかし、原材料のモナザイトには、トリウム２３２という核分裂をする放射性核種が重量比で約七％も含まれており、トリウム２３２は、加えてその崩壊系列という、主にアルファ粒子（線）の放出を繰り返して、次々とラジウム２２４、ラドン２２０（別名トロン）などの放射性核種に変換しながら、最後は鉛２０８となってようやく放射能がなくなり安定するという性質ももっている。しかも、トリウム２３２は、一四一億年という地球上で最も長い放射能半減期をもっており、国際的にも核原料物質または核燃料物質として厳重な管理を義務づけられている。

ＡＲＥ社は、当初、トリウム２３２とその崩壊系列で生じるいくつもの放射性核種を含む産業廃棄物（以下トリウム廃棄物）の貯蔵施設を、ブキ・メラーから二〇キロメートルほど南のパパン村の、政府が提供した用地に建設する計画であった。しかし、政府がトリウムを将来の核燃料として重視していることを知る同社は、一九八二年七月、廃棄物貯蔵施設建設に未着手のまま、しかも工場の試運転許可しか得ていない段階で本格操業を始めた。操業を開始すれば、当然、トリウム廃棄物がどんどん出る。慌てた同社は、工場周辺のやはり政府提供の土地に、柵もせず、しかも放射能標識も付けずに、無断で、当初はトリウム廃棄物をドラム缶に入れて野外放置し始め、やがてプラスチック袋入りや、そのままで野外投棄するようになった。

その一方で、ＡＲＥ社は、パパンで廃棄物貯蔵施設建設に遅まきながら着手した。しかし、慌てていた同社が急がせた工事は、当初の計画とは大きくかけ離れた、ずさんな貯蔵溝を造らせる結果を招き、パパンの住民たちに「何を入れるのか」という疑問と不安を募らせ、間もなく疑問と不安は、ブキ・メラー近辺にも広がった。そしてそれが広範な住民の反対運動になり、その報道が環境保護団体などによる全国的な反対運動を呼ぶに至った。マレーシア政府は、一九八三年九月、IAEA（国際原子力機関）に調査を依頼したが、同調査団が「極めて不適切で危険」との裁定を下したため、ずさん工事による貯蔵溝は使えなくなった。

一九八四年一二月下旬、私は、放射線測定を中心とする現地調査にマレーシアを訪れた。私が持参した放射線測定器具は、刻々ごとの線量率を測定する通常のサーベイメーターと、何日間とか何週間とかの集積線量を精度高く測定するTLD（熱蛍光線量計）素子であった。TLDによる測定は、放射線を吸収した個々の素子に一定の熱を加えると出てくる蛍光量を測ってそれぞれの正確な吸収線量を求めるもので、蛍光量を正確に測る機械がある埼玉大学に持ち帰らないと結果が得られないので、意図的な目的があれば、データを捏造しうる可能性もあり、このような現地調査では、公開での調査を必要とするため、各測定地点の線量率を報道関係者ら第三者にすぐに見せうるサーベイメーターも用いたのである。

初めて見た現場の状況は、驚くほどひどいものであった。トリウム廃棄物を入れて野外放置してあったドラム缶には腐食したものが多く、やはり廃棄物入りで野外放棄してあったプラスチック袋も大部分が破れて、廃棄物の破片が袋外に散らばっていた。特に、そのまま野外投棄するようになった比較的新しい廃棄物を隠すために、工程で出る副産物の白いリン酸三カルシウムを大量にかぶせてあったが、少し掘ると茶褐色のトリウム廃棄物が現れ、比較的最近になって設けられた粗末な柵の外側にも、無数の廃棄物の破片が散乱していた。

雨に濡れないよう薄いプラスチック小袋に入れたＴＬＤ素子を、多数の測定地点の一メートル高に設置しながら、サーベイメーターで地上一メートルの線量率を計測すると、野外投棄場の外周で、平均的な自然放射線の五〇倍近い値のほか、多数の地点で高い値が得られた。投棄場に接する農家や農場、ＡＲＥ工場前の製材所でも高い値が得られ、ブキ・メラーや反対側の新興住宅地でも、通常の二倍前後の放射線レベルが検出された。また、野外投棄場内では、蓋のない錆びたドラム缶の近くで通常の八〇〇倍もの線量率が測定された。一方、帰国後に埼玉大学で行ったＴＬＤ素子の精度の高い集積吸収線量の測定結果は、サーベイメーターによる線量率から算出される集積線量と近いものが多かったが、これをより精度の高い測定結果と明記して、現地で公開した線量率も併記し、署名入りの英文報告書を作成のうえマレーシアに送った。この報告書は、信頼度の高い証拠としてイポー高裁に提出され、同高裁は、一九八五年一〇月、操業停止とトリウム廃棄物安全管理の仮執行命令を出した。

なお、ＡＲＥ工場では、当時、作業者の被曝線量測定をまったく行っていなかったため、作業者二名にＴＬＤ素子を作業中携帯してもらったところ、当時の職業被曝限度を超える被曝を受けることを示す測定値が得られ、この結果もＴＬＤ素子による他の測定結果とともに報告書に含め、マレーシアに送った。

バーテル博士も、一九八五年にやはり放射線レベルの調査を行い、私と類似した結果を得ており、さらにブキ・メラーの住民たちの健康調査も行って、放射線被曝によると考えられる症状が起こっている事例を報告していた。

ＡＲＥ社が操業を停止して工場周辺のトリウム廃棄物をドラム缶に詰め、その跡に廃棄物暫定貯蔵倉庫を建ててそうしたドラム缶を収容し、放射能標識も付けた後の一九八六年一〇月、私は、二回目の現地調査を行った。調査地点は、新たに判明したトリウム廃棄物の野外不法投棄現場も加えて、前回より広範囲になったが、放射線レベルは、多くの地点で前回の三分の二前後とまだ高く、特に暫定貯蔵倉庫敷地に降った雨水の排水管の排水口直下では、平均的な自然放射線レベルのほぼ一四〇倍もの測定値が得られ、敷地の土壌内にトリウム廃棄物が依然としてかなり残っていることを示した。新たに判明した不法投棄は、工場から約八〇〇メートル離れた場所で、測定値は通常の約七三〇倍にも達した。私は、この調査結果をやはり署名入り英文報告書としてマレーシアに送り、前回の報告書とともに次に述べる本訴訟での証拠となった。

しかし、ＡＲＥ社の「改善努力」を評価したマレーシア原子力認可局は、一九八七年二月、操業再開の暫定許可を出した。そうした状況の中で、ＡＲＥ社の操業停止などを求める本訴訟が住民側から起こされ、同年九月から本訴訟の公判が始まった。第一回公判で、バーテル博士と私が原告側の特別補佐人として認められ、その後、一週間または二週間単位の集中審理で、一九九〇年三月の第八回公判で結審するまで、二年半にわたる裁判が続いた。

その第一回公判では、ブキ・メラーの原告住民二名、ＡＲＥ工場前の製材所の経営者、同社に雇われてトリウム廃棄物を不法投棄した運送業者の四名が証言し、初期のドラム缶入りの不法放置からプラスチック袋入りの不法投棄への変遷、廃棄物の総量が増えた後のフォークリフトによるプラスチック袋入りの積み上げにより袋が次々と破れたといった前三名の生々しい証言に続いて、運送業者が「トリウムケーキ（または廃棄物）の池（または工場外）に投棄」と明示されている多数の支払い明細書を提示しての証言が行われた。

第二回公判は、同年一一月に予定されていたが、マレーシア政府が国内治安令を発動し、原告弁護士や住民団体代表者などを令状なしで逮捕したため、一九八八年二月に延期された。そして、バーテル博士が低レベル放射線の影響を、同博士とインド人医師ジャヤパーラン博士がブキ・メラーの子ども達にみられるアトピーなど免疫系障害の多発と、血中鉛量の異常な高まりなど、調査結果について証言した。なお、血中鉛量が増えるのは、トリウム２３２の崩壊系列の最終産物が鉛であり、トリウム廃棄物の飛散を物語っていた。

第三回公判は、続いて同年三月に開かれ、米国の放射線疫学者ラドフォード教授と私が証言した。ラドフォード教授は、米国科学アカデミーの「電離放射線の生物学的影響に関する委員会」の元委員長で、低レベル放射線の影響について証言した。私は、ＡＲＥ工場とトリウム廃棄物野外投棄場および暫定貯蔵倉庫周辺での二回にわたる調査結果と、微量放射線の影響を中心に証言したが、加えて、ＡＲＥ社が行っている事業は、日本では規制が厳しく著しく困難であり、しかも、放射性廃棄物の野外投棄や放射線管理なしの作業などは、日本ではとうてい行いえないものであることも証言した。

同年七月の第四回公判では、最初にジャヤパーラン博士への短い反対尋問が行われたあと、被告ＡＲＥ社側の立証に入り、まず、三菱化成から出向の同社社長の重信多三夫氏の証言が始まった。しかし、同氏の証言は、同年一一月の第五回、一九八九年三月の第六回、同年一一月の第七回と、一年四ヵ月にわたって延々と続いた。原告側の証言が、国内治安令発動にもかかわらず、ほぼ半年で終わったのと対照的であった。それは、操業を開始しており、裁判が遅れるほど有利という立場の同氏が、日本から呼んだ通訳を通じて、日本語で証言するという、非常に時間のかかる方法を意識的に採用したからである。

しかも、重信氏は、ARE工場が化学工場であって原子力工場ではなく、「三菱」の名誉にかけてもマレーシアの法令を厳守しており、トリウム廃棄物も安全管理していて、野外投棄したことは一切なく、野外に積み上げていたのは副産物のリン酸三カルシウムであり、もしそれにトリウム廃棄物が混入していたとすれば、下請作業者による無断投棄であると主張した。同氏は、逆に、同社のマレーシア経済への貢献度は大きく、しかも、地中に散在している危険なトリウムを濃縮して集中管理するのであるから、国民の安全にも寄与していると主張した。

主尋問にたいしてこうした開き直りに終始した重信氏も、鋭い反対尋問には抗しきれなかった。試運転許可の段階でフル操業に入った事実を突かれて、最初は「正式許可を得ていた」と答えたものの、求められた許可証の写しを提出できず、「前任者から聞いていない」と弁明した。また、運送業者にその都度手渡した「トリウムケーキを投棄」等と明記された支払い明細書についても、「リン酸三カルシウムのはずをサインした社員が勘違い」と苦しい弁明をするしかなかった。同氏は、さらに、同社の事業を日本で行うのは困難であることを認めざるをえなかった。

一九九〇年三月の第八回公判では、原告側からバーテル博士がブキ・メラーで多発している幼児性白血病について追加証言し、被告側から米国のワグナー博士が「低線量は無害」との、近年のかずかずの証拠を無視した否定証言を行い、公判は結審した。

こうした公判が開かれるたびに、バーテル博士と私は、それぞれの調査を継続した。バーテル博士は、ジャヤパーラン博士とともにブキ・メラーでの健康影響調査を、私は、放射線測定を、毎回続けたのである。また、原告側の特別補佐人として認められたバーテル博士と私は、ほとんど毎回のように、三人の弁護士と公判の進め方や被告側証人重信氏への反対尋問などの協議を繰り返し、この訴訟に絶対に勝訴する自信をもっていた。

そして、原告側の最終準備書面を五月にはイポー高裁に提出した。間もなく裁判長から「夏には判決を出す」との電話連絡があり、その日を待っていた。

しかし、七月になっても、九月になっても、判決は出なかった。秋になって、高裁事務局から弁護士に「判決は少し遅れる」との連絡があったものの、その後は何の連絡もなく、一九九〇年が過ぎ、一九九一年も過ぎた。フル操業を続けているARE社を救いたいマハティール首相からの圧力がかけられているとの心配が日増しに募り、マレーシアの弁護士やバーテル博士と何度か連絡を取り合っていた。

しかし、その時はついに訪れた。一九九二年七月に入ってから、イポー高裁から弁護士に「七月一一日に判決を言い渡す」との連絡がようやくあった。

その当日、イポー高裁の敷地が千人を超える住民たちであふれる中で、その二号法廷で注目の判決が言い渡された。ペー・スイチン（自瑞真）裁判長が言い渡した判決は、ARE社にたいし、トリウム廃棄物を完成した恒久的な貯蔵施設に移したうえ、一四日以内に全面操業停止するよう命じ、かつ訴訟費用の負担を命じるものであった。

ARE社は、七月二三日、マレーシア最高裁に上告した。そして、最高裁は、一九九三年一二月二三日、原告不在の法廷で、一九八六年以前の状態には一言も触れることなく、イポー高裁判決を破棄する逆転判決を出した。

しかし、三菱化成は「中国から輸入するほうが経済的」として撤退し、ARE工場は閉鎖され、マレーシア政府とペラ州が管理を続ける放射能半減期一四一億年のトリウム232を重量比で一四%も含むトリウム廃棄物だけが、ブキ・メラーから遠くない山中の貯蔵施設に残された。三菱化成は、その責任を逃れるため撤退したのである。

このような三菱化成が犯した不法と悪質の典型としての「公害の輸出」事件にたいして、数年間にわたり協力し合ってきたバーテル博士と、来る一〇月一一日に広島で開催されるイラク世界民衆法廷(WTI)広島公聴会(World Tribunal on Iraq, Hirosima Session)で、二人で続けて講演するために、何年ぶりかで会えることを、私は、心から楽しみにしていた。

しかし、バーテル博士が、体調が優れないため広島で私と一緒に講演できないと聞いて、私がなすべき最善の務めは、この『戦争はいかに地球を破壊するか』の翻訳・出版の意義を、同博士に代わって強調することだと知った。バーテル博士のこの著書は、一九九〇年の「湾岸戦争」を起点に、報復という名のもとでの劣化ウラン弾も含む近代兵器の大量使用が、広島・長崎への原爆投下を前例として追うように、子ども、女性、老人など非戦闘市民をも無差別に殺傷させる方向へと進んできた現状を、最新兵器開発の実情から鋭く指摘している。「報復」に名を借りるそうした現状にたいして、ロザリー・

バーテル博士が本書で論述する真摯な考察に、私は、読者の一人ひとりがその実像を深く察知してくださるものと確信している。

二〇〇四年九月二五日記

目　　次

【目次】

第Ⅱ部　研究

第III部　安全保障を再考する　271

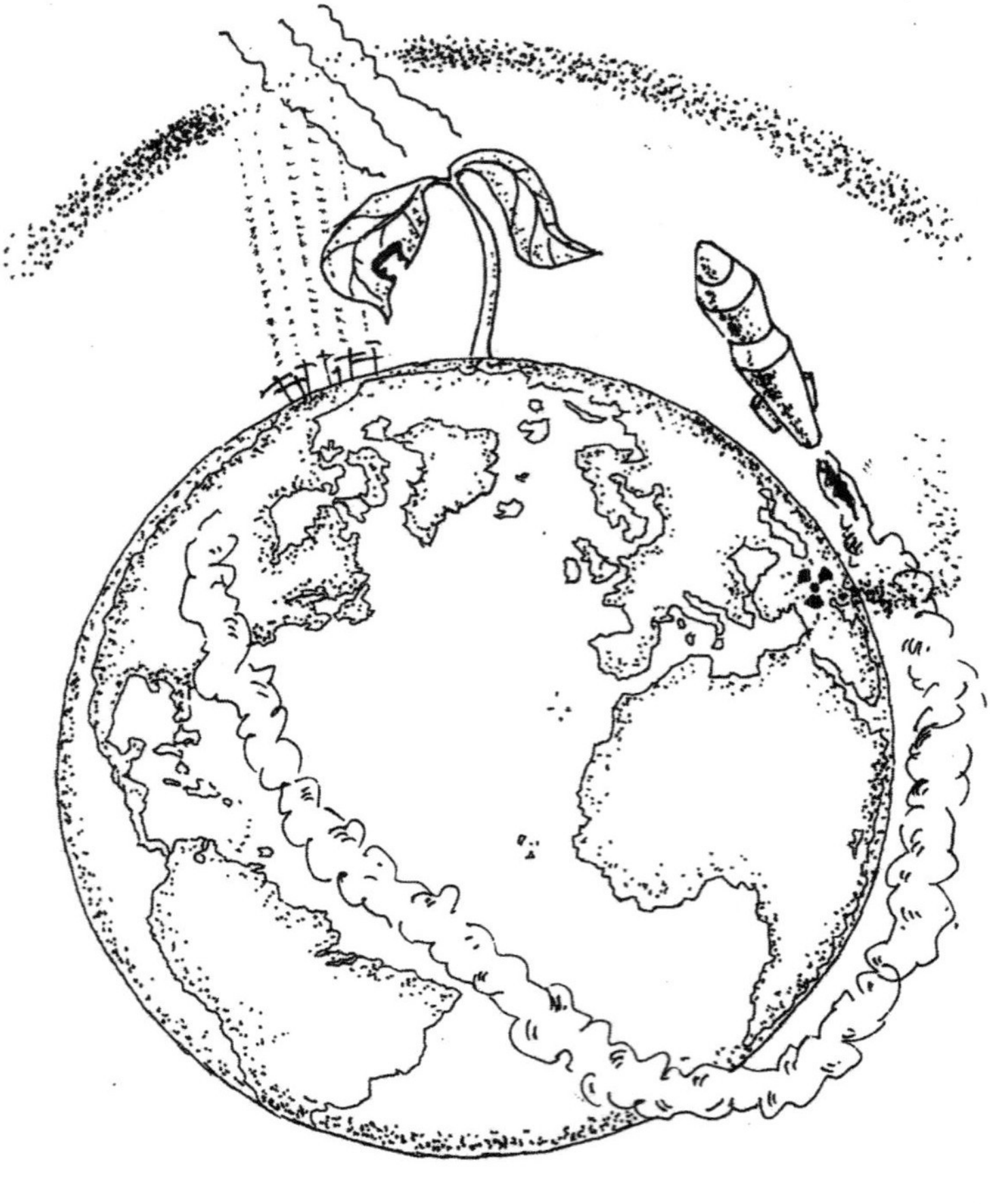

序章

身にしみる冷たさを感じつつ、私は晴れわたった青い空と雄大な太陽を見た。ヴァーモント州ベックレーヒルの頂上で味わった、現実とは思えないような冬の日の体験だった。私は、どんよりと曇った、寒く、わびしい日の続く冬に十分に慣れていたので、頭の中ではさんさんと照る太陽と暖かさとが緊密に結びついていたのだ。

ヴァーモントの日当たりのよい寒さの中で、私は人を欺く外観や「最初の一見」がどれくらい紛らわしいものであるかに思いを馳せた。私の母はいつも元気そうで、九五歳のときでさえそうだった。おそらく目がきらきらと輝き、精神がまだ十分に活発だったからだろう。たとえガンにかかっていても、美人コンテストの舞台を歩ける人がいるだろうし、病気をもっているとは誰にも気づかれないだろう。そこで、私は地球および地球を制御する繊細にバランスのとれた自然のプロセスについて考えた。もし地球が破壊されたり、「病気」にかかっているとしたら、私たちは、その過程を逆転できるかもしれないうちに、はやばやと問題に気づけるだろうか？

ヴァーモントを訪れたこの日、カバの木は葉を落とし、裸で冬季の休息をとっていた。しかし、この冬枯れの風景は普通にある自然なことであり、春には柔らかい緑の葉が再び現れて木を優雅に装わせるだろう。言うまでもなく、人は、冬眠の期間を死や悪化と間違えないために、自然の生物の完全なライフサイクルを理解しなくてはならない。地球それ自身がいろいろのサイクルを持っており、私たち人間の祖先はおよそ一五〇年の間、季節の通過と天候を正確に記録してきた。しかし、このサイクルがどのように機能するのか、そしてどのように相互作用するのかに関して、私たちの知識はまだ不完全である。私たちは地球にどれくらいの回復力があるかについて知らないし、地球の自然治癒力を測定することもできない。

晴れわたった寒い日には地球が素晴らしく見えるし、空気はすがすがしい。私たちが地球の健全さをひどく傷つけてきたという警告を信じることはむずかしい。それでも、一九七二年の国連人間環境会議以来、地球が重大な問題に直面していることが明らかになってきた——樹木は枯れ、種は絶滅しつつあり、飲料水は汚染され枯渇し、土壌侵食、森林伐採、スモッグ、漁業資源の減少、貧困と人口過剰が起こっている。さらに最近では、異常気象の発生率が驚くべき割合で増加してきた。いわゆる「自然の」大災害の多くが人間活動に関係しているという証拠がある。私たちはライフスタイルを変更し、化石燃料への依存を減らし、「リユース、リサイクル、リデュース」によって地球の健全さを復活させようとあらゆる試みをしてきたが、この傾向を食い止めてはいないように見える。実際、一九九九年九月に、環境危機は深まりこそすれ軽減はしていないと国連環境計画が発表している。

私は確信しているのだが、私たちは地球の病の原因ではなく症状を扱ってきたのだ。地球の自然システムを、地球が温度や水の供給を制御し、廃棄物を循環させ、生命を守る術を、私たちはこれまで濫用してきたのだ。最も基本的な濫用のかなりの部分がこれまで続いてきた軍への依存のために起こったと私は考えている。

戦争は即刻の死と破壊を引き起こす。しかし、環境への影響は何百年、時には何千年もの間持続する。私たちの生命維持システムを傷つけるのは、戦争そのものだけではない。研究、開発、軍事的実験、世界のほとんどの地域で毎日のように行われている戦闘のための一般的準備もまた私たちの生命維持システムを傷つける。戦争準備活動の大部分は民間の精密な調査なしに行われている。そのために、安全保障の名のもとに私たちの環境にたいして何がなされているのか、その実態の多くに私たちは気づいていない。

地球社会において警察力は正当に必要とされているが、軍事力の存在理由はない。犯罪者をかくまったのではないかと疑われた近隣の人々を爆破することが、国内秩序を促進する文明的なやり方と見なされたことはかつて一度もなかった。同様に、国の破壊、および食糧、大気、他の資源の汚染は世界平和を実現する手段ではありえない。もちろん、戦争を遂行できないからといって地域的な論争が無くなるわけではない――論争の方が暴力よりも話し合いによる解決を受け入れる保証になるというだけのことである。アフリカ統一機構(OAU)や欧州連合(EU)のような、大規模な政治・貿易連合は、力を通して集まるというより、むしろ法律上の論議を通して形成することができる。

実際、地球規模の安全保障に関する私たちの定義は古くさくなったと私は信じている。軍事的安全保障というものは、富や土地、特権の保護あるいは他の人たちの富や土地、その他を没収したいとの願望にその基礎を置く。近代社会は経済的利益の獲得に病的に依存しているように思える。そして、このことが、世界の持てる者と持たざる者の間の格差を広げてきた。このことが世界の安全ではなく、危険を現実に引き起こす主な不安定要因となっている。それは、裕福な人たちに与える一方で貧しい人たちの必要には応えない方向に市場経済を歪める。これが本来の民主主義の基礎であるはずがない。

その上に、共産主義と資本主義との闘争も事態を複雑にしてきたと私は信じている。それは何年もの間、思想家の間で主な議論の的であった。それは基本的には経済において過剰な富をどのように処理するかに関する対立である。論争の本質は、蓄積された富を社会計画に基づいて供給することにより労働者階級の利益のために使うべきと主張する政府が富を所有するべきであるのか、それとも、人々に職とよりよい生活水準を提供するためにより賢明に「経済を構築する」ことができると考えている私的企業家が所有するべきなのかというところにある。

両システムが共にもつ問題点は、エコロジー的安定、社会的安定、経済的安定の三つが相互依存関係にあることが次第に明らかになりつつある時に、エコロジー的安定や社会的安定を犠牲にして経済的安定を最優先させたところにある。今のところ、私たちが直面する最も緊急の問題は、自らの生命維持システムである地球をどのように持続するかであり、どのように富を再分配するかではない（とはいえ、私たちが前者を処理する方法を学べば、いやおうなく後者についての知恵を得ることになるだろう）。利益の割合を決定するためのＧ７の会合で、天然資源の過度の利用や地球の回復力についてのごまかしを改めることはできない。生命はバランスの上に繁栄するのであり、ただ単に経済上の「帳尻あわせ」にだけ集中していれば繁栄するものではない。

しかしながら、バランスのとれた社会計画というゴールをめざすには、人々の利益を守るという軍隊の本来の目的をまっとうするように、まず私たちが軍隊の新しい任務を規定する必要がある。これを行うためには、力による世界支配というモデルを超えて、直面する諸問題をより優しく協力的に解決するというモデルを描かなければならない。強固で不動の資本主義と私が呼んでいるものによって支配されている世界では、このような考えは多くの人には理想的すぎるように思えるかもしれない。しかし、理想的解決を想像することによってのみ私たちは変化への道を踏み出すことができるのである。

すでに、希望のしるしが表れている。女性たちの運動や人権、動物の権利、地球の権利についての自覚の高まりなどがすべて、社会構造上、また不平等や紛争を処理する方法上の大きな転換のしるしである。国連は改革の時期に入っており、今や過去五〇年の経験から教訓を得ることができる。先住民が何世紀間も持ち続けてきた土地管理の権限はゆっくりと認められている。搾取したり破壊することなしに豊かさの中で生活する可能性のあるその管理のしかたは、地球を包括的に管理することを強く望む人々にとって見習うべきものである。現在の危機は全地球的なものであり、それを解決するために、私たちは全地球的な解決を求めなくてはならない。

本書は三つの部分に分かれている。第I部では、二〇世紀末のハイテク戦争を写し出す二つの主要な戦闘を検討する。これら二つの戦争の描写を通して、近代兵器の環境に与える大規模な影響に関する知見を読者に提供し、同時に「人道的」介入と呼ばれたものの動機と結果を問題にしたいと思う。

また、歴史を理解することによって、今日の戦争準備の意味をよりよく理解し、未来に向かう新しい進路を見い出すことができるだろうということを示したい。

しかし、戦争それ自体は軍事というコインの片面にすぎない。天然資源を収奪してバランスのとれたエコロジーを不安定にする軍の実験や研究も、戦争と同様に私たちの惑星の健康状態にたいして破壊的である。第Ⅱ部において、私は、過去の研究結果を検討し、まず実験を行いその後で問題点を考えるという傾向が、不断に精巧にされていく兵器の追求をいかに特徴づけてきたかを、とくに「スターウオーズ」に向かう競争を例にとって説明する。全体として問題の分析は、もちろん核・生物・化学（ＡＢＣ）兵器を含むけれども、本書では、兵器が地球環境をいかに破壊するかに主に焦点を当てている。「ＡＢＣ」兵器の危険性については、より大衆的な自覚や容認できないという人々の合意があり、国際法上も使用が禁止されている。多くの国が「ＡＢＣ」兵器を開発し続けているという事実があるからこそ、国際紛争を解決する新しい手段を見い出す必要性を強調しなければならないのだ。

本書の第Ⅲ部で、私は安全保障に関する概念を再定義しようと努める。現在、私たちの安全に対する最大の脅威は「敵」による侵略ではなく、生活と健康のために私たちすべてが依存する天然資源の破壊である。資源の効率的利用と責任ある管理なしには文明組織は崩壊するだろうし、私たちはきれいな大気と水のような必要不可欠なものをめぐって互いに戦わざるをえなくなるだろう。私が「エコロジー的」安全保障と呼んできたものを次世代に残すために、私たちは全地球的《グローバル》なレベルと地域的《ローカル》なレベルの両方で取り組む必要がある。

本書では、最新の軍事戦略、軍事演習、ハードウェアのいずれについても、詳細な記述はしていない。同時に、環境問題についても環境保護の科学者が必要とする深さでは説明していない。社会政策の専門家はおそらく、この本が楽観的な兆候や方向を取り上げてはいるが、詳細に欠け、自分たちが重要であると考えている点を無視していると言うだろう。けれども、私の目的は一つの特定の専門に集中することではない。この本は全体像を幅広く描写しており、私の目標は、主流の直線的思考とはちがって、議論や学問の方向性を設定するところにある。これは学際的戦略のためのアピールである。なぜなら、私は軍事科学者や環境科学者、社会科学者がそれぞれ一つの焦点に研究を集中することが、地球の生存にとって最大の脅威の一つだと見るからである。もし、環境保護主義者が軍事演習の影響と意味を調べはじめ、国際政策の専門家がこの惑星の生存について考えはじめ、軍事戦略家がこの美しい地球を住めなくする可能性があるということを理解するならば、私の本は目標を達成したことになる。

しかし、演ずべき役割を担っているのは「専門家たち」だけではない——生態系の崩壊を避けるために、私たちすべてが今日という時代の主要な問題に対する答えをもう一度考え直す必要があり、私たちの惑星の未来にとって有益な実践を採用しなければならない。

市民の活動にとって最大の障壁の一つは軍のプロジェクトを取り巻く秘密である。この本の作成作業において、私たちの地球が虐待されていることに私は憤りを感じ、自分の国と同盟国の事情や事業についてあまりに知らされていないことにたいして悲しみを禁じえなかった。民主国家の政府が行ってきた策謀や、よからぬ動機で行われた実験をすべて詳細に説明することは必ずしも必要ではないだろう。しかし、国の行為や政策の責任は国民にかかっており、国民を無知のままにしておくことは民主主義の意義そのものを傷つけているのである。

ところが、暗やみにとどめられているのは市民社会だけではない。若い政治家は今日、一九五〇年代の大気圏の核実験についてほとんど何も知らないし、成層圏の軍事的実験の歴史についても全く知らない（就寝時の読書に『天体物理学ジャーナル』を選ぶ政治家がごく少数にすぎないことは確かだ！）。したがって、私たちは現在を理解するための歴史的関係に関する知識を持っていないし、未来の軍事プランを解釈するための言語も持っていない。

この本が、読者のみなさんに現在と未来を考察するための歴史的見取り図や、現在の軍事戦略を理解するための用語辞典の役割を果たせれば幸いである。また、本書をきっかけにして読者のみなさんが平和の事業に参加しようと思い立ってくだされば、筆者としてこれほどうれしいことはない。私たちが子どもや、それに続く世代に受けついでいくのは、けっきょく生命という贈り物なのだから、私たちは、地球を支配するのではなく、地球と協力する関係を構築しなくてはならないのだ。

第Ⅰ部　戦争

第1章　二〇世紀最後の一〇年間の戦争

最初の核爆弾投下以来何十年も生きぬいてきた私たちは、冷戦が終結したので正気を取り戻せると考えた。五〇年以上もの間、核報復の恐れや東西間の非和解的競争によって、不安定な平和が維持されていた。ベルリンの壁の崩壊、ソ連の解体とペレストロイカの導入の後、戦争の脅威は後退するように思われ、国際社会は安堵のため息をついた。けれども、二〇世紀の最後の一〇年に起こったのは、軍の解体どころか、まったく一方的に西側が仕掛けた二つの戦争、一つは対イラク戦争、もう一つは旧ユーゴスラビアへの戦争であった。

二つの戦争は防げたのか、それとも防げなかったのか、二つの戦争がグローバルな社会と惑星地球にいかなる影響を与えたのか、この点ついて結論を出すために、冷戦後のこれらの出来事を分析することは緊急を要する。ここには現代の戦争の原因について私たちの学べる非常に貴重な教訓がある。それは、戦争はどのようにしたら避けられるのか、戦争の本当の後遺症は何なのか、ということである。振り返ってみると、紛争の根源がいかにしばしばあいまいにされてきたかが分かる。将来を考えると、私たちは未来の紛争の特徴と起こりうる結果について、その手がかりを過去の戦争に見い出すことができる。兵器類はますます人間にとって致命的になり、そして私たちの生命維持システムにたいして破壊的になっている。もしこのような破壊の発生を防ぐことができないなら、私たちの前途は暗澹たるものとなるだろう。

戦争の目的、実施方法、交戦規則および戦争用語はこの一〇年間で根本的に変化してしまった。もちろん、ルワンダ、シエラレオネ、インドネシア（二、三の国名を上げたに過ぎないが）でも戦争があった。しかし、戦争の理由として「人道主義」が大衆に提示されたという点では、コソボ危機と湾岸戦争、この二つは注目すべきものである。つまり二つの戦争は、受け入れ難い行動にたいして二つの国を罰する「矯正戦争」であった。西側は裁判官と陪審員団になりすました。判決を下し、執行にも責任を負った。

戦争と平和の問題には、現在、二大プレーヤーがいる。「北大西洋条約機構」（ＮＡＴＯ）と「国際連合（国連）安全保障理事会」である。イラクに対する戦争は国連安全保障理事会の承認のもとに着手されたが、コソボでの空爆は国連の賛成なしに、ＮＡＴＯ——恐らくその加盟国の防衛にだけ忠実な組織——によって始められた。実際、二〇〇〇年六月には、英国の外交問題特別委員会は、ＮＡＴＯが国連の特別の承認なしに「人道主義作戦の戦争」を指揮する権限を持っていなかったと結論を下した。[*1] 明らかに、誰が世界規模の安全保障問題を決定できるかに関する混乱があった。

民主的な意思決定は公平で偏見のない観点を必要とする。が、これら二つの組織の中立性に関して重大な問題が起こりうる。「国連安全保障理事会」内では決定作成の権限はバランスを欠いている。核保有五ヵ国——米国、英国、フランス、中国、ロシア——は、常任理事国であり、拒否権を持っている。他方、他の一〇ヵ国のメンバーは二年ごとに総会によって選出される。一九ヵ国の自発的な連合であるNATOは、さらに中立性と民主主義的権限の共有に乏しい。意思決定における優位はメンバー国による財政的負担に大いに依存しており、米国が通常最大の負担を受け持つ。それはまた使用される最先端兵器に依存する。したがって、またまた米国は新しい兵器の設計と火力を支配する。英国、ドイツ、フランスのように、以前強力だった国際的プレーヤーは、今日ではワシントンで展開される政策の補助的役割を演じている。米国の軍事政策を調査すると、この不均等が意味を持ちはじめる。「防衛計画指針」と呼ばれる主要な政策文書（一九九二年）で、国防総省は冷戦後における米国の外交政策を記述している[*2]。前進する唯一の道は、米国の政治的かつ軍事的支配を強化しなければならないことであり、さらに他のいかなる国も地域的軍事力であっても、リーダーシップを果たそうと熱望してはならない、とこの指針はあけすけに述べている。

われわれの第一目標は新しいライバルが再び出現するのを防ぐことである。まず、米国は新しい世界秩序を確立し守るのに必要なリーダーシップを示さなければならない。この新秩序は、米国に対する潜在的競争相手にたいして、その合法的利害関係を守るためにより大きな役割を熱望したり、あるいはより侵略的姿勢を追求したりする必要がないと確信させるものでなければならない。われわれの指導的地位に挑戦するか、あるいは確立された政治的・経済的秩序をひっくり返そうと努めることを先進工業諸国に思いとどまらせるために、われわれは彼らの利害を十分に説明しなければならない。最終的には、潜在的競争相手がより大きな地域あるいは地球規模の役割を切望するようなことをも防ぐためのメカニズムを維持しなければならない。*3

これは銃による統治であって法による統治ではない。開拓時代の米国西部を思い出させる。この時代には、最も強い男が指導権を持つのを当然のこととし、「より強大な」誰かがその男を引きずり降ろすまで、彼が適切と見なした時に正義を与えた。米国の支配、確立された政治的・経済的秩序との間には明確な方程式がある。このことを心に留めてみると、「国連安全保障理事会」とＮＡＴＯの意思決定の権限におけるアンバランスが米国の卓越した地位を守るのに役立っていると思うのは理にかなっている。

これが、新二千年期の始まりに国際的意思決定を下すに当たって設定されている情勢であり、すべての国に対する責任や正義がえり抜きの少数者によって決定される舞台である。もちろん、非人道的に振る舞うか、あるいはその国民を圧迫する国があれば、国際社会はただ手をこまぬいているわけにはいかない。しかしながら、コソボや湾岸における戦闘が示すように、誰が「有罪」であり、誰が「正しい」かという概念はいつも明確だとは限らない。二つの戦争は両方とも人道主義と環境に対する惨事であった。このような状況においては、勝者はいないのだ。

コソボ危機

コソボ危機のルーツははるか昔の歴史へとさかのぼれる。しかし、ユーゴスラビアの分裂を引き起こした経済危機は、一九八〇年代の国際通貨基金（ＩＭＦ）の介入に密接に関連している。ユーゴスラビアは国際市場において商品購入を可能にする「クレジット」を必要としていた。一九八六年にＩＭＦはこれらクレジットを政治改革と憲法改正に連動させ始めた。時が過ぎて、ＩＭＦはハーバード大学とマサチューセッツ工科大学（ＭＩＴ）関係のエコノミストたちの忠告や影響下にあったユーゴスラビアの経済政策を効果的に引き継いだ。ＩＭＦはさらなるクレジットの見返りとして、ユーゴスラビア政府は自国の経済を外国人の所有に全面的に開放し、労働者の参加を終わらせて、国を西側スタイルの経済に向かって動かさなければならないと強く主張した。

冷戦の名残で、国家を社会主義から資本主義へと急速に移行させるためのいわゆる「ショック療法」が流行していた。ユーゴスラビア政府は、「二〇世紀に入る」ように、すなわち税金を引き上げ、国際的借款を取り決め、社会プログラムを縮小し、ユーゴスラビアの各共和国への資金転送支払いを止めるように圧力をかけられた。とくに、この最後の動きは、教育、医療、社会福祉のための助成金、より豊かな州から最も貧しい地区への資金移転を含んでおり、社会主義制度をこの時点まで維持してきたこの国に緊張を引き起こした。

このショック療法の経済に対する効果は破壊的であった。一九八六年に二二ドルの価値を持っていたユーゴスラビア・ディナールは一九八九年一二月までに〇・一一ドルに下がった。一九九一年一二月までに超インフレが始まっていた。ますます厄介な条件がさらに経済を狂わせた。ＩＭＦへの最大の出資者として米国は残忍な構造調整緊縮プログラム――通貨価値を下げ、賃金を凍結し、すべての助成金をカットし、多くの国営産業を閉鎖し、かつ他の国営産業を民営化し、失業者数を二〇％まで増やす――を強く要求した。[*4]

次いで一九九〇年一一月に、米国議会は「一九九一年外国活動充当金法」となるものを通過させた。この法律は、突然にかつ警告なしにすべての米国の支援とクレジットを中止するものだった。この法律は、ユーゴスラビアを構成する六つの各共和国で六ヵ月以内に別々の民主的選挙が行われることを要求した。米国の政策は、選挙後にようやく支援が再開されることを明示しており、その選挙は国務省によって承認されなければならなかった。この劇的な動きは一般大衆に「人道上の」問題として提示されたが、同程度に冷戦後のユーゴスラビアを市場経済をもつ資本主義国へと移行させることに関係していたのは明らかである。一九九六年五月にNATOレビューが述べたように、「欧州共同体とNATOは冷戦の利得を強固にするために……東欧諸国の安定化に関与する」のである。

クレジットなしには、ユーゴスラビアは原材料を購入することも、また負債を支払う通貨を得るための国際貿易を行うこともできなかった。米国の動きは、もしバルカン諸国の共和国が自国の負債を返済することができなかったら、これら諸国は破産宣言を強いられ、ユーゴスラビアの純資産はより取り見取りとなるだろうという明確なメッセージをヨーロッパに送った。欧州共同体は、米国のリードに従って経済援助をぶらさげ、ユーゴスラビアの武器輸入に通商停止を課して、多党による選挙をやるのか、それとも経済封鎖に直面するのかと迫った。

一九九一年五月五日、米国が課した六ヵ月の最終期限が過ぎた。壊れやすいユーゴスラビア連邦をまとめ維持してきた社会主義経済体制がボロボロであることは明らかだった。IMFのショック療法が加えられた時、より豊かな共和国、クロアチアとスロベニアはより貧しい共和国を助けるためにより大きい負担を負わなければならなかった。大規模なストライキを何度繰り返しても、他の労働行為を行っても、変化した国際的経済力にたいして効果的ではないと分かった。政治的、経済的緊張がセルビア人、クロアチア人、回教徒の間の古い国家主義的な敵対を引き起こすように思われた。民族紛争、大量虐殺、カオスの中で国は崩壊した。一九九一年六月二五日、スロベニアとクロアチアが独立を宣言し、内戦が始まった。四月には、政情不安がボスニアで爆発し、ヨーロッパが第二次世界大戦以来経験したことのない規模の苦しみと流血の惨事が生じた。

以上は極めて複雑な一連の出来事をあえて単純化した説明である。しかし、重要なことは政治混乱のさなかに、ユーゴスラビアが貿易するのに必要なクレジットをＩＭＦが保留したということだ。あるヨーロッパのエコノミストは結果として生じたカオスは「起こらねばならなかったのだ」と私に語った。その変化は社会主義から資本主義への移行には不可避だったと。ヨーロッパ人が最初からユーゴスラビアにたいして社会主義制度を築かないように告げてきたということをもって、彼は自らの意見を正当化した。「私たちは冷戦に勝利した、物事は変化しなければならないのだ！」と。

けれども、ヨーロッパは向こう見ずにも内戦に突入した裏庭の国のそばに立って監視することはほとんどできなかった。そこで、一九九二年三月、ユーゴスラビアと欧州共同体がポルトガルのリスボンで取引を斡旋した。三つの主な関係者――セルビア人、クロアチア人、回教徒――は、ユーゴスラビアをスイス流の自決権を持つ三つの州に分割することに同意した。計画はまた、ユーゴスラビアが市場経済に移行する間、ヨーロッパが監督するよう要求していた。しかしながら、米国大使ツィママーンによる仲裁後に、回教徒のリーダー、アリヤ・イゼトベゴビッチ大統領は支持を撤回して、取引を取り消した。まもなく、クロアチアの代表者メイト・ボバンがそれに続いたので、計画は履行されずじまいだった。[*5]

一九九三年五月、サイラス・ヴァンス米国務長官と英国のロード・デイビッド・オーウェン前外務大臣、国連と欧州共同体の各代表者たちがユーゴスラビアを一〇の州に分けるよう勧告するヴァンス・オーウェン計画に署名した。再度、ヨーロッパは、ユーゴスラビアが経済的・政治的問題を解決するのを支援するために指導性を発揮するはずであった。オーウェンは、ワシントンが取り決め後に取引を覆したと公式に表明した。前に引用した一九九二年の国防総省「防衛計画指針」の言葉に言及すると米国の動きは理解できる。それには、「NATOを蝕むことになる、ヨーロッパ人だけの安全保障の取り決めが出現しないよう、われわれは努めなければならない」とある。

バルカン外交の目玉と目されているデイトン合意（一九九五年）は、推定ではあるが、本質では以前の二つの和平合意と同じであったと思われ、NATOによって実行されるはずであったという点でだけ異なっていた。この合意の下、ボスニア・ヘルツェゴビナは二つの部分——クロアチア人の回教連邦とセルビア人共和国——に分けられた。IMFはボスニア中央銀行を運営する人物を指名する権限を与えられ、ヨーロッパ復興開発銀行は州の資産を売り払い公共部門を造り直すよう指示された。一九九五年一二月四日付けの『ニューズウィーク』誌は、合意事項の下で、米国がリードするNATO軍はユーゴスラビアで「ほとんど植民地支配の権限を持つ」であろう、したがって米国はヨーロッパで前例のない足場を得ることになると述べた。

一方その間に、不穏な前歴を持つセルビア区域コソボでは、セルビア人とアルバニア人の間の緊張が増大していた。コソボでは、アルバニア系住民がセルビア人の九倍もいて、コソボ州はそれまでの一五年間に多くの自治を享受してきた。しかしながら、一九八九年にセルビアはコソボから自治を取り去ってしまった。セルビアが一九九二年にモンテネグロと結んで、自らをユーゴスラビア連邦共和国であると宣言した時、自治を求めるコソボの願いはとり入れられなかった。これと相まって、ユーゴスラビアの比較的貧しい地域の一つとしてコソボ州が転送資金と国際的支援の不足で苦しんでいるという事実があった。

一九九八年に、セルビア人リーダーのスロボダン・ミロシェビッチはデイトン合意を斡旋していたユーゴスラビア米国特別公使リチャード・ホルブルクと会見した。ミロシェビッチは平和維持軍がコソボに入ることに同意した。しかし彼は、NATOの代りに国連憲章で公式に認められている地域的安全保障機関である「全欧安保協力機構」(OSCE)を選択した。[*6] 一九九八年一〇月一六日には、秩序回復を管理する権限を二〇〇〇人のOSCE代表に与える、ホルブルク—ミロシェビッチ取り決め(一〇月合意)が署名された。

多くの人は、引き続いて起こったNATOのコソボ爆撃は平和維持イニシァティヴの失敗によると非難した。しかしながら、平和的解決を提供するこれらの試みを掘り崩した要素はほかにあったのだ。

下方への連鎖

一九九八年一一月から一九九九年一月の間に、OSCEは二〇〇〇人の非武装部隊を検証のために派遣した。部隊は資金も不十分なら、人的支援も乏しかった。一九九九年三月までにその数は段階的に一二〇〇人に増えたが、決して求められていた二〇〇〇人のレベルには達しなかった。OSCE代表は、紛争解決と国内難民の再定住に若干成功したことを報告した。しかし部隊は勝ち目のない戦闘を戦っていた。まだ正確に確認されてはいなかったが、一九九七年に市民軍として組織され始めていたコソボ反乱部隊、「コソボ解放軍」（KLA）に若干の外部勢力が武器を提供していた。

OSCE検証チームのカナダのメンバー、ロリー・キースとコソボ・ポリエ（プリシュティナの真西）方面部長によれば、KLAは一九九九年一月に全面的な作戦行動に入り、セルビア治安部隊に対する挑発的攻撃を始めた。彼らを武装させ、訓練したのが誰なのかはまったくはっきりしていない。「一九九八年の年末以降のこの散発的な戦争は、治安部隊に対する一連の戦闘となり、治安部隊の方でも非情な治安作戦を繰り広げた。その一つは一月中旬に起こった約四五人のアルバニア系コソボ人の大虐殺であるとされている」[*7]。続いてセルビア治安部隊のメンバーの誘拐と政府の死傷者が著しく増加し、その結果、主要な治安部隊が報復へと動いた。OSCE検証部隊は、気がついてみると、両側から発砲されていた。彼らには、適切な支援がなく、拡大する紛争を処理する訓練もないことがしばしばであった。

OSCEは米国、英国とロシアを含む強力な五四の諸国で構成されていた。一二〇〇人から六〇〇〇人あるいはさらに一万二〇〇〇人にまでOSCEの勢力を増やすことは可能だったろう。紛争の解決、セルビアの言語と文化、コソボ地域でよく知られたリーダーの名前をはじめ紛争の歴史についてよく教育された人員を派遣することによって、NATOのメンバーではないスウェーデンがすでに積極例を示していた。派遣団の約五〇%は民間の服を着た非武装軍として出かけ、約三〇%が訓練された警察力からなり、約三〇%は非政府組織出身の上級隊員であった。すべての国がそれほど寛大であったわけではないし、すべてのボランティアが同様によく訓練されていたわけではない。

有名な平和学者ヨハン・ガルトゥングによれば、「村に住み込んでボランティアの支援を受ければ」集中した市民外交と双眼鏡によって戦争は避けられたはずである。[*8] なぜこんなにいい地位にある国でこの奇妙な失敗が生じたのか。答の一部は確かにOSCEの資金供給にちがいない――一九の加盟国がNATOに与える予算は、NATO加盟国に三五ヵ国を加えた諸国がOSCEに与える予算の一〇〇倍もある。ガルトゥングは続けて語っている。内戦のさなかの一九九八年二月以降、米国特使ロバート・ギルバードはベオグラードのセルビア政府にたいして、KLAはテロリストだというのが米国の見解だと告げたと。これは「反抗」勢力を抑圧するにあたってミロシェビッチを大胆にするのを助けただけであった。外交的解決をいっそう探求するどころか、状況はむきだしの内戦に悪化するがままにされた。[*9]

セルビアへのNATOの攻撃の端緒となった事件、ラカックの大虐殺は、OSCE検証チームの米国団長ウィリアム・ウォーカーによって最初に確認され、公表された。ウォーカーは、開いている墓がセルビア人に虐殺されたコソボ市民の死体でいっぱいになっているのを発見したと語った。それは大量虐殺の始まりの証拠と解釈された。

ウォーカーはコントラ・スキャンダルの時に大いに物議をかもしたホンジュラス派遣団の副代表

であった。CIAは、議会に知らせずに、マルクス主義志向のサンディニスタ政府を転覆する目的でイランとの武器取引からえた利益をニカラグアのコントラ軍隊への資金に密かに変えていた。ウォーカーは一九八五年、中央アメリカ担当の米国務省補佐、およびエリオット・エイブラムズの特別補佐に任命された。エリオット・エイブラムズとオリバー・ノース中佐は、レーガン政権のために中米問題に取り組んだ秘密の関係省庁グループ（RIG）の主要メンバーであった。ウォーカーは、エイブラムズに付き添ってしばしばRIGの会合に出席し、RIGの考案した計画の実行を助けた。一九八八年、エイブラムズとオリバー・ノースの告発に関する独立委員会のローレンス・ウォルシュの告発は、エルサルバドルにおけるいんちき人道作戦を仕組んで銃や弾薬や装備をコントラ反乱者に供給した責任があるとしてウォーカーを名指しした。一九八九年にエルサルバドルの軍人が六人のイエズス会修道士、彼らの家政婦とその一四歳の娘を処刑した時、ウォーカーは記者会見で「この種の状況には支配統制の問題が存在しうる」とコメントした〔訳注　米国はエルサルバドル軍を支援していた。イエズス会修道士たちは、政府から搾取されている貧者を支持したので、妨害者として殺害された〕。米国はウォーカーの在任期間中に、五〇人以上の軍のアドバイザーをエルサルバドルに送っていたことを認めなかったけれども、ウォーカーは一九九六年、エルサルバドルで密かに戦った五〇〇〇人の米軍人に名誉を与えるワシントンDCの式典を主催した。[*10]

「どんなに凶悪であっても」イエズス会修道士の死を調査することによって米国がエルサルバドルとの関係を危険にさらすことがないようにとジェームズ・ベーカー国務長官に勧めたこの人物ウォーカーが、ラカックでの「凶悪な死」を口実にして戦争を仕掛けることをNATOに求めたのだ。

フランス国営テレビと同様に重視されているフランスの二つの主流の新聞『ル・モンド』と『フィガロ』がラカック事件を問題にする論文を掲載した。[*11] この二紙は、死体が発見された深い溝に覆いと血がないこと、およびセルビア人とＫＬＡの戦闘の期間中、町にはジャーナリストや観察者が存在したにもかかわらず目撃者がいないとの理由をあげてウォーカーの物語の矛盾に言及している。米国では、『ロサンゼルス・タイムズ』だけがこの事件に疑問を表明した。[*12] ＯＳＣＥ自体の内部でスパイ作戦が進行していたという事実があるので、コソボの戦前の状況に関してはますます分かりにくくなっている。私的な非政府機関（ＮＧＯ）の支援組織ＣＡＲＥ（地球規模の援助および救援組合）カナダは、カナダの政府機関から三〇〇万ドルを支払ってもらってＯＳＣＥモニターを募集し、それを訓練してＮＡＴＯ爆撃前のコソボで使うためにカナダのスパイ機関に提供した。ＣＡＲＥカナダは約六〇人をスパイとして提供したことを否定していない。

　ＯＳＣＥの監視期間は、ＮＡＴＯのために猛烈に「聞き込み」や「観察」をする時期であった。コソボにおけるスパイたちは軍隊の動きや地雷について現場情報を提供することができた。支援団体（ＮＧＯ）の伝統的中立性をこのように侵害したのですべての支援者が危険にさらされたと主張し、カナダのＯＳＣＥメンバーに警鐘を鳴らしたのは、オーストラリアの前首相でありＣＡＲＥオーストラリアの現議長であるマルコム・フレイザーであった。ＣＡＲＥカナダに資金を供給した「カナダ国際開発機関」（ＣＩＤＡ）の職員スティーヴン・ウォレスは、国際「平和プログラム」――時には「特命スパイ」と呼ばれる――を実行するためのカナダ人スタッフを見つけるために、カナダ政府が民間機関を使うことはたびたびあったと述べた。「カナダ・ピアソン平和維持センター」のアレックス・モリソン会長は次のように言う。「ピアソン平和維持センターでは、私たちは特命スパイという言葉を使わない。私たちは特命要員という言葉を使う。そのことで、私たちは、資金を最大限に使うために、民間と軍が一緒に働かねばならないようにもくろんでいる[*13]」。戦争を防ぐための紛争解決に携わることを職員に期待する一方で、軍の利益のためにスパイを行うことは明らかに大きな矛盾であると思える。

確かに戦前のユーゴスラビアの状況は混沌としていた。干渉について国際的議論が巻き起こる一方で、多くの平和維持者は確かに前進したと報告していた。ロリー・キースは次のように書いている。

われわれが責任を持つ部局の区域内では、われわれは前の夏から人の住んでいない村への再定住を促進することで前進を成し遂げ、他方、交戦が増えたために六つの村が捨てられようとしていた。この人道的活動の例として、われわれは、村人の移住と並んで、交戦する両者と一緒に数十回の交渉会合をもった。われわれの目的は信頼と安定の条件をつくり出し、ドニエ・グラボバッチ村の再定住を始めることであった。

暴力が起こった時、それがセルビアの治安部隊によるものか、それともKLAによるものかを見分けるのは難しいということを腹蔵なく認めて、彼は次のように述べた。

致命的傷害やその他の傷害を負わせた治安パトロールの待ち伏せが個人的に目撃されているので、KLAの挑発はそれ以前の一〇月合意［訳注　五五頁ホルブルク―ミロシェビッチ取り決め］の明確な違反だということで状況は明らかだった。治安部隊が応戦して、結果として、侵攻と対抗作戦が激しい内戦になっていった。しかし、他の機会に述べたように、私は、いわゆる「民族浄化」のいかなる事件も目撃しなかったし、その情報も持っていなかった。私がコソボ検証の任務についている間にコソボで「大量殺戮政策」の事件がなかったことも確かだ。[*14]

ランブイエ合意がユーゴスラビアのスロボダン・ミロシェビッチ大統領と取引する最後の試みとして提示された。合意は、コソボに議会、大統領、首相、最高裁判所、治安部隊を認めて、この地域に極めて広範囲の自治を提供した。州境界に沿う幅三マイルの地帯を除いて、すべてのセルビアの陸軍と警察は撤退しなければならなかった。問題点は、KFORとして知られる二万八〇〇〇人強のNATOの占領軍が「協定の遵守を保証するために必要な軍事力を行使する」権限を与えられ、すべてのユーゴスラビアの法律に基づいて全面的な外交特権を与えられるだろうということであった。セルビア代表団は、一九九九年三月一五日のパリ郊外の会議で、政治協定を受け入れる用意があると表明したけれども、彼らはNATOによる軍事占領を受け入れなかった。コソボ人は署名したが、セルビア議会は三月二三日に取引を拒絶した。三月二四日、国際的反対にもかかわらず、NATOの爆撃が始まった。

恐怖の七九日間

コソボ人がランブイエ条約に署名した後、セルビアはアルバニア人のコソボに向かって怒りと復讐で反応した。もし、ユーゴスラビアとコソボの両方が条約を拒絶していたなら、NATOは行動できなかっただろう。OSCE事務局長およびNATO理事会ノルウェー代表をかねていたクヌト・ボルバック・ノルウェー外務大臣は一九九九年三月、NATO爆撃の準備のためにOSCEに避難を命令した。際限のない暴力によって、民族浄化、民間人への大量殺戮攻撃、難民の移住、そして怒りや憎悪や恐怖や戦争のあらゆる恐ろしい結果が引き起こされた。

西側メディアの戦争報道は選択的であった。中国大使館あるいは民間バスへの爆撃のようなNATOの過ちの多くは大々的に発表された。しかし、他の惨事の多くは無視された——爆撃で放出され、一般人の唯一の食品である農産物を毒物汚染する、石油化学製品の出す雲、飲料水と灌漑水だけではなくベオグラード近くの原子炉の取水までも脅やかしたドナウ川の油膜。同じく、軍の移動を妨げるために爆破された橋は民間人への食糧供給を止め、電力供給の崩壊は地域病院の保育器や他の救命装置に影響を与えた。

最悪の破壊の幾つかは、NATOの劣化ウラン（DU）弾とミサイルの使用によってもたらされた。[*15] しかしながら、米国がこれら兵器の使用を認める前に戦争はほとんど終了した。この米国の放射性廃棄物劣化ウランは軍の製造業者に無償で与えられ、より効果的で安価な代替材料として、タングステンと鉛の代わりにミサイルと砲弾の製造に使われる。劣化ウランは放射性の残骸や汚染という負の遺産を戦場に残すもので、湾岸戦争で初めて広範囲に使われた。

チェコスロバキアで最初のウラン鉱夫が苦しんでいたことを考慮に入れるならば［訳注　多くのウ

ラン鉱夫が肺ガンや気管支系の障害をわずらった」、劣化ウラン兵器の物語は一九四三年までさかのぼることができるし、あるいはそれ以前にまでさかのぼることができる。一九四三年一〇月三〇日付で「戦争省、米国技術局、マンハッタン地区」(原子爆弾を生産したマンハッタンプロジェクトのコード)というラベルがはられた文書中に、軍事兵器として放射性物質を使用したものを挙げた注目すべきリストが含まれている。(この書類は一九七四年に機密指定から外された)。

放射性物質は、ダストや煙を形成するようにごく小さい粒子にすりつぶされて、地上発射砲弾、陸上車両、航空機爆弾によって散布されるはずであった。兵員はこの物質をこのような形で吸い込むだろう。物質を吸い込んだ人を死へと追いやるのに必要な量は極めて少量である。一グラムの百万分の一が体に蓄積すると致命的であろうと推定されている。このような死傷者に対する治療法は全くわかっていない。二つの要因が放射性の塵や煙の兵器としての有効性を増すように思われる。第一は感覚で発見できないこと、第二は、標準的ガスマスクフィルターを透過するほどに細かい粉末の煙状のダストとして極めて危険な程度の量を散布できることである。

このような武器を使用するのが可能になるのは、「大都市に使用して民間住民の間でパニックを促進し、かつ死傷者を作る能力」があるからだった。その文書にはシカゴ大学研究グループを即刻構成するよう要請する内容が見える。この「問題」に傾倒した若い熱心な学生は五〇年後に米国兵士が汚染され病気になって湾岸戦争から帰還しているということを少しでも考えようとしただろうか。

劣化ウランは、発射された時、（窯で陶器を焼成するように）摂氏三〇〇〇度以上で燃えて、ごく小さい放射性粒子を含むセラミック状のウランエーロゾルになる。これらの粒子は放出された地点から遠く離れた場所に移動して吸い込まれることもある。滞留する近くの組織と器官のすべてを放射線で照射する。粒子はまた環境と野生生物にも影響を与える。エルジン空軍基地の研究で、ウェイン・ハンソンとフェリックス・ミエラが「劣化ウラン貫通弾」で撃たれた装甲鋼板の標的からさまざまな距離にある土壌をテストした。一九七四年に植物サンプルは三三〇ppmのウランを含んでいた。一年後にはまだ二二五ppmを含んでいた。研究エリアでわなにかかった小型の哺乳動物は、「胃腸管の内容物に最大二一〇ppm、毛皮に二四ppm、残っている死体は四ppm」を含んでいた。翌年六月には、汚染濃度は、「肺に六ppm、それぞれ一一〇、五〇、二ppm」であり「汚染メカニズムとして、表面上数ミリメートルの土に吸収された粒子の再浮遊の重要性」を強調するものであった。地雷と同じように、劣化ウラン兵器は戦争終了後ずっと後まで被害を与え続ける。

劣化ウラン兵器（DU兵器）の生産と実験でさえも問題となりうる。英国の核兵器やDU兵器が生産・貯蔵されている原子兵器施設オルダーマストン基地周辺における小児白血病の過剰発生への懸念から、基地はその周辺のフェンスおよび西バークシャーと北ハンプシャーの多くの地点でウラン・ダストを監視するよう要請された。調査により、軍の実験サイト近くのウラン・ダストのレベルがオルダーマストン基地よりさらに高いことが判明した。*16 実験の一時間後に射爆場に入った兵員が経験したウラン濃度はオルダーマストンの数字より四万五〇〇〇倍高かった。*17 このレベルは、英国放射線防護

第Ⅰ部　戦争　64

委員会が認めた限度を六・七五倍超えており、英国の法律に違反している。[*18]

「国連人権小委員会」は、国際人道主義または人権規約と両立しない「大量無差別破壊兵器」の中に劣化ウラン兵器を含める決議を一九九六年と一九九七年に採択した。[*19] 劣化ウラン兵器の使用問題は今日、国連の中でも国連の「国際法廷」でも討論されている。劣化ウランの拡散は制御できないから、それが使われたときにも、いわゆる「精密爆撃」というのは残酷なペテンである。「国連人権小委員会」はコロンビア代表のクレメンシア・フェレロ・ドゥ・カステリャーノスをDUとその他の大量無差別破壊兵器に関する追跡調査の報告担当者に任命した。彼女はこれまで報告の概要を発表してこなかったようである。彼女は最近、コロンビア政府の要職に任命されたので、今、仕事を他の報告担当者に向けるほうが適切かもしれないと批評家たちは提案している。

コソボの七九日間の爆撃後に、難民たちは自分の家に戻ること以外に何も望まなかった。英国国防省（MoD）はDU汚染の可能性について自国の兵員に警告したけれども、難民には警告しなかった。

コソボに滞在する国防省職員は、十分な放射線防護服を着ていない場合、劣化ウラン兵器で影響を受けたエリアから離れて滞在するよう警告された。しかしながら、英国防省は帰還難民に危険を警告する責任は国連救援隊員にあると主張していたので、難民たちは高汚染区域に戻ることの危険を知らされないままだった。帰還難民、再建にあたる地元住民に関連して、また劣化ウラン（DU）汚染分布区域を避けるためのアドバイスに関連して、NATOが調和のある対応をしたかどうか尋ねられたとき、国防省報道官は次のように答えた。「DUについての政策を特別に再評価はしなかった。それはNATOが調整するべき仕事だったろう。われわれはあくまでもNATOの指示に従い、それを実行するつもりだった」と。[*20]

被害の評価

ミハイル・ゴルバチョフと国際緑十字〔訳注　元ソ連大統領ゴルバチョフが代表を務める環境保護団体〕の仲裁により、コソボ紛争は国連の機関である「国連環境計画」(UNEP)が環境の国際査察を続けて行う最初のものであった。二つの国連機関、UNEPと「人間の居住に関する国連委員会」(UNCHS)は一九九九年六月に代表団をセルビアとモンテネグロに送った。彼らは帰ると、政府と非政府の両方の組織を含む会議を呼びかけ、「環境と人間の居住についてのバルカン諸国特別委員会」(BTF)が組織された。「グリーンピース」、「世界自然保護基金(WWF)」、「緑十字」、「ドナウ川委員会」〔訳注　ドナウ川の水資源を管理するための国際委員会〕がBTFに加入した。このチームはセルジオ・デメロ国連事務次長のリーダーシップの下にあった。『ボストン・グローブ』が一九九九年八月六日、この委員会の使節団に関して報告した。

NATOによるユーゴスラビアの産業地域への爆撃はセルビアとコソボの一部でドナウ川と地下水を汚染して、数年間にわたる健康上の危険を生じている。「われわれは、これら攻撃目標の多くの地域で、重大な環境上の影響と、おそらく同じく重大な健康上の影響があることを発見した」。[*21]

国連の新聞発表一九九九年第七〇号によれば――

多数の民間の産業設備（八〇以上）がＮＡＴＯの空爆作戦により攻撃され破壊された。精油所、燃料のごみ捨て場、化学・肥料工場の被害、同じく大火災で生じた毒性のある煙および有害な化学物質の土壌と地下水への浸透は、いまだに評価されていないが、いくつかの都市エリアの環境汚染をもたらすレベルに達している。次いで、汚染は健康と生態系に負の影響をもたらすだろう。

使節団はベオグラードの北東一五キロにあるパンセボを訪問した。ここでは、石油化学製品プラントが破壊されて大気や水や土壌中にさまざまな化学液体（塩化ビニール、塩素、二塩化エチレン、プロピレンなど）を放出していた。これらの多くは、ガンや流産、先天的欠損症を発生させる可能性のある化合物である。他の物質は神経や肝臓の致命的な病と結び付けられる。

放出された汚染物質はまた短期的、長期的に栄養摂取の連鎖に負の効果を与えることがある。肥料はもちろん、防御物質［訳注　動物による摂食や病原菌の感染を防ぐために樹木が作り出すタンニン等の物質］の不足はまた特定の植物の生存を危険にさらしうる。土地、川、湖、地下水域は、流出した石油化学製品や油、他の化学物質のために汚染されているかもしれない。環境上健全な方法で浄化と復興に取り組む地方自治体の能力は、材料と機材の不足によって妨げられている。[*22]

ユーゴスラビアとコソボにおける破壊の影響全体が知られるには何年もかかるだろう。環境査察の最終報告が発表された時、NATOは初めて劣化ウラン使用に関する情報を出した。二〇〇〇年二月七日付の手紙で、NATO事務局長ロバートソン卿はコフィ・アナン国連事務総長に次のように確証した。

劣化ウラン弾総計約三万一〇〇〇発が同盟軍の軍事行動で使われた。これら軍事行動の主な集中点はペチ‐ダコヴィツァ‐プリズレン・ハイウェーの西の区域、クリナを取り巻く区域、プリズレンの周辺区域、そしてスヴァ・レカとウロセヴァッチを結ぶラインの北の区域である。しかし、劣化ウランを使用する多くの軍事行動はまたこれらの区域外でも行われた。現時点で、劣化ウラン弾が使われたすべての場所を正確に述べることは不可能である。資料に添付したのは劣化ウラン弾使用の場所について最善の情報を提供する地図である。

環境中の劣化ウラン残留物を抽出できるように、調査委員会は任務遂行のためこの地図を必要としていた。しかしながら、NATOの情報提供があまりに遅れたためにサンプリングは着手されずじまいだった。[*23]

法的意味

爆撃の後、セルビアとNATOの両軍が引き起こした目に見える破壊が論争を支配したが、土地、大気、水質の汚染のとらえがたい長期的な影響は注意を引かなかった。大衆向けには、絶え間ないテレビ報道が「人道主義の重要性」、とくに難民キャンプの痛ましい状態に焦点をあてた。人々が苦しんでいることは論争外にしておいて、人道法を実施するために行動したという考えを大衆に印象づけることをNATOは望んだ。皮肉にも、週刊誌『ガーディアン』(二〇〇〇年一月一三日)のリチャード・ノートン＝テイラーの論文によれば、ニューヨークに拠点を置くNGO「ヒューマン・ライツ・ウォッチ」が、セルビアの民間のインフラへ爆弾を故意に投下し、加えてクラスター爆弾を使ったとして、人道法の直接的違反の罪でNATOを告訴した。

コソボ爆撃によって国際法のメカニズムや施行、管轄の境界線に関する多くの重大な問題に関心が集中した。前に述べたとおり、NATOは国連から特別の承認を得ずに行動した。ロシア、もしかすると中国が拒否権を使っていかなる行動も阻止するだろうから、米国や他のNATO諸国はユーゴスラビア問題を国連安全保障理事会に提起できなかったという理由で世界を納得させることができた。しかしこれは唯一の選択ではなかった。NATO諸国の米国、英国、カナダは、非NATO諸国のロシア、アイルランド、スウェーデン、スイスと共に、すべてOSCEのメンバーである。OSCEには拒否権がない。さらに一九五〇年に、核保有五ヵ国の拒否権を減らすために、国連は拒否権が使われた時にはいつでも事務局長が四八時間以内に全体総会の緊急会合を召集できることを規定した。そのために、NATOは行動方針に対する同意を求める少なくともこれら二つの選択肢を持っていた。

爆撃を止めさせる試みとして、ユーゴスラビア連邦共和国がすでに「国際司法裁判所」に禁止命令を求めていた。私は一二のNATO諸国へ別々に提出された訴訟事実に対する回答が行われている間、法廷で一日を過ごした。これら諸国の大部分は、ユーゴスラビア連邦共和国が国連への参加を認められたのと同一の国ではない［訳注　九一年以降、連邦からクロアチア等四ヵ国が独立し連邦を構成する国はセルビアとモンテネグロの二ヵ国になった］から、同国は法廷に出る資格を持っていないと主張した。法廷が一九九九年六月二日に最終裁決を下した時、法廷は事件を処理できる権限を持っていないと宣言した。私が皮肉だと思うのは、すでに参加費を支払っていたユーゴスラビアの国連参加資格を、多額の参加費を滞納していた米国が問題にしたことであった。さらに、参加を受け入れた時［二〇〇〇年］、国連は暗黙のうちにユーゴスラビア連邦共和国をユーゴスラビアの法律上の後継者として受け入れていた。したがって、国連メンバーとしてのユーゴスラビアの地位には疑問の余地がなかった。

権限の問題については、後により十分な検討をおこなうことにする。したがって、法廷はこれらの訴訟事実をそのまま残して、さらなる判決のためにその次の訴訟手続きを留保した。その論拠において、法廷は紛争の「背景をなすコソボにおける人間の惨事、生命の喪失、巨大な苦しみ」、および「ユーゴスラビアのあらゆる場所での生命の喪失と人の苦しみの継続」に深い関心を表明する。法廷は「現在の状況下で……国際法上の重大な問題を引き起こす」ユーゴスラビアでの軍事力行使に深い関心を示し、「軍事力の行使の前に、すべての参加国が国連憲章と人道法を含む国際法の規則の下で義務にしたがって行動しなければならない」ことを強調する。*24

ＮＡＴＯがユーゴスラビアを非難し、裁き、罰するための力を自らに与えたとき、国際舞台で、無法状態と復讐のための危険な先例が作られることになった。「国際司法裁判所」が自ら行動する権限を与えられていないことを発見し、かつ国際連合が無用と思われる時にこの危険は増大する。ユーゴスラビアがアルバニア人にたいしてコソボで浴びせた残忍な復讐は、もちろん弁明の余地はない。それは世界に衝撃を与えた。しかし、紛争には「もう一つの側面」があることを、読者には十分に確信していただきたい。メディアは戦争を必要な人道的介入だとして大々的に報道した。報道では戦争の政治的・経済的目的、およびNATOのハイテク兵器使用が引き起こした危険を隠蔽した。戦争への道に沿ったそれぞれのステップには別の方法があった。けれども、NATOはすべての選択肢がすでに試みられ、それらがうまくいかなかったのだと大衆に確信させるのに成功した。

セルビアの責任である人類への犯罪とならんで、多くのNATOの行動がハーグの「戦争犯罪裁判所」に公式に提出された。予測されたように、二〇〇〇年六月二日、カーラ・デル・ポンテ戦争犯罪検察官は、NATOは若干のミスを犯したけれども、作戦を通して、文民を故意に目標として設定したこともなかったし不法な軍事目標もなかったことに満足しているから、裁判を開く「根拠はない」と国連安全保障理事会に告げた。[*25]

ゴールデンアワー戦争――イラク

ある晩、仕事からの帰宅途中、私は数人の若い人たちが湾岸戦争について話しているのをふと耳にした。一九九一年三月のことで、戦争はすでに一月に始まっていた。この学生たちは「ゴールデンアワー戦争」を見るために家に帰ると話していたのだ。

明白な軍事力増強は一九九〇年八月二日のイラクによるクウェート侵略後に始まった。しかし、軍事力増強の元となった緊張は、ちょうど英国、フランス、米国がアラビア半島と埋蔵原油を支配した一九三〇年代にまでさかのぼって追跡できる。貿易の主要な立役者はエクソン、モービル、シェブロン、テキサコ、ガルフの五つの米国の会社と、ロイヤル・ダッチ・シェルとアングロ・ペルシア・オイルカンパニー（現在のブリティッシュ・ペトローリアム）であった。これらは「セブン・シスターズ」と名付けられ、世界中で精製所、パイプライン、タンカー、原油産出を支配した。

政治、石油、戦争の間の結びつきはいつも強力であった。イランが一九五一年に石油産業を国有化した時、米英の両政府は首相を廃止して後釜にシャーを据えるためのクーデターを支持した。それから、イランは何十億ドルという米国兵器を買い、米国製品の主要な地域販売代理店になった。一九七二年にイラク政府がイラクの石油会社を国有化した時、ニクソン大統領は体制を不安定にするための試みとしてクルド人たちを武装させ始めた。次に、イラクが一九七五年にシャット・アル・アラブ水路（貿易インフラの重要な部分）を共有することでイランと同意した時、クルド人への米国の支持が突然外された。一九七九年にイラン皇帝が打倒され、アヤトラ・ルホラ・ホメイニが権力を継承すると、米国はイラクを支持するようになった。イラクが一九八〇年にイランを攻撃した時には異議を唱えず、八年間のイラン・イラク戦争が始まった。これらの出来事とテヘランにおける米国大使館のテロリストによる占拠の後に、米国、ロシア、サウジアラビア、クウェートおよび他の首長国連邦の大部分がイラクに軍事援助と支援を提供した。問題が複雑になるのだが、一九八五年と八六年、米国はイラン・コントラ・スキャンダルとして知られるようになった事件で、密かに武器をイランにも供給した（五七 - 五八頁参照）。イランとイラクの間の戦争が終わった時、サダム・フセインを誹謗する宣伝が始まった。

七五年間の西洋の湾岸支配を通して、米国と英国は民主主義の価値、人権、あるいは社会的公正に大きな関心を示したことは一度もなかった。両国の目的にかなっている時には、両国はイラクがイランを暴力的に侵略するのを支援し、イラクの人権行政が貧弱で、自国民を暴力的に攻撃しているのを無視した。[*26] 一九九〇年に米国の政策が方向転換し、諸国を反イラクへと動員したのは、明らかに国内で石油の必要があったからだった。米国の石油産出量は一九八〇年代にすでに下落していた。石油の専門家たちは、一九七三年に五％であった湾岸からの米国の石油輸入量は二〇〇〇年までには、一九八九年の一〇％から二五％まで上昇するだろうと予測した。[*27] 湾岸石油へのヨーロッパと日本の依存はさらに大きかった。

おそらく、空／陸の戦闘として知られる最新の軍事理論をテストする願望もあったのだろう。「兵《へい》站《たん》学［訳注　輸送・宿営・糧食・武器・人馬の補給管理・傷病者の処置などに関する軍事科学の一分野］の演習」としては、四〇日間に戦闘を集中した湾岸戦争が第二のノルマンディー侵攻と評されている。

一九八〇年代にNATOの仕様書に従って構築された湾岸規模の航空防衛システムを作ることにたいして、サウジアラビアはほぼ五〇〇億ドルをつぎ込んだ。一九八八年までに、米国の陸軍工兵隊はまた、一四〇億ドルをかけてサウジアラビア中に軍の宿営地ネットワークを建設していた。イラクの攻撃準備ができてクウェート国境に集結した時でさえ、これらの建物は大規模な軍隊の展開を受け入れるために拡張されていた。[*28] 一九九〇年の初め、イラクがクウェートを侵略する前に、シュワルツコフ大将は地域紛争の場合に湾岸石油へのアクセスを守りこれを管理するために計画された新しい軍事戦略を、米国上院軍事委員会に通知した。高速の電撃攻撃を伴うこのやり方は、どちらかと言えば冷戦期間に中央ヨーロッパに進入するソビエト戦車を対象として設計されていた。戦略には劣化ウラン兵器の初めての大規模な使用が含まれていた。[*29]

湾岸戦争前に米国議会がイラクへの何億ドルもの農業用貸し付け助成金を承認していたことは、今日記録にも残っている。イラクが米国からほとんど排他的に米、トウモロコシ、小麦などの必需品を買うだろうという点ではこのローンは米国農民に役立ったことだろう。しかしローンはブッシュ大統領が課した経済制裁で突然停止された。

食糧のような基本物資に関する制裁はいつも民間人を最初に襲い、しかも彼らを直撃する。食糧販売に関する米国の封鎖はイラクに深刻な食糧不足をもたらし、国内の社会不安を引き起こした。しかしながら、米国の武器製造業者からのイラクへの販売はすぐには停止されなかった。一九九二年一〇月二七日、下院は米国の会社が他のＮＡＴＯ諸国の会社と同様、政府機関の合意を得て一九八九年に至ってもイラクに生物・核・化学およびミサイルシステムのコンポーネントを輸出していたという情報を得た。米国からの量はかなりのものであった――たとえば、一五〇〇ガロンの炭疽菌と三九トンの細菌戦用の薬品。これらの生物兵器用薬品はフロリダのボーカラトーン［訳注　九・一一事件のあと大ニュースとなった炭疽菌が発見されたのはこの町の新聞社だった］で製造され、スカッド・ミサイルのための品目はコネティカットとピッツバーグで作られた。さらにいっそう驚くべきことには、イラクがこの幾つかの兵器への支払いができなくなった時、米国の納税者は税で肩代わりしなければならなかった。[*30] ロシア、フランス、ドイツはイラクが世界で四番目の大きな陸軍を持ち、隣国に明らかな脅威を与えていると思われる事実があるにもかかわらず、一九七〇年代と八〇年代に同じくイラクに武器を供給した。[*31]

兵器販売はお金を作るが、それらは必ずしも買い手に軍事能力を与えるとは限らない。ある国が兵器システムを他国に売る時、その国は対抗兵器を作るために自国政府から資金を得ることができる。これは軍事機構を順調に保つ。イラク陸軍は大きかったが、NATOはすでに自己防衛の能力を発展させていたので、西側がイラクに売った軍用兵器類はNATO諸国への脅威とはならなかった。しかし、イラク周辺諸国や少数派のクルド人にとっては重要な問題であった。

戦争への展開

クウェートはイラクに侵略されてもそれほど驚きはしなかった。イラクはそれまで戦時公債［訳注　イラクはイラン・イラク戦争の際、クウェートとサウジアラビアから融資を受けていた］の棒引きをクウェートとサウジアラビア両国に求めており、この問題と長年にわたる国境紛争の両方を取り上げる協定が作成された。条約は一九九〇年八月三日にジェダで署名されることになっていた。ヨルダンのフセイン国王がクウェートにこの協定を進めるように促した時、クウェートの外務大臣は答えた。「われわれはイラクに返答するつもりはない。もし、それがいやなら、イラクにわれわれの領土を占領させよう。われわれはアメリカ人を連れて来るつもりだ[*32]」。

会見の写しを得た週刊誌『ガーディアン』(一九九一年一月一三日)によれば、米国大使エプリル・ギレスピーはクウェート侵略の一週間前の七月二五日、サダム・フセインと会見した。米国務省はこの書類が正確であることを否定しなかった。サダム・フセインが「イラクはクウェートによる経済戦争と軍事行動に直面して死を受け入れることなどできない」と述べた時、ギレスピーは米国がイラクの侵略に抵抗するだろうとフセインに警告しなかった。後で、彼女は「イラクとのより良い関係を模索するよう大統領から至上命令」を得ていたと説明した。[*33] 侵略四日前、米国上院はCIAが一日も違わずに侵略を予測していると報告した。二日後、ジョン・ケリー国務副長官は議会の聴聞会で米国がクウェートを守る決心をしなかったと述べた。攻撃を食い止めるための行動はとられなかった。[*34]
イラク部隊は一九九〇年八月二日にクウェートを侵略しただけではなく、首都までずっと侵攻して国全体の支配権をえた。
次の動きは周辺のアラブ諸国から支持を得ることであった。ジョージ・H・W・ブッシュ大統領〔訳注　第四一代の父ブッシュ〕は八月三日、チェイニー国務長官、パゥウェル大将とシュワルツコフ大将をサウジアラビアに派遣した。サダム・フセインはわずか四八時間でサウジアラビアを攻撃できるだろう、そうすれば、アラブの問題を解決するためのどんな見通しも破壊されてしまうと米国は信じている、と彼らはファハド国王に告げた。ブッシュ大統領は即座に四万人の米国軍人をサウジアラビアに出動させるよう命令し、議会への通知を一一月の中間選挙の後まで待ったけれども、その後にもう二〇万人を追加した。一九九〇年一〇月、パゥウェル大将はこのような緊急事態のために準備が整った対イラク戦争を行う新しい軍の計画に言及した。[*35]

米国前検事総長ラムゼイ・クラークによれば、米国はその後、国連安全保障理事会を巧みに導いて、前例のない一連の対イラク決議を可決させた。それは結局「次のような決議を実施するためにあらゆる必要な手段」を使う権限をどんな国にも与える、というものだった。

米国は、何十億ドルも賄賂を支払い、地域戦争に武器を提供し、脅迫し、経済報復を実行し、何十億ドルもの借款を大目に見、人権侵害にもかかわらず外交上の関係を申し出、またその他の方法で買収して投票を強要して、イラクに対する米国の政策がほとんど普遍的に国際的承認を得ているような見せかけをつくり出した。*36

イラクは一月一五日までにクウェートから撤退するか、あるいは重大な事態に直面するかのどちらかを選択しなければならなかった。

宣伝は戦争の重要な部分である。そこで、次の問題はどのように米国およびヨーロッパの人々の支持を獲得すべきかであった。「自由クウェートのための市民」と呼ばれる匿名の米国組織が、イラクに対する国連の攻撃への大衆の支持をつくり出すプログラムを開発するために、有名なPR企業ヒル・ノートンを雇った。ヒル・ノートンによれば、「ブッシュ大統領にはことの経過が報告されていた」。イラクの軍人が赤ん坊をクウェートの病院から取り出し保育器の外に放り出したという残酷な物語を公表し、世界に広げたのはこの会社であった。*37 人気者となった目撃者がクウェートの米国大使の若い娘であったことが発見されるにおよんで、この物語はくつがえされた。

一方、英国の国防大臣は湾岸戦争取材記者にたいして、「発表できない情報」について短く説明した――兵隊、航空機あるいは他の装備の数は駄目、軍事施設の名前あるいは部隊の特定の場所は駄目、将来の作戦あるいは安全対策についての情報は駄目、諜報収集についての契約規則や情報についての詳細は駄目。基本的に、メディアは特別な政府および軍の要旨説明を通して「安全な」情報を提供されることになっていた。[*38]

イラク地上における現実

湾岸戦争はヨーロッパ戦域外においてNATO軍に最初の冒険的事業を提供した。NATO軍は、米国、英国、フランス、カナダだけではなく、約一ダースのアラブ諸国の助けを借りたトルコからのほとんど一五万人の守備隊の護衛兵を含んでいた。[*39] ベルギー、デンマーク、ドイツ、ギリシア、イタリア、オランダ、ポルトガル、スペインはそれぞれ少数の船と航空機を送った。このような同盟を手配することはブッシュ大統領にとって記念碑的な外交政策の業績だと考えられた。

砂漠の嵐作戦

イラクへの系統的なじゅうたん爆撃が一九九一年一月一六日、東部標準時間午後六時三〇分(バグダッド時間午前二時三〇分)に始まった。時間通りに米国のゴールデンアワーのニュースに合わせて。

湾岸戦争は数多くの高性能兵器の戦闘・実験を提供し、また完全に統合された電子戦の場となった。

これら高性能兵器の「正確さ」が、テレビ視聴者向けに毎晩はっきりと示された。イラク国防省の屋上にまっすぐに向かうレーザー目標設定システム、建物を爆破させる約一トンのレーザー爆弾という映像は、遠いところで行われている、無血の、押しボタン式の戦争の印象を与えた。『ニューヨーク・タイムズ』と『ボストン・グローブ』の両紙が一九九一年四月一六日「湾岸戦争が外科手術のように精密な戦争であるという神話」を攻撃した時、この「マジック」のいくらかは追い払われた。どうも、使われた爆弾のほんの七・四％しかいわゆる「精密誘導兵器」はなかったのだ。

一一万回以上の航空機出撃（六週間にわたって毎分二回の割合）があり、そして八万八〇〇〇トン以上の爆発物が落とされた。破壊力は広島型爆弾の七倍に等しかったと言われている。戦後、国連の調査員が民間の損害は「ほとんど破滅的である」と評した。

飛行機は極めてわずかしかイラクの航空機からの抵抗にあわなかった。イラクは効果的な対空あるいは対ミサイル防衛を持っていなかった。イラクのスカッド・ミサイルについて多くが語られているが、これは敵国――サウジアラビアまたはイスラエル――への長距離侵入のための地対地ミサイルであった。NATO爆撃の主な目標は次のようなものであった――発電所・継電器・送電設備、ポンプ・排水システム・貯水池と連繋した水処理プラント、電話局・ラジオ局・通信の中継施設、食品加工業・製品の貯蔵・集配倉庫・マーケット、乳児用の人工乳を含む飲料プラント、動物ワクチンの接種ステーション、農業用の灌漑サイト、鉄道、バス停、橋、ハイウェー高架道、公共輸送機関車、油井・パイプライン・石油タンク、ガソリンスタンド、灯油貯蔵タンク、下水処理・処分システム、民間の生産工場（たとえば、自動車と織物の工場）。何千人もの民間人が、脱水症、赤痢、および汚染水や医療支援能力の欠如に起因する病気で死んだと推定された。さらに多くが、食物、衛生的生活条件、住居、その他の生活必需品がないために、飢えやショック、寒さ、ストレスで死んだ。

ラムゼイ・クラークは一九九一年二月二〜八日、写真班と一緒に三〇〇〇キロメートル以上イラクを旅行して大規模な損害を報告した。「都市にも町にも道路わきの停留所にも、水、電気、電話、また輸送に必要なガソリンがなかった」と。[*40]その報告は、戦争終了後、イラクを訪れた他の人たちの報告と合致している。

一〇年の間「赤三日月」（イスラム教における、赤十字社と同様の団体）の長であり、赤十字の医薬品をイラクの民間病院に配布していたイブラーヒム・アル・ムーア博士は、一九九一年二月六日までに、爆撃による民間人の死者は六〇〇〇〜七〇〇〇人であり、他に汚染水、医薬品の不足、乳児用の加工乳の不十分な供給によって六〇〇〇人が死んだと推定した。[*41]

またイラクの化学兵器およびおそらく細菌兵器の工場が爆撃を受けたと考えられる。明らかに、このような毒性の高い施設の破壊は、周囲の環境中にこの危険な物質をばらまき、人と動物に脅威を与える。イラクは何千トンものマスタードガス――第一次世界大戦で使われた水疱剤――の備蓄を持っていると思われていた。このガスは、環境中で分解しにくく、フランスでは使われてから七〇年後に人々に火傷を起こしたと伝えられている。爆弾というかたちで見境なくばらまかれた化学・生物学的混合物は、人口稠密地域――同盟軍の兵員を含む――の頭上に有毒な雲を送ったのだった。

一九九一年一月一七日の後しばらくのあいだ、イラクにある二基の核研究原子炉の爆破がさらにいっそう問題であった。二基の原子炉はバグダッドの南郊外に位置していた。原子炉は、ロシアが供与した（熱出力）五メガワットの原子炉（商業用原子炉はおよそ熱出力一〇〇〇～三〇〇〇メガワットである）、およびフランスが供与したさらに小さいテムズ二号であった。イラクはもともと三つの原子炉を持っていた。最も大きい炉は、オシラク・コンプレックスにあり、一九八一年にその核燃料が装塡される前、イスラエルの「先制攻撃」によって破壊された。二基のより小さい原子炉は運転中であり、若干の熱、電気および医療用の核トレーサーを作り出した。伝えられるところによれば、高レベル放射性廃棄物もまた現場に貯蔵されていた。米軍によれば「照準爆撃が原子炉を崩壊させ――瓦礫の下に核燃料と核分裂生成物を封じ込めた」[*42]。完全な封じ込めだというこの物語は事実というよりは願望であると人は思うだろう。

米国人とヨーロッパ人の多くは、核兵器開発を阻止するためにイラクが攻撃されたと思ったけれども、イラクはこのような能力を持っていなかった。二基の研究用原子炉は、八〇％濃縮のウラン235燃料を合計で六キログラム使っていた。ウラン爆弾を作るには、少なくとも九五％まで濃縮した燃料が最小量で二二キログラム必要であるから、これでは不十分だった。プルトニウムを作るためにはウラン238を必要とするから、またプルトニウム爆弾を作るにも不適当である。私たちは今日、イラクがウラン濃縮工場を作ろうとしていたことを知っており、結局は濃縮ウランの供給をロシアあるいはフランスに頼らずに、ウランを濃縮することが可能であったかもしれない。しかしこれにはもっとずっと多くの年月を必要とするだろう。一九九〇年一一月の「保障査察」の期間に、国際原子力機関はイラクがすでにその核燃料すべての収支を説明していたと宣言した。イラクはまた核不拡散条約（NPT）に署名してこれに従っていた。

砂漠のサーベル作戦

イラク陣地への激しいじゅうたん爆撃とベトナム以来最も大規模なヘリコプター襲撃の直後、戦車戦争が二月二四日から始まった。〝タンク殺し〟の米国AH―六四アパッチ・ヘリコプターが東と西の両方から地上攻撃を直接先導した。イラクの兵器庫は、ほとんどが二〇年前に設計されたソ連の戦車から成り立っており、主要な戦車砲の射程は同盟軍の戦車砲より一〇〇〇メートル短かった。[*43] 射程範囲がNATOのブラッドリー戦車を撃てる近距離にいたとしても、ブラッドリーは防御用の劣化ウラン硬化遮蔽でおおわれていたので、戦車砲はほとんど効果がなかった。

イラク人は劣化ウラン兵器を所有していなかったが、同盟軍にたいし化学戦争をしかけるかもしれないという恐れがあった。英国国防省はイラクが「化学物質で満たされた砲弾を一〇万も持っているようであり、そのうち数トンが前線近くに貯蔵されている」と信じていた。[*44] イラクにこの軍需品を輸出したのは西側であったから、その恐れは道理にかなっていた。

直接の報告によれば、爆弾で動転して、飢えたイラク人三〇〇〇人が最初の二日で降伏した。徴集兵の多くは一一歳、一二歳、一三歳と若く、戦争に送られる前にほんの六週間の軍事教育を受けただけだった。少なくとも四〇人のイラク人がCNNテレビ・チームに降伏しようとした。イラク人は疲れ切っており、おなかをすかせて悲嘆にくれている状況であった。大部分は降伏してほっとしているように思われた。

同盟軍が撤退中のイラク徴集兵に攻撃を加えた「地獄へのハイウェー」と呼ばれる道路に沿っ

て、二〇〇〇台以上の破壊された車両と一万〜一万五〇〇〇体の黒焦げになった遺体がころがっていた。停戦二日後の攻撃について論議は紛糾し続け、この攻撃は米国陸軍の犯罪捜査指令による一九九一年調査の主題となった。軍の調査員は、匿名の苦情を受けとめて秘密報告を完了した。そして、停戦発表後にイラク陣地を破壊し続けていた陸軍第二四歩兵師団の指揮官バリー・R・マカフェリーを免責にした。免責の後、マカフェリーは四つ星の退職将官となり、それからクリントン大統領の薬物管理局のトップに任命された。セイモア・M・ハーシュ調査リポーターおよび雑誌『ニューヨーカー』のおよそ二〇〇のインタビュー（第二四歩兵隊のメンバーを含む）に基づく長期連載記事で、調査の結論に関して疑問が提起され、その結果事件が復活した。[*45]

陸軍技師ドウェイン・マウアーは、ハイウェーで見た何千というバス、トラック、自動車、タンクのほとんど半分に劣化ウランが命中しているのを確認した。当時、彼は放射能の話はうわさにすぎないと思っていたので、劣化ウラン弾のぎっしり詰まった四〇トンの輸送トラックがキャンプの近くで偶然に爆発した時にも、彼や僚友たちは気にもとめなかった。モワーと第六五一戦闘支援付属隊の大部分の人たちは、その後、奇妙なインフルエンザ様の症状を経験しはじめた。[*46]

ハイウェー沿いでは、結果はもっとずっと悪かった。ある死体の表面では毛と服が燃え落ち、皮膚は、車のフロントガラスが融けて計器盤上に流れるほどの高熱によって灰になっていた。ナパーム、クラスター、対人用の分裂爆弾が使われた。衝撃を受けて爆発するか、あるいは爆発の時間を定めることが可能なサデーと呼ばれる小型爆弾が、サッカー場一五七個分の面積上に致命的な弾丸片をばらまくことのできるミサイルで運ばれた。[*47]

国際原子力機関の事務所から『ガーディアン』のリポーターへと密かに持ち出された秘密文書によれば、同盟国が湾岸戦争で使った劣化ウラン弾は「クウェートとイラクの戦場に少なくとも四〇トンの放射性ダスト」を残した。[*48]その後、国防総省による地図が、イラク南部のほとんど全地域と北クウェートを劣化ウランの放射性降下物が覆っていることを示した。クウェートの米軍が使用するドーハ基地での大きな砲撃の間、六時間にわたってひどい爆発と猛烈な砲火があり、戦場の多くを巻き込むのに十分なエーロゾルを放出した。安定した八ノット（時速約一五キロメートル）の風があり、煙と堆積物を南南東へと運んだ。[*49]戦場や破壊されたタンクと車両上には、何百トンものウランが残されていたと評価されている。なお、さらに悪いことには、汚染された弾薬筒を記念品として家庭に持ち帰った者もいた。米国は戦場を浄化する法律上の義務を負っていないと明言し、この立場を補強するために「クウェートは攻略された車両についている、放射性の危険な物質を長期的に管理しろと申し入れたようには思えない」[*50]とする意見を述べてきた。

戦争終了までに、同盟軍は一一台のタンクに損害をこうむっていた。四台が地雷によって、七台が大砲の砲火によって撃たれた。どれも重大な損害ではなかった。戦争でおよそ三〇〇人の同盟軍の死者があった。しかも、米軍が英国部隊に発砲した、どちらかと言えば信じ難い事件を含めて、幾つかはいわゆる「味方の砲火」によるものであった。[*51]

イラク側の損害の公式の見積もりは、殺害された兵士一〇万人、捕虜八万人、行方不明者一〇万人、負傷者三〇万人以上であった。殺されたイラク人の実数は確定されていない。ジュネーヴ条約の下では、戦後、軍隊は死者の登録サービスを整備して「リスト」を交換するように要求されている。

……紛争当事国は、状況が許す限り個々に実行される死者の埋葬あるいは火葬に先だって、死を確認して本人であることを立証し報告されるように、死体の注意深い検査が行われることを保証するものとする。……さらに、もし、可能であるならば、死者が属していた宗教の儀式にしたがって、立派に埋葬されること、その墓が大事にされ……適切に維持されて、誰であるか常に分かるように記されることを保証するものとする。

湾岸戦争の結果として、NATOは殺害された何万人ものイラク人の名前、あるいは集団墓地の場所を国際赤十字社に提供できなかった――実際、国際赤十字社は二一人の墓の所在を入手しただけであった。これは最も人の心を不安にする湾岸戦争の謎の一つであり、一九四九年のジュネーヴ条約に完全に違反している。[*52] 誰も結果として長期間にわたって起こる死と病気の数を見積もることはできない。

四〇日戦争の余波

この短い戦争の後、バグダッドを訪問した最初の外国人の一人はカナダの「フレンド・サービス委員会」の責任者リッチ・マカッチャンであった。彼は一九九一年三月二四日イラクに到着した「赤い三日月」の医療護衛隊といっしょに旅行し、一・五トンの赤ん坊用の粉ミルク、一・五トンの静脈注射用の液体、および糖尿病、小児ぜんそく、心臓病の薬を含むおよそ二万ドル相当の薬を持っていった。[*53]

医療護衛隊はたいていの道路が通行できないことを発見した、とマカッチャンは報告した。すべての情報手段は破壊され、浄水システムは取り除かれ、下水処理施設は停止され、公共輸送機関は遮断され、バグダッド市全体がばらばらな状態に陥っていた。燃料や食物、そして医者でさえもが制限されていた。バグダッドの南西八八キロメートルのところにある聖なる市カルバラでは、事態はさらにもっと悪かった。そこで、マカッチャンは大規模な破壊を目撃した。病院の二階が崩壊し、X線装置と凍結血液を保存する冷蔵庫が破壊されていた。同盟軍の爆撃は国内の暴力と不穏な状態を生みだしていた。家ごとに戦いあい略奪しあい、店や家が地面に焼け落ちていた。カルバラの病院では、病院を要塞として使用した反政府勢力によって医者、医療スタッフ、患者が追い出されていた。歩ける患者は走り、走ることのできない人たちは撃たれた。ベッドが通りに投げ出され、救急車は意図的に修復不能なまでに破壊された。

一九九一年、世界保健機関とユニセフは人道上のニーズを評価するための使節団をイラクに送った。使節団のリーダー、「セイブ・ザ・チルドレン」のマーティ・アーティサーリ事務次長は、人々が炊事や飲料のために道路わきの溝の水を使っていたと報告した。子ども達と動物が泳いだり、服を洗っているのはこの同じ水だった。水を沸かすのに役に立つ燃料も電気も、また水の浄化剤もなかった。夏が近づき、日々が暑くなるにつれて、子ども達ののどの渇きはひどくなった。子ども達は汚染された水を飲み下痢を起こしてひどい脱水状態になった。

ニューヨーク市の祈りのアレシア学校に住む聖心シスター修道会のシスター、アン・モンゴメリーは米国の核戦争政策に長く抵抗したことでよく知られている。一九九一年七月に、彼女はバグダッドに渡った。「バグダッドの子ども達は各家に一つのパンを袋に入れてくれと嘆願する。七つあるいは八つある子ども病院の一つは、爆撃の間に三〇〇人の子どもを失った。子ども達は食物も水も電気もなしに四〇日を過ごした」[*54]。

シスター・アン・モンゴメリーはまたカルバラの病院も訪問した。リッチ・マカッチャンの訪問の四ヵ月後だったが、まだ衛生用品の供給や薬はなかったし、外科手術のためのガーゼあるいは麻酔も極めて少なかったし、インシュリン、ワクチン、静脈液と血漿の供給は不十分であった。電気は断続的にしか利用できなかった。電気のない状態は、試験室、血液銀行、リンパ管中膜の培養、冷却、装置の殺菌、X線すべてが使えないことを意味した。ワクチンは適切に貯蔵できなかったからすべて廃棄された。腎臓病患者のための血液透析、経口の再水和塩［訳注　脱水状態の人の水分をもとの状態に戻すための生理的食塩水］、赤ん坊用の人工乳はなかった。

モスル市は軍事目標を持っていなかったけれども、教会、学校、最貧地域が、ブロックからブロックへと次々に爆破されていた。ほとんどすべての家族が少なくとも一人を失っていた。アン・モンゴメリーが到着する前日に四つの骸骨がシリア人のカトリック初等学校から掘り出されていた。バグダッド出身の一家が避難していた場所だった。

イラクは飢饉と食糧暴動の国となり、爆撃を受けた四〇日間で工業化以前の文明に陥ってしまった。失業率は七〇〜九〇％に上昇し、他方で生活費が急騰した。犯罪、家庭崩壊、精神病が増加した。マラリア、下痢、胃腸炎、脳膜炎、A型肝炎もまたひどく増加した。アン・モンゴメリーの論文によれば、コレラと腸チフスの若干の発生が報告された。国のインフラ破壊は戦争終了後に国連が課した全面的制裁でさらに増大した。

一九九一年九月にカナダの医者エリック・ホスキンズは、主にユニセフ、マッカーサー財団、ジョンメルクファンド、オックスファム・UKの資金提供により、国際研究チームを整えた。チームはイラクの三〇の大きい市と村を訪問した。子どもの死亡率と栄養、健康施設、電気施設、水と廃棄物のシステム、環境と農業、収入と経済、児童心理学と女性に関する個別の綿密な調査が行われた。チームは、戦争が終わったにもかかわらず、イラク人の殺害がまだ続いているのを発見した。子どもの死亡率がおよそ四・八倍に上昇した。イラクでは、戦争前、人口の四五％が一五歳以下であったことを念頭に置くべきである。それゆえ、制裁は主に子ども達に影響を与えていた。「文明社会は、ティーンエージャーの糖尿病患者にインシュリンを与えないようにすることで、サダム・フセインを追いつめることはできない」というのが、ホスキンズのコメントであった。カリフォルニアからイラクを訪れたもう一人の医者はデイビッド・レビンソンであった。彼は「ひどい伝染性の病気の要因のすべてがイラクに存在する――公衆衛生は貧弱で、コミュニケーションはなく、食物は不足し、薬も不足し、輸送が欠如し、水供給は乏しい」と報告した。[*55] 戦場に放射性の残骸が残されていることや子ども達が劣化ウラン弾で遊んでいることを最初に指摘したのは医者たちであった。

カナダに帰ると、ホスキンズは、戦争以降凍結されていた二〇〇万ドルのイラク資金を解除してベビーミルクと薬の代金として支払うようカナダ政府を説得しようとした。他の諸国は四〇億ドルのイラクの外国預金を持っていた。これも支援として解除されることはなかった。イラクの子ども達が死に瀕しているというのに、イラクの購入したおよそ一八〇〇トンのミルクはトルコに保管されたままだった。[*56]

一九九五年に、再び世界はイラクの災難について知らされた。中東情勢についてワシントン報告は述べている。「医療保健担当官が、主として子ども達に、まれでかつ未知の病気が驚くほど高い増加を示していると報告した。後期流産、胎児の先天性疾病、奇形発生と同じ程度に、無脳症、白血病、肺と消化器系統の腫瘍やガンが劇的に増大した」と。[*57]

この調査結果はユニセフによって確認され、一九九七年にAP通信とロイター通信が発表した。「一九九〇年八月から一九九七年八月の間に、イラクの一二〇万人以上の子どもが通商停止関連の原因で死亡した」と。通商停止は麻酔薬、抗生物質、鎮痛剤なしの外科手術を強制した。通商停止は医学雑誌を禁止した。カメラフィルムはなく、家族が目の前で死んだ自分たちの子どもの写真も持っていなかった。おもちゃ、自転車、鉛筆、消しゴム、子ども用の練習帳も同じく禁止された。[*58] 湾岸戦争前、イラクはこの地域で最高の医療制度を有していた。白血病の寛解率は七六％だったが、戦争後にはわずか二五％に低下した。一九九九年においてさえ、子どもと幼児の死亡率は戦争以前の二倍以上であった。[*59]

戦争のより広い影響

チグリス川とユーフラテス川の間の肥沃な三角州は「文明の発祥地」および農業誕生の地として知

られている。最初の灌漑システムは七〇〇〇年前にここで開発され、この区域が最初の「都市定住」地となった。この地は考古学上の貴重品に恵まれ、かつ聖地である。戦争前、イラク人口の二三%が「肥沃な三日月」における農業に従事しており、この区域では、世界で最も大きいナツメヤシ、米、麦、大麦、果物、野菜、飼料作物を生産していた。

イラクにはまた、もろい不毛の砂漠地域、多くの小動物のすみかがある。砂漠の土壌は、微生物の生存している薄い層、短命な植物、塩、沈泥と砂の共存によって維持されている。

このようなシステムが戦車戦から回復するのにどれくらい長い時間を要するのかを、私たちは経験から知っている――第二次世界大戦中、北アフリカ砂漠の戦争は砂あらしを一〇倍も増やしていたのだ。

しかし西側にとって、イラクの資産の最も「貴重な」ものは、もちろん、その天然の埋蔵石油であった。皮肉にもこれらの埋蔵石油が大地と海に溢れ出て、巨大な石油火災が濃い有毒な煙で空を満たしたので、最悪の環境破壊を引き起こした。

六三〇〇万ガロンの原油が一連の流出で放出された後、石油まみれの鵜《う》がサウジアラビアの海岸の陸上をよろよろと歩いた。[*60] ソコトラ鵜は湾岸だけで繁殖しており海に飛び込んで魚を食べる。鵜は石油で覆われてしまい飛び込めなくなった。国際鳥類研究センターがこれらの美しい生きもののうち何羽かを救おうとしたが、洗ってやること自体が心痛むものであった。そこで、彼らは最も強い鳥を洗うにとどめた。

湾岸戦争から逃げる鳥

ニコシア、キプロス—湾岸戦争は鳥のためにならない

キプロスの野鳥観察者は、1月に空中戦が始まってから、地中海の島が通常ペルシア湾に住んでいる鳥たちの休息場所になったと述べる。湾岸地域の鳥類が生息していた自然が、「生態学的に破壊されたので」、ツル、胸赤ガン、雑種の白鳥と白いコウノトリは、安全な場所を捜さねばならなかったと、キプロス鳥類学協会の書記パースブロース・ネオフィローは述べた。中東の戦闘の間、すでに1980年のイラク・イラン戦争やレバノン内戦の始まったころから、鳥の移住様式がキプロスに移っているのを協会は観測していたと、ネオフィローは述べている。

ＡＰ通信、モントリオール紙
1991年3月2日

ペルシャ湾の海岸線には、砂浜、小さな緑地、干潟、河口というふうに、地域の多種多様な生物種にとって格好の生息地がある。海岸に沿ってマングローブの林があり、それがエビにとっても、魚にとっても、養魚場の役を果たしている。サンゴ礁は魚のふ化場を支え、また絶滅に瀕したタイマイを養い続けている。シベリアツル、ジュゴン（これはフロリダ・マナティーと同類）、緑ガメのような他の絶滅寸前の生物が海中の草を食べる。ツル、ガン、アオサギ、ペリカン、カモのすべてが湾を通って移住し、ネズミイルカがカタールとイランの間の海峡で発見される。湾はそんなに深くはなく、およそ三九メートルに過ぎず、水の入れ替わりが非常に遅い。そこで、原油はすばやく海底を覆い多くの海洋生物のための繁殖場を破壊してしまったのである。

湾岸の流出油は、また、海岸に沿って立っている海水淡水化プラントと発電プラントを詰まらせる怖れがあった。油膜の一つは、アブアリの島――何万という渡り鳥の生息地――の一角に達した。近くの塩分除去プラントは一日に八億七〇〇〇万リットルの浄水を生み出していた。原油のために閉鎖された最初の海水淡水化プラントはサウジアラビアの海岸サファニヤにあった。この油の層は、おそらく小さな流出によって起こされたものだろうし、もしかすると米国がイラクのタンカーを攻撃したときに起きたのかもしれない。同盟軍はイラクが占領したクウェートのミーナ・アル・アフマディのターミナルの蛇口を開けたので最大限の流出が生じたと主張している。イラクは爆弾投下がタンカーとパイプラインの両方を破壊したと主張する。これらの環境犯罪を犯したのがどちらなのかが本当に重要なのだろうかと、人は疑問に思うだろう。結局、自然環境にほとんど注意を払わない戦争というものを起こしだのだから、両方とも有罪なのである。

湾岸戦争の最も永続的なイメージとして、燃え上がっている何百という石油火災の起こす有毒で巨大な煙の雲がある。マサチューセッツ州アーリントンに本拠地を置くニュースレター『地球環境変動』で、ブラッド・ハーリーは、油井、精油所、貯蔵タンクを含む一二〇〇ヵ所で、毎日一八〇万バレルが炎上していたと見積もった。クウェートは流失した石油が直径数キロメートルにわたる深さ一メートル以上の「石油湖」を作ったと報告した。揮発性ガスが増えるのを防ぐために、故意に火をつけねばならなかったものもある。このような石油プールを渡っている車両が下にたまっているガスに引火し、五人が死んだケースもあった。[*61]

米国の科学者カール・セーガンは一九九一年三月六日、燃えているクウェート油井からの黒い雨とスモッグが、中東と南アジア全体で大規模な作物の不作を引き起こす可能性が高いと述べた。セーガンは、煙が太陽光線を妨げ、それで地球の広いエリアの温度を下げて、モンスーンを混乱させるという理論を立てた。大陸上の温かい夏の大気が上昇して大洋から湿気を引き寄せる時、雨が生じると。他の科学者たちは、煙はチベット高原上に拡散するために、もっと地表の近くを漂うだろうと主張してセーガンの理論に疑いをさしはさんだ。そのために、煙がより低い大気中に放出する熱が温暖化の効果をもたらすだろう。上空なら冷却効果が働くが、低空であるため、その温暖化の効果はより大きくなるだろうと。これらの科学者たちはモンスーンの拡張を予測した。ドイツのマックス・プランク研究所で開発されたもう一つの環境保護モデルによれば、温暖化はモンスーンの到来を通常より早くし、強力にするかもしれない。

タイミングよく観察されたのは、五月一日にバングラデシュを襲い、一〇万人以上の人々を殺した巨大台風であった。バングラデシュでは、台風はありふれたことである。しかし、今回の台風は異常でひどい洪水――以前に記録されたものより約六〇センチ高い――を伴い、例外的に激しい雨が台風に続いて降った。この問題については機密書類があるかもしれないが、猛烈な嵐が湾岸の石油火災と関係があったかどうかについての推測は、公的には一度も解明されたことはない。

英国の気象省は、煙を噴出する石油火災がクウェートから最高二〇〇〇キロ風下にまで酸性雨を作り出すだろうと予測した。[*62] ソビエトの科学者が南ロシアにおいて非常に高レベルの酸性雨を観測したと報告した。人工衛星の映像がパキスタンと北インドの煙と薄黒い雪を写した。スペースシャトル・アトランティスに搭乗した宇宙飛行士が、地球があんなに多くの薄煙で覆われているのを今まで見たことがないと報告した。それは中央アフリカ上で特に厚く、宇宙飛行士たちはほとんど地面を見ることができなかった。

八月（一九九一年）には、巨大な水上竜巻と凄まじい嵐が黒海のリゾート付近に襲来した。三〇人以上の死者が出て、何千人もの人々が避難した。これら海辺の町の後ろにある山では激しい嵐、洪水、地滑りがあった。中国科学アカデミー出身の研究者はまた、中国で起きた悲惨な洪水は湾岸戦争による高密度の雲によって生じたものだと主張した。大気物理学アカデミー研究所部長ゼン・キンカンによれば、「フィリピンのピナツボ火山の噴火によって悪化した異常現象により、揚子江とフイ川流域で連続的な降雨が引き起こされた」。ビルマでは、七つの町が水中に沈み、二〇万の人々が家を失った。

ピナツボ火山は中国とビルマにある効果を与えたかもしれないけれども、おそらく東ヨーロッパで、同時に起こった、記録的な激しい嵐には影響を与えなかったようにみえる。フィリピンは赤道と北緯二〇度の間に位置しており、そこから空中に放出されたものは主として赤道と北回帰線との間を循環する貿易風の影響を受ける。東ヨーロッパは北緯四〇度と六〇度の間に位置しており、主にロシアに向かって吹く偏西風による影響を受ける。ババリアからチェコスロバキアにかけてひどい洪水が起こり、幾人かが死亡し、農地が破壊され、橋が洗い流された。オーストリア全域の鉄道線路が浸水し、ドナウ川の水位は記録的な高さに達した。[*63]

石油火災の五〇キロ以内では、気温はセ氏二〇度程度にまで下がった。火災の影響に関する大規模な世界的研究に携わった多くの科学者たちは、それを「歴史上最悪の人工汚染事件」と呼ぶにいたった。カリフォルニアの「太平洋シエラ研究法人」の大気科学者リチャード・スモール博士は、それを「地域にとっては悲劇だが、科学にとっては極めて重要」と呼んだ。集められたデータは酸性雨、地球温暖化現象、オゾン層の減少、他の大気の現象に関する研究に役立った。ジュネーヴの「世界気象機関」（WMO）は一九九一年四月に石油火災に関する最初の科学会議を主催した。[*64]

一般の報道機関では、火災は通常「クウェート石油火災」と名付けられ、大部分はこれまでイラクによって起こされたと信じられている。イラク軍はクウェートからの撤退時にたしかに油田に火をつけたが、イランは早くて一九九一年一月二二日から「繰り返される黒い雨事件」を経験したと伝えられている。同じく、米国のランドサット5の作成した人工衛星の映像や、二月中旬にコロラド州ボールダーにある「米国大洋・大気管理局」（NOAA）によって「イラクの種々の地域から生じた数百キロの長さにおよぶ煙」が明らかにされた。[*65] ローレンス・バークリー研究所のエーロゾル専門家ローラ・A・ガンデルは、最初の怪しいススの「スパイク波形」が二月初旬、ハワイのNOAA観測所マウナロアで測定されたことを指摘した。これらの観察の両方ともがイラクがクウェートから撤退するずっと前に起きており、いくつかの石油火災が同盟軍のじゅうたん爆撃によって引き起こされたことを示唆している。[*66]

米国エネルギー省のローレンス・リバモア研究所の科学者たちは、火災のコンピュータシミュレーションをウィーンにおける科学会議で発表しないように頼まれた。米国国家安全保障の専門家ウィリアム・アーキンによれば、国防総省と国務省の当局者が次のことを憂慮していると非公式に彼に伝えた。

……このようなことが明らかになれば、環境への戦争犯罪のかどでサダム・フセインを裁判にかけるべきとの要求に拍車がかかるだろう。これらの情報提供者はフセインが「軍事的必要」による除外事項を理由として自身を弁護するだろうと思っている——たとえば、燃えさかる油井から立ち上がる煙は同盟軍の爆弾投下者からイラク部隊を隠してくれたというように。当局者はこの弁護が戦争の国際規則において環境保護条項を厳しくしようとする要求が出てくるかもしれないと心配している。[*67]

一九九一年一月三〇日、湾岸戦争が激しくなっていたのとちょうど同じ時に、ホワイトハウスは、「ペンタゴン・プロジェクト」が環境に与えるかもしれない影響を評価するための法律上の要求を棚上げにした。これは「そうしなければ戦争努力が妨げられるという心配」があったからだった。国防総省は「軍が新しい兵器を実験し、兵器の生産を増やし、軍事基地で新しい活動を開始すること以外の他の目的を達成するために、義務の免除を誤用し拡大する意図は持っていない」と国民に保証した。

自然の生態系を守る国際条約、すなわち「環境改変に関する国際連合条約」（環境改変技術敵対的使用禁止条約）がすでにベトナム戦争後、一九七七年に署名されていた。ベトナムにおける戦闘では、米軍は意図的に環境を戦争戦略の目標にして四八五万ヘクタール以上の森林を平坦にし裸にした。さらに約二〇〇万ヘクタールの土地が「オレンジ剤」のような有毒化学物質によって汚染され不毛の地となって放置された。枯葉剤を散布された土地は少なくとも一〇〇年間は使用できないと推定されている（一五七頁参照）。ビルマにおける戦争では、軍は美しいチーク材の森林からゲリラを掃討するために焦土化という手段に訴えた。焦土化は、また南アフリカでも行われ、この過程で象の群れが殺された。新しい条約はエコロジーの破壊を引き起こすすべてのこのような故意の試み――ダムを爆破すること、化学または核プラントを爆破すること、空中に化学汚染物質を放つこと、地震あるいは津波を起こすこと、森林あるいは農作物を燃やすこと、あるいは給水を汚染すること――を禁止した。ベトナムで天候パターンを混乱させるために雨雲の種を蒔くという乱暴な試みがあったので、この条約が始められたと伝えられている。

しかしながら、プリンストン大学における国際法律家リチャード・フォークによれば、この条約は核戦争に起因する環境ホロコーストには効果が及ばない。核戦争の目的は敵の能力を破壊することであり、その副次的影響、すなわち大気、水、土地の汚染は目的とされないからである。その上、イラク上に爆弾を落として石油流出と火災を起こしても同じく条約の範囲は及ばない。一九七七年の条約が今日の戦争にたいして不十分であることは明らかである。

戦争は続く

ジョージ・ブッシュ大統領は一九九一年二月二八日、公式に停戦を宣言した。それでも、一〇年後にいたってもなお、NATO軍は爆撃を行っている。二〇〇〇年六月、『ガーディアン』はこの「低強度戦争」がエスカレートしていると報告した――これ以前の六年間は二・五トンであったのに、一九九八年一二月からは推定七八トンの兵器が英国の爆撃機によってイラクに落とされていた。自由民主党外交問題報道官メンジーズ・キャンベルは次のようにコメントした。

今日、イラクの地上における航空防衛システムにたいして消耗作戦が行われており、それは飛行禁止区域を遵守させるという目的を越えたものであるという確たる証拠が存在する……。これは、重要な政策転換を表しているが、一度も発表されたことがなく、また議会で説明されたこともない。[*69]

イラクへの国際制裁は完全に解かれることはなかった。イラクでは、石油を食糧や人道援助と交換できる国連プログラムがあるにもかかわらず、西側がサダム・フセインの意図に疑問を強く抱いたままでいることから、普通の民間人がいまだに苦しんでいる。制裁の撤廃はさらにすべての「大量破壊兵器」を破壊するためにイラクに送られたよせ集めのUNSCOM（国連特別委員会）の派遣によってさらに遅らせられた。UNSCOMは幾つかの疑いようのない重要な目的を達成する一方で、スパイをかくまったと非難された時にその有効性が疑われることとなった。どうやら、英国の諜報機関と米国のCIAの両方が、イラクの国家機密に関わる建物に盗聴器をこっそり設置して軍事情報を集め、リチャード・バトラーUNSCOM部長には内緒でUNSCOMへのアクセスを獲得したようであった。[*70]このような事情があったので、サダム・フセインが武器査察を進めることに消極姿勢をとることとなったのだ。

二〇〇〇年の初めにロンドン・ケンジントンの満員の会合で、ジャーナリストのジョン・ピルガーは述べた――「ユニセフによれば、一九九〇年のイラクは、世界中で最も健康で最高の教育を受けた国民を持つ国の一つでした。小児死亡率が最低の国の一つでした。ところが、今日、イラクは世界で最も小児死亡率の高い国の中に入っているのです」。他の何よりも英国の大衆を鼓舞したのは、英国のテレビで二〇〇〇年三月に放映されたピルジャーの不穏なフィルム『代価を支払うということ――イラクの子ども達を殺して――』であった。このフィルム以上のものは他になかった。伝えられるところによれば、英国外務省は制裁に対する大規模な抗議によって揺さぶられた。[*71]

湾岸戦争の同盟軍の退役軍人たちはいまだに「湾岸戦争症候群」による影響を受けており、認定と補償を獲得するためのキャンペーンを続けている。彼らの症状と劣化ウラン兵器の使用との間に結びつきがあると信じている人は多い。米国議会の下院議員、トニー・ホールは、他の議会指導者たちとともに二〇〇〇年六月八日付のクリントン大統領への手紙で劣化ウランの人体への影響調査を要求した。

湾岸戦争退役軍人たちは健康上の困難と闘っている。彼らの困難は医療関係者によってよく理解されていないが本当であり、彼らの生活に深刻な影響を与えている。同じく、イラクの民間人が苦しんでいるという信用できる報告もある。ガン発生率が世界的平均より際立って高いように思われる……。容疑をかけられた犯人は劣化ウラン、有毒でありかつ放射性の金属である。湾岸戦争が終わって九年、いまだに、人の健康への影響を調べるための努力はほとんどなされていない。[*72]

まさに人間的なレベルで、帰還兵たちは見聞きし、手を下してきたことに起因する精神的外傷を処置されないまま放置された。仲間がある「味方の砲火」事件に巻き込まれた一人の兵士は簡単に仲間の生命がばらばらに壊れてしまった様子を語った――

誰もが罪悪感でいっぱいで、仲間の三〇%は病気でした。指導者もいなければカウンセリングもありませんでした。みんなお互い同士で張り合っていました。時間が経つにつれ、飲み過ぎてますます病気になっていきました。妻は病気でひどい痛みに襲われたので本国帰還となりました。私は一九九一年一二月三一日に陸軍を除隊になりました。私の医療記録と個人の記録は失われました。私は、戦争以前と戦争中は、モデル軍人でしたが、戦争後はまったく違ってしまいました。[*73]

米国の国立湾岸戦争情報センター所長が、『ウォールストリート・ジャーナル』紙上で湾岸戦争症候群に関する手紙に返答する

親愛なる編集者さま

公務関連の障害のために退役軍人担当局にたいして要求を提出した湾岸戦争退役軍人が18万3629人います。そのうちの13万6031人が承認されました。26万3000人以上の退役軍人が復員軍人援護局でのケアを求めてきました。およそ9600人が死亡しました。

これらの数字は医療を受ける資格を有する57万6000人の湾岸戦争退役軍人（1990年8月2日から91年7月31日まで勤務）についてのものです。

加えて、国防省によれば、およそ10万人の米国兵員がサリン、サイクロ・サリン、マスタードガスを含む低レベルの化学戦争薬剤に暴露されました。およそ25万人が研究中の新しい薬、臭化ピリドスティグミンを受け取りました。8000人が研究中の新しいボツリヌス菌トキソイドワクチンを受けました。15万人が弱毒化された炭疽菌ワクチンを受けました。およそ43万6000人が多分微量のプルトニウムの入った315トンの劣化ウラン放射性毒性廃棄物によって汚染された地域に入りました。そして何十万人もが、戦闘地帯およびその近くで、何ヵ月間も700以上の白熱した油井火災のこの世の地獄を経験しました。

『ワシントン・ポスト』によれば今日、約120万人のイラク民間人が湾岸戦争——民間人また兵士にとって終わりのない戦争——の開始以来、死亡しています。

敬具

ポール・サリバン所長

過去を想起し、未来を問題にしよう

私たちは、「人道主義」を理由に公に正当化された二つの戦争を分析してきた。よく考えてみると、私たちは本当にコソボとイラクの民間住民が受けた災害を人道的であると呼ぶことができるだろうか？　数世紀にわたって、文明社会は囚人の権利と反拷問法をつくり広めてきた。しかし、国際的たしなみを破った国の虐待に関しては限界がない。国際社会による「ならず者国家」の指定は新しい現象である。しかし、国際法には若干の適用可能な規則がある――

1　戦争の方法として民間人を飢餓状態に陥れることは禁止される。

2　食糧物資の生産のための農業地区に不可欠な物、収穫物、家畜、飲料水の設備・供給、および灌漑事業を、民間人にとってあるいはその敵対側にとって生命を維持する価値をもつこれらのものを否定する特別の目的で――動機が何であれ、民間人を飢えさせるためであろうと、彼らを移住させるためであろうと、あるいは他の動機のためであろうと――攻撃し、破壊し、除去し、無用に明け渡すことは禁止される。[*74]

ロシアは戦争と統治に関する自国の複雑な問題と闘っている。ロシアのＮＧＯ「人権保護のための国際議会」は、ここで提起された同様の多くの問題を取り扱うために一九九六年五月一五日に会議を召集した。会議はチェチェン戦争とその結果生じた災害の原因を広範囲に分析することを要求した。そして、国の紛争解決のために一六の具体的な提案を行った。私は特にその幾つかに心を動かされた——

一、軍事行動によって生じた被害の定義および戦闘地帯に居住する人たちへの補償に関して公的管理を採用する。

一、紛争に関係するすべての人々への心理リハビリテーションのための可能な方法を見つけだす。

一、地元に資源・人権の保護センターを設立する。殺された人たちのためには「追憶の本」を準備する。

一、チェチェン共和国内と周辺の危機を解決するためにもっと多くのロシアのNGOを使うようロシア連邦大統領に提案する。[*75]

戦後の影響に対処するのは積極的な処置であるが、これらの提案はまた暴力を引き起こす問題を検討する必要性を強調している。私は戦争を、戦前に悪性の原因をもつ「腫瘍」が爆発したものであるとたとえたい。コソボ危機と湾岸戦争は、外から見えやすい人道的関心の結果であったと同程度に、経済的策略、政治的便宜、外交的な失敗の結果でもあった。

使用された兵器に関して見ると、戦争は研究室と軍の実験サイトに基礎を置いている。実験によって観察できる直接的影響を見ることができ、このような武器を戦争で使うとどうなるかについて、私たちが考察するのを助けてくれる。たとえば、「軍の説明責任を求める米国農村同盟」のドマチオ・ロペスは、一九七〇年代から米国の劣化ウラン実験地域の風下に住んでいたために被害をうけた。自らの経験に基づいて、彼は湾岸戦争の最初の八ヵ月間に五万人のイラクの子ども達が劣化ウランの使用に関連した種々の病気で死んだと推定している。[*76]

明らかに未来の戦闘の特徴と結果について、軍の研究が私たちに手がかりを与えてくれる。そのために次章では、現在遂行されている研究のタイプと、過去に行われた軍の実験の観測可能な影響を注意深く見ることにしたい。また、戦争行為に投入する人員を貨幣に換算したコスト、および天然資源のコストを計測しようと試みる。「政治組織上のガン」としての軍の行動に対処するために強力な論拠を作成して、実行可能な代替策を提示できるだろう。

第II部　研究

第2章　上空の研究

地球が太陽から栄養物を取り入れている複雑な有機的組織体であることに思いを馳せると、[*1]私たちは大気の構成や海水の塩分で地球が均衡を維持したり、バランスをとったりしていることに気づく。地球は予測可能な狭い範囲内で温度を一定に保ち、途方もない種類の植物や動物を養っている。

生命を支えることのできる地球の層、生物圏は、空気、水、土壌から成り立っており、大気圏、地下、地下水に及び、およそ一六キロメートルにわたっている。生物圏は、栄養物を循環させることによって何億年も生存してきた。生物間の相互作用——他の生物の廃棄物を利用するものもある——を通して、生物圏は機能的で、持続可能で、相互に依存する全体を構成してきた。しかしながら、生物圏は、人間が大量に製造し、ばらまいてきた複雑で有毒な製造物のために効率的排泄システムを保つことができなくなっている。地球システムに自然でない物質を持ち込むことは、人体に「食べられないもの」を取り込むようなものである。体は自らが望まない侵入物を取り除こうと努力することになる。

生物圏がそのシステムに人工物質をいつも取り込むわけではないのは、多くの点で幸運である。もし私たちの相互依存のサイクルの一部になってしまったら、生命にたいして極めて悪い効果を持つことになる合成化学物質、アイソトープ、その他の物理的状態の物質〔訳注　イオン、電子や陽子・中性子など高エネルギー粒子、電磁波〕が存在するからだ。地球の自己統制システムのバランスを危険にさらすのは有毒物質や廃棄物の侵入だけではない。最近の軍事研究や実験は、生物圏を太陽や宇宙の破片から遮断したり、有害な放射線から保護している地球の大気層を操作することによってさらに先へと進んでしまった。この軍事研究の多くは、自然のプロセスの力を戦争のために利用して、惑星地球自体を武器として使用しようと計画している。私にとって、これは最も不穏で最も人々に理解されていない、環境の軍事的濫用の一つである。

軍事研究が利用している自然のプロセスを理解するためには、地球を取り巻く諸層の短い説明が必要となる。これら諸層がどのように機能しかつ相互作用するかに焦点をあてると、私たちは自然のバランスを断ち切ることの危険に気づき、地球を健康状態に回復させるために必要な能力を高めることができる。

地球上の大気の諸層

地球とその保護層を記述しようとすれば、太陽の周りの楕円形の軌道上を驚くべき速度、毎時およそ一〇万七二八〇キロメートルで宇宙空間を突き進んでいる惑星を想像しなければならない。このように信じ難いスピードで動くことに加えて、地球は毎日一回その軸のまわりを回転する。このすべて

地球大気の諸層

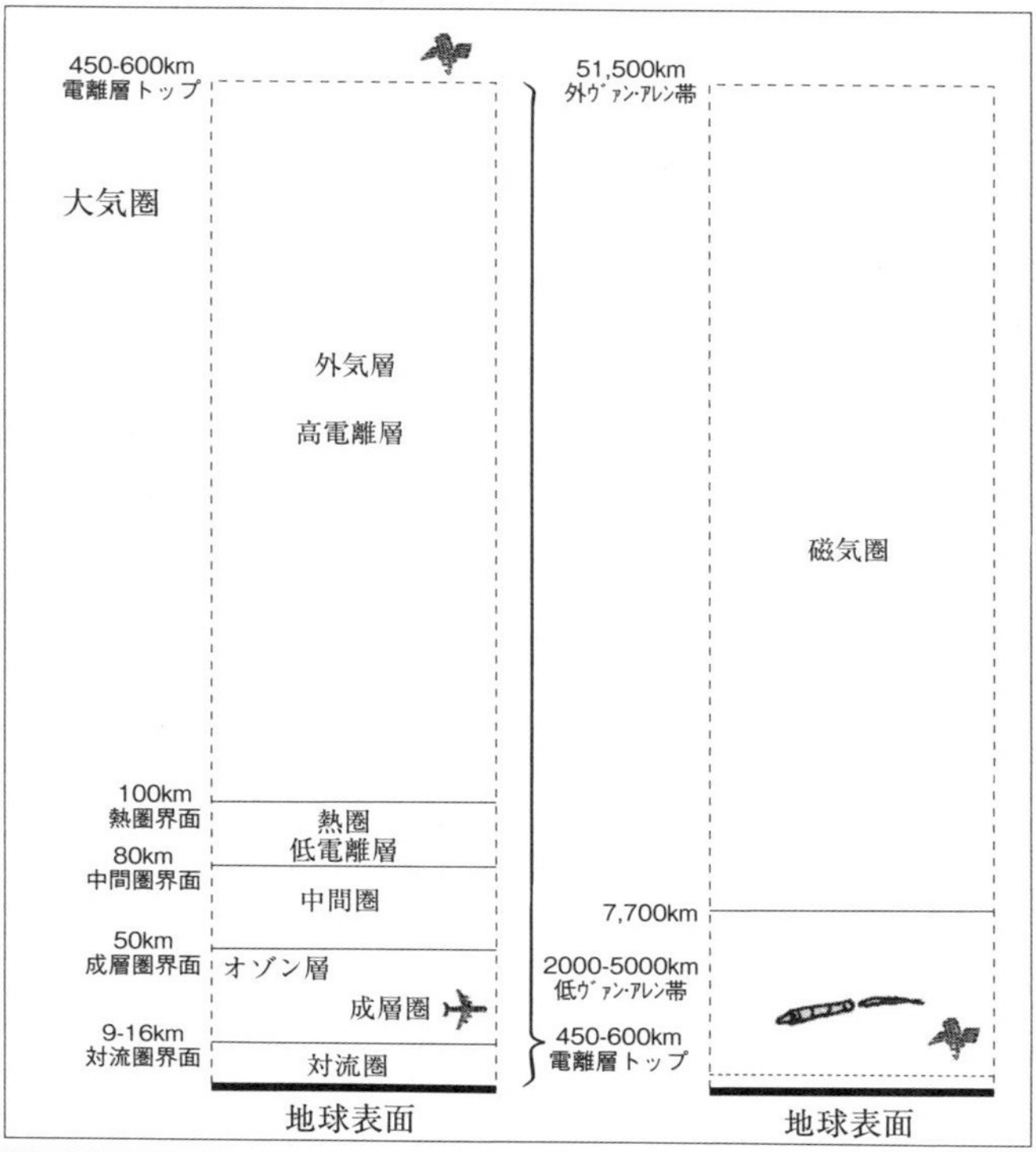
450-600km
電離層トップ
大気圏
外気層
高電離層
100km
熱圏界面
熱圏
低電離層
80km
中間圏界面
中間圏
50km
成層圏界面
オゾン層
成層圏
9-16km
対流圏界面
対流圏
地球表面
51,500km
外ヴァン・アレン帯
磁気圏
7,700km
2000-5000km
低ヴァン・アレン帯
450-600km
電離層トップ
地球表面

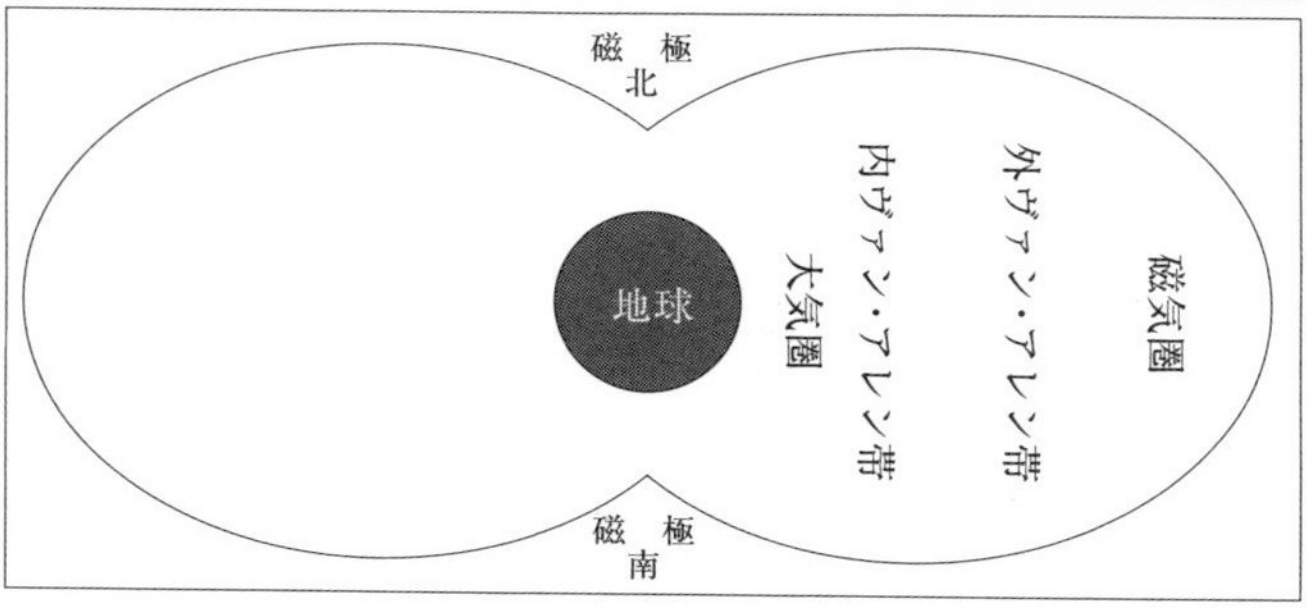
磁　極
北
磁気圏
外ヴァン・アレン帯
内ヴァン・アレン帯
大気圏
地球
磁　極
南

の動きは大気の諸層がいつも全体として地球上から同じ距離にとどまっているわけではないことを意味する。つまり、地球の前方にある大気はより薄くなるだろうし、後部では後ろに引きずられることになる。大気の諸層は、両極においてはより接近し、赤道においてはより離れている。大気は同じく太陽、月、宇宙空間の変化によって影響される。次の記述で、私が示した数値は北半球の温帯における概略である。

対流圏——地上からの高度が増すにつれて最低温度に達するまで温度は低下する。それより高くなると再び暖かくなり始める。地球の大気の層は、表面から最初の最低温度レベルまでは、対流圏、あるいはより低い大気と呼ばれる。そして地球の上空およそ一〇キロメートルにある最低温の部分は対流圏界面と呼ばれる。商業用の飛行機は今日この高さあたりを飛ぶ。

マサチューセッツ工科大学のレジナルド・E・ニューウェルは一九九三年、地球対流圏においてその大きさと流率［訳注　単位時間当たりの流量］でアマゾンにも匹敵する水蒸気の大河を発見したと報告した。北半球に五つ、南半球に五つ、このような河がある。幅は六七六〜七七三キロメートル、長さは七七〇〇キロメートルあり、地球表面の上空、ほんの三キロメートルを狭い帯状に流れる。それらは地球のまわりで——例えば、赤道の熱帯雨林から温帯へ——水を動かすための主要な輸送手段である。それは気候、天気のパターン、水の分布に主要な影響を与える。これらの川をせき止めると洪水や干ばつを誘発できるだろうという推測がある。

成層圏——対流圏界面の上に成層圏がある。地球の表面上およそ五〇キロメートルまで続き、驚くべきことに、距離が増すにつれいっそう暖かくなる。温度増加の理由の一つは、成層圏がおよそ二五キロメートルの高さでオゾン層を含むということかもしれない。オゾン分子は普通の空気中の二つの酸素原子の代わりに、三つの酸素原子からなる。地球表面で、私たちはこのオゾンが汚染物、スモッグの主要な要素の一つであると考えるが、成層圏ではオゾンが農作物、動物、人に損害を与える太陽の紫外線を捉える。軍用機は通常およそ一五キロメートルの成層圏を飛行する。

ジェット気流——第二次世界大戦中、低成層圏を飛ぶ時に（商業用の飛行機は当時、今よりずっと低いところを飛行した）、爆撃機のパイロットは自分たちが多くの乱気流を経験していることに気づいた。およそ一〇キロメートルかそれ以上の高度に地球を取り囲む高速風の狭い帯が存在しているのが発見された。これらは「ジェット気流」と命名された。ジェット気流の発見で、人間は地球の大気と気象が今まで想像されてきた以上に複雑であることを理解し始めた。

中間圏——成層圏において高度が高くなるにつれて温度が上がるとき、それは成層圏界面と呼ばれる最も温度の高いポイントに到達する。この上に中間圏があり、温度は地上からの高度が増えるにつれて再び低下する。中間圏は地上およそ八〇キロメートルにおいて中間圏界面で最も温度が低くなる。

電離層——この中間圏界面の上に通常一緒に考察される大気の二つの層、電離層がある。電離層の低い部分は熱圏と呼ばれ、地球表面上八〇～一〇〇キロメートルの間に広がっている。この層は、その名が示すように、摂氏三〇〇～一七〇〇度に達して非常に熱い。熱圏の温度は、地球上からの各層の中で最も高いポイントにまで上昇する。電離層の上の部分は外気圏と呼ばれ、地球表面の上空およそ一〇〇～六〇〇キロメートルまで広がり、その温度は地球からの距離にしたがって低下する。たいていの人工衛星が軌道に入るのはこの最も外側の層である。[*2]

より低い大気のほとんどと地球自体は電気的に中性であるのに、電離層は帯電しており、電流を運ぶことができる。ドイツの数学者カール・フリードリッヒ・ガウスは早くも一八三九年にこのような領域があるかもしれないと推測した。一九〇二年に、米国の技師アーサー・E・ケネリと英国の物理学者オリバー・ヘヴィサイドは電波が大気の層に反射され、地球の球状の表面に沿って送られるという事実を説明するために、この考えに共鳴した。この理論は一九二五年に証明され、しばらくの間、より低い電離層は大気のケネリ・ヘヴィサイド層と呼ばれた。

現代の天体物理学は温度よりむしろイオン化の程度に基づいて、電離層全体を三つの領域に分類することがある。最初の最も低い層はD層である――これは夜ではなく日中に強くイオン化される。それは主に短波とブロードバンドラジオ伝達のために使われる。この上に、地球表面の上空九〇～一四〇キロメートルに広がるE層がある。この層はイオン化された分子と強い電流を持つ。一四〇キロメートルより上のF領域はイオン化した原子を含み、時々F1とF2に分けられて、F2が最も高い濃度のイオンを含んでいる。無線信号の長距離の伝達はE領域とF領域が担っている。

太陽光線がこの高い位置に存在する電気的に中性の原子から電子を奪うと、イオン化が起こる。すると、電子が負の電荷を持ち、原子が正の電荷を持つ。これら荷電粒子は正イオンおよび負イオンと呼ばれる。自然の地球環境では、雷や稲妻を伴う嵐の後の短い時間を除いて、私たちは専門用語でプラズマと呼ばれるこの種の荷電した大気を経験することはない。私たちの周囲の原子の大部分は電気的に中性であり、物質は固体、液体、気体の状態で存在する。プラズマは超高温のガスで、時々物質の四番目の状態と呼ばれる。

電離層は、地球を一面に覆う最も重要な保護層の一つであり、私たちに傷害を及ぼす太陽と宇宙の粒子から私たちを守っている。

高層電流——電離層は高層電流と呼ばれる直流電気の非常に大きい二つの川を含んでいる。それは約一二〇キロメートルの高さの電離層の中で循環し、北極と南極では低く垂れ下がっている。ジェット気流と水蒸気の大きい川のように、高層電流は粒子を地球全体にわたって動かす。これは地球上の何にも増して強い電気力の源である。

磁気圏——電離層の上に磁気圏と呼ばれる地球をおおうもうひとつの保護層が認められる。この領域では地球磁場がイオンエネルギーの動きを大規模にコントロールする。この上の「大気圏外」では太陽の場［訳注　太陽起源の重力場、電磁場］が粒子をコントロールする。磁気圏はヴァン・アレン帯と呼ばれる磁極の間を走る巨大な磁力線を含んでいる。

ヴァン・アレン放射線帯――ヴァン・アレン帯は一九五八年に発見した米国の物理学者ジェームズ・ヴァン・アレンにちなんで名付けられた。ヴァン・アレン帯の下層は、地球表面上二〇〇〇～五〇〇〇キロメートルの間に生じ、地球半径（地球の平均半径はおよそ六五〇〇キロメートル）の距離を超えないと言われる。このだいたいの数値は想像力を助けてくれる。私たちの地球を保護している最も上層の構造物、ヴァン・アレン帯はおよそ地球表面上の五万一五〇〇キロメートル、地球半径の八～九倍のところにある［訳注　一〇九頁の図を参照］。地球の回転と揺らぎのために、最も低いヴァン・アレン帯は南大西洋の海上で地表二〇〇キロメートル以内にまで沈みこんでいる（これは南大西洋の異常として知られている）。モンゴル上空にも同じような異常がある。

私たちの太陽が放出した高エネルギー荷電粒子の流れは太陽風と呼ばれる。太陽風は太陽フレアと太陽黒点の活動中に最も強力となり、時々、地球上で無線送信を混乱させ、多くの雑音を引き起こす。太陽と宇宙の粒子は地球に向かって放たれ、わずか〇・一秒～三秒間、北極と南極の間に広がっている磁力線の周りをらせん状に運動して、ヴァン・アレン帯に捉えられる。場がひどく乱されていないなら、捉えられた粒子は非常に長い時間、例えば、磁気嵐の間、磁場に留まる傾向がある。時々、荷電粒子はヴァン・アレン帯の磁力線による捕捉を避けて両極で地球高層の大気に届く。エネルギー粒子が大気のガスと衝突する時、北半球での北極オーロラおよび南半球での南極オーロラとして知られている七色の光線の美しいディスプレイを起こして「輝く」[*3]。

月――月は、地球の重力によって地球から約三八万四〇〇〇キロメートルの軌道に保たれている。月は大気を持たず、温度は両極端となる——太陽に十分さらされた時の摂氏約一〇〇度から月の夜の摂氏約マイナス二〇〇度[*4]。地球の重力は一六〇万キロメートルの距離にまで及び、これを越えると、物体は太陽を周る軌道中に入り込んでゆく。

太陽——太陽は地球から一億四八〇〇万キロメートルの位置にあり、離れているけれども、地球が「生きていく」ためのエネルギーを休むことなく届けてくれる。地球の軌道上の回転とその軸の傾きのために季節変化が起こる。地球に届けられた全太陽エネルギーは、長い間に赤外放射として大気圏外に放出され地球規模の均衡を維持している。私たちの経験する温度は入ってくる熱と出て行く熱とを差し引きしたものである。もしこのようなことが起こらなかったら、地球は熱くなり続け、すべての生命は破壊されるだろう。大気中のガス、雲、浮遊する粒子が太陽エネルギーの約二六％を直接に反射し、そして地球表面が四％を反射する。そのため約七〇％が地球とその大気によって吸収されて、大洋や、内陸水の大きな水域、卓越風〔訳注　ある期間（季節・年）を通じて、一地方で吹く回数の最も多い風向の風〕、貿易風〔訳注　赤道付近にある熱帯収束帯の上昇気流を補うために、熱帯収束帯に向かって常に一定の方向に吹く風。地球自転のため、北半球では北東、南半球では南東の方向から吹く〕によって熱と水分として再分配される。

人間の宇宙空間探査のほとんどは地球の大気圏内でうまく行われてきたが、月と大気圏外への飛行も少数行われた。人類は常に私たちの頭上にあるこの「空」、私たちの太陽系とそれを包む宇宙空間について知ろうとしてきた。しかし、宇宙空間を実際に訪問して直接それについて学ぶことが可能になったのは二〇世紀後半になってからである。この探検はロケット技術――常に戦争に関連づけられた技術――の開発を必要とした。したがって、宇宙空間の探検が軍の援助の下で行われたことも驚くにはあたらない。

宇宙プログラムが生まれた時、軍は無重力の環境で生産された新しい薬、地球の歴史と進化の新しい研究、さらには月に存在する鉱物資源の商業的利用を約束した。宇宙空間の研究は非常に魅力的に見えた――創造的で、独創的で、刺激的で、商魂たくましく。表面だけを見れば、知識と業績の両方を伸ばすものが極めて有害なものになるだろうと非難すべきところはほとんどなかった。

ロケット

大気研究の初期の歴史には、風見の使用、ギリシャの風の塔〔訳注　古代ギリシャ時代に建てられた八角形の塔で風の方向を測定したとされている〕、紀元前およそ三四〇年に書かれたアリストテレスの気象学がある。ガリレオが温度計を発明したのは一六〇〇年、トリチェリが気圧計を開発したのは一六四三年であった。気象の変化と気圧の変化が関連していることが発見されてから、気圧を記録する測候所が多く設置された。これらの測定を使って、ベンジャミン・フランクリンは、およそ一七四三年に、嵐が最高気圧と最低気圧の地域に関係して大気が移動するシステムであることを見い出した。フランクリンはただ観察しただけであり、まだ、変化を予測すること、いわんや気象をコントロールすることは知らなかった。一九世紀後半には、対流圏より上を探るために気球が使われ、一八九九年に、フランスの気象学者テスラーン・ドゥ・ボールが成層圏を発見した。ロケット技術の開発で、大気の研究は巨大な飛躍をとげた。

モンゴル人による侵略を止めるために一二三二年にカイフェンフ［訳注　開封府、北宋の首都］の人々によって使われたことが最初に記録されてから、ロケットは「中国の矢」と呼ばれた。初歩的な火薬を入れた管が矢の軸に結び付けられていて、火を吹き出した。単純なロケットはすべて多かれ少なかれ同じ原理に基づいている。ロケットは通常、円錐形の頭部を有し、それが推進剤の上にのっている。推進剤の下には円錐形の空気調節弁があり、それには推進剤とつながるより小さい穴があいている。爆発する推進剤からの排出ガスは瞬時に下方に放出され、反対方向にロケットを飛ばす。

低層大気の理解が進むにつれて、ロケット技術も進歩した。原始的ロケットがイギリスのフランシスコ修道士、ロジャー・ベーコン［訳注　一三世紀英国の百科全書的学者。一二四九年に火薬について書いている］、そしてドイツ人、イタリア人、シリア人によって「改良された」が、それらの唯一の目標は戦争であった。[*5]一八世紀に、インドは二・五キロメートル飛ぶロケットで英国兵を撃退しようとした。それらは鉄のチューブとつながっている、長さ二・五～三メートルの厚い竹材で組み立てられていた。

宇宙旅行用のロケットが一九〇三年、ロシアの学校教師、コンスタンチン・ツィオルコフスキー［訳注　ロシアの物理学者（一八五七～一九三五）、一九〇三年から航空宇宙雑誌に宇宙飛行に関する一連の研究論文を掲載した］によって最初に提案された。商業用のジェットエンジンは酸素を必要とする。それを取り入れ圧縮して燃料に注入して点火し燃焼させる。ジェット機は酸素密度があまりにも低い高度では飛べない。そこで、宇宙を旅行するために、人類は自分で酸素を運ぶジェット推進の形式を必要とした。ツィオルコフスキーは必要とされる空気中の酸素の代わりに、液体酸素と液体水素または液体灯油を入れる内燃機関という考えを提案した。彼は自分の宇宙ロケットで乗客を運ぶことができると想像して、流星体から乗客を守るために二重の壁が必要となるだろうと考えた。噴射したあと切り離すことができ、各段階でさらに空高くロケットを押し上げる、一連の多段式ロケットは彼のアイデアであった。ツィオルコフスキーはまた、安定化のためにジャイロスコープ（回転儀）を使うことも考えた。これは今日のロケットに見出されるもう一つの特徴である。

液体燃料ロケットの実際の建造はエンジニアのロバート・H・ゴダード［一八八二〜一九四五］によって始められた。ワシントンDC郊外にある「NASAゴダード宇宙飛行センター」は彼の名にちなんでつけられた。一九二六年、ゴダードは世界で最初にこの型のロケットの打ち上げに成功し、その後ニューメキシコ州ロズウェルにおいて、地上九〇メートルにもおよぶロケットを作った。同じ時期に、ドイツがロケット技術を開発していた。ベルサイユ条約（一九一九年）はドイツが航空機を造るのを禁止していたが、ロケットにたいしては明白な禁止がなかった。若いロケット熱狂者ワーナー・フォン・ブラウン（一九一二〜七七）の指導体制の下、ドイツの陸軍は実験的な液体燃料ロケットの試みに資金を供給することに同意した。何度かの失敗の後に、フォン・ブラウンと同僚たちは最終的にかなりの飛行を実現した。

フォン・ブラウンのロケット実験場は、弾薬庫にするために後に軍に返され、巨大なロケット研究施設がバルト海岸のペーネミュンデ村の近くに築かれた。一九四四〜四五年にロンドン、アントワープ、その他の都市を砲撃するために使われた大きなA4ロケットはここで造られた。この施設はまたV1とV2（Vは報復の意のヴェンジェンスの頭文字）――ロンドンと南イギリスに死と破壊をもたらした、操縦士のいない小さい飛行機――を造り上げた。V1は二二〇キロメートル、V2は三二〇〇キロメートルの飛行距離を持っていた。第二次世界大戦後、フォン・ブラウンたちは米国に降状して、米国で自分たちのロケット開発を続けたいと申し出た。

一九四五年から五五年まで、ロケット技術は軍によってずっとその範囲を限定され続けた。ロケットは対戦車用兵器、大陸間の弾道ミサイル、航空機要撃機として、そして、高高度領域の研究に使うために改良された。

最初の宇宙ロケットと人工衛星

最初の人工衛星は一九五七年一〇月四日にソ連によって宇宙に発射された。それはスプートニク1号と呼ばれ、「旅の道連れ1号」と翻訳できる。スプートニク2号が一九五七年一一月三日に打ち上げられたときには、ライカ犬を乗せていた。ライカは数日間生きたが、酸素供給がなくなる前に熱ばてで死亡した。この犬は世界の想像力をかきたて、人類が宇宙探検の冒険に乗り出す夢が生まれた。

米国は一九五七年一二月、人工衛星バンガード1号を大急ぎで軌道に載せようとしたが、離陸直後に爆発した。成功した最初の米国の宇宙探検は、一九五八年一月三一日に打ち上げられたエクスプローラ2号であり、低ヴァン・アレン帯の発見に功績があったと考えられている。驚くべきことに、米国とソ連両方の人工衛星にのせていたガイガーカウンターは地上およそ一〇〇〇キロメートル以上で放射線計測に失敗した——この高度では放射線レベルが非常に高かったので、目盛りを振り切ってしまったのである。それぞれの国の科学者たちは、冷戦中のため別々に働いており、これを理解するのに相当の時間を必要とした。太陽と宇宙から来ている有害な放射性粒子が、地球の大気の高い位置で捕えられ、発見された。

一九五八年一二月三日、米国の人工衛星パイオニア1号は一一万キロメートルの高度に達して外ヴァン・アレン帯を発見した。ソ連の研究者S・N・ヴェルノフがスプートニク2号から返送されたデータに基づいて同じ現象を発見した。

冷戦活動のなかで大衆的にアピールできる最も明白な目標は月であった。ソ連は月にロケットを命中させようとしたが、ルナ1号で失敗した——しかしながら、それは地球軌道から逸れた最初のロケットであった。九月一四日に、ルナ2号が月面に衝突した。そして一九五九年一〇月には、ルナ3号が月を旋回し写真を地球に送り返した。月に対する興味の一部分は、太陽系の他の惑星に行く途中の「休憩基地」としての可能性にある。また、どんな国も主張したことはなかったけれども、おそらく軍事基地として想定されてもいただろう。国連の宇宙条約が月の再生可能でない資源の採掘を禁止しているけれども、月の鉱物を採掘する話はいまでも流布している。

もはやただの観察者ではいられない

大気圏の探求は純粋な観察から実験へと急速に動いた。米国は一九四六年に太平洋で、一九五一年にネバダで大気圏の核実験を始めた。一九五六年の終わりまでに米国は八六以上の核爆弾を爆発させた。ソ連は自国の北極地域で一九四九年に大気圏の実験を始め、一九五六年の終わりまでに一五回の爆発を起こした。英国は西オーストラリアのはずれのモンテ・ベレ島と南オーストラリアのマラリンガ近くで九回以上の大気圏爆発を行った。[*6] ヴァン・アレン帯発見の直後に電離層での実験が始まった——地球を守る上で電離層が果たす役割を知りもしないうちに。

プロジェクト・アルゴス（一九五八年）

一九五八年八月と九月の間に、米海軍は南大西洋上の四八〇キロメートルで三つの核分裂タイプの核爆弾を爆発させた。前に述べたとおり、ヴァン・アレン帯はこの地点で二〇〇～四〇〇キロメートルに下がり、しばしば船の交信を混乱させていた。さらに、二つの水素爆弾が太平洋のジョンストン島上一六〇キロメートルにおいて同時に爆発させられた。ジョンストン島はハワイと北緯一八度にあるマーシャル諸島のほぼ中間点にある。それでもなお、これらの爆発は、南緯約一八度仏領ポリネシアのタヒチで見ることができるほど大気中の高い所で行われた。実験は、コードネーム、プロジェクト・アルゴスとして、米国の原子力委員会と米国国防省によって設計された。[*7] 彼らはこれを「今までに行われたうちで最大級の科学的実験」と呼んだ。

　プロジェクト・アルゴスの目的は電波送信とレーダーオペレーションに対する高高度核爆発の影響を評価するためのものであったように思われる。これ以前の大気圏爆発を通して、軍は核爆弾が無線通信を消し去る電磁パルス（ＥＭＰ）を引き起こすことを発見していた。海軍は同時に、電離層およびその中での荷電粒子の振舞について理解を増すことを望んだ。ひょっとすると、新たに発見された大気層を無制限のエネルギーと破壊力の潜在的な源と考えたということもありうる。

これらの核爆発は大量の電子と他のエネルギー粒子を電離層に注入して新しい磁気放射線帯を作り、世界的影響を引き起こした。この磁気放射線帯がどれほど継続したかは知られていないが、爆発の五年後にも観察されている。電子は新たに作られた磁力線に沿って上下に移動し、北極の近くで大気を照射して人工「オーロラ」を起こす。この現象は明らかに進入するミサイルに対する宇宙「防衛」という考えを引き起こした。もし自然のままの地球のプロセスが侵入する破片を破壊するのなら、大陸間ミサイルにたいして人工の防御が作れるのではないかと。

プロジェクト・アルゴスの地球に対する影響は一度も完全に明らかにされたことがない。しかしながら、核実験が一九五七年の冬まで北極の近くに住む人々にひどい問題を起こしていたことは明らかであった。

カリブーが来なかった年

カナダのノースウエスト領ハドソン湾の近く、ベイカー湖のイヌイットの人々は、自分たちは「新参者」で、ほんの三〇年前から村に住んでいるにすぎないと私に説明した。それを聞いたのは一九八八年のことであった。一九五七~五八年の冬、イヌイットが食物・衣類・住居に使っていたカリブー［訳注　北米北部産トナカイ］は、北のツンドラを越えて移動して来なかった。そのことは、イヌイット族の人々の三〇〇〇年の口伝の歴史において、明らかにそれまでには決して起こらなかった大事件であった。その革のように堅い皮膚が何年もの苦難を物語っている古老の女性の一人はイヌイット語で私に何かを語った。通訳は私を見て言った。「彼女は死が空から来たと言っています」。イヌイットの人々は北方の不自然なオーロラを見ていた。そして、何人かはこのこととカリブーが初めて彼らを見捨てたという事実とを結びつけていた。

アヒアムイット［訳注　カナダ北部に住むイヌイットの一グループ］——離れて生きる人々の意——に属する生存者の一人キーアユグは、イヌイットは数世紀にわたって、時々、飢饉を経験していたけれども、「その冬は覚えている中で最悪の飢えだった」とカナダの『グローブ・アンド・メール』に語った。多くが餓死した。『グローブ・アンド・メール』紙によれば「この欠乏が過度の狩りによるものかあるいはツンドラの植物の不足によるものか分かっていない」[*8]。それは空からの「死」には言及していない。

危機に対応して、カナダ政府は一九五八年の春、ツンドラの上にヘリコプターを送り、生き残った人たちを集めた。彼らはイヌイットのために定住地を確保し、「大地を移動する生活」に戻ることはできないと告げた。定住地はプレハブ住宅で、彼らになじまず、焚き火で暖め床にカリブーの毛皮を敷いた氷でつくった家よりもずっと寒く感じられた。多くのイヌイットは今では風や雪や寒さから身を守るために玄関の周りに氷の家を作る——三〇年後でさえ、彼らはまだこのような人工の村に疎外されているように感じているのだ。

一九五六年にアルゴンヌ国立研究所のミラーとL・D・マリネリは放射性降下物セシウム137が

人体で発見されたと報告した。[*9] セシウムは草や野菜、ミルク、肉に取り込まれるようになった。セシウムが長い北極の冬を通して、カリブーの食物である地衣類に集中する傾向があった北極圏において、問題は特に先鋭に現れた。一九六一年に、リンデン・カートはスウェーデンのトナカイのセシウムレベルが食用牛より二八〇倍も高いと報告した。[*10] スウェーデンの北極地方の人の体内セシウムのレベルは南のスウェーデン人より三八倍高かった。カナダの研究者がまたカリブーと人のセシウムレベルがともに七月から一二月より一月から六月にかけて首尾一貫して高いことを指摘した。カリブーの子は濃度の高い春に生まれるのである。

ベイカー湖周辺地域の汚染レベルはカナダの保健省が実行したカナダ北部の調査における測定中最高だった。[*11] イヌイットのほとんどどこの地域のデネ〔訳注　カナダ北部に住む先住民。デネとは母なる大地より流れ出た者の意〕の人々は英語を話さなかったし、たとえ、話したとしても、科学や医学の専門雑誌を読んではいなかっただろう。彼らはカリブーの汚染あるいは自身の一貫して高いセシウム137レベルについて警告を受けることはなかった。政府は、大気中の放射性物質の降下が終わった時、「終わった」問題として高いセシウムレベルの問題を葬り去った。放射性降下物のもっとも多い所では、測定値が国際放射線防護委員会によって勧告された最大許容レベルを大きく超えていた。[*12]

けれども、セシウムレベルは人の健康が危険にさらされていたという唯一の証拠ではない。一九六〇年一月三〇日に、『カナダ医学会ジャーナル』はカナダの中央北極圏でのガン発生率が東または西の北極圏の二〇倍まではねあがっていると指摘した。[*13] 増加区域は「北極光」〔訳注　地磁気の緯度65°～70°あたりで見られる北極地方のオーロラ〕の最大強度で知られた区域と重なっており、核爆発によって起こされた人工的な北方のオーロラと関連していた。公衆衛生当局者が、人々の生存にとって不利となる生殖能力を害するガンの異常な数に気付き始めた。だが、誰もこの現象をカリブーの生殖問題と結び付けたようには思われない。

放射線被曝の影響はすべてがすぐに出るわけではなく、細胞への傷害は長い間にさまざまな形で現れる。[*14] カリブーが出現しなくなった決定的な年から一六年後の一九七五年までに、中央北極圏での発ガン率は一〇万人当たり七八・四から一六九・三にまで上昇した。[*15] 増加はすべての年代のグループに起こったので、この増加は寿命が延びたせいではなかった。肺ガンの数に顕著な増大があり、これを北極圏へのタバコの導入のせいにする者もある。しかし、これはタバコが最初にもたらされた西の北極圏でなぜ割合が最も高くならなかったかを説明することができない。同様に、喫煙者は男性が女性より二〇％多いことが知られていたので、女性の方が肺ガン発生率の高い理由を説明できない。ソ連のトナカイ牧夫もまた同じ核の遺産を経験していた。チュコートカ半島の先住民のガン発生率は、シベリア北東部で、国の平均より二倍から三倍高いと伝えられた。論文に引用されているウラジミール・ルパンディン博士によると、ほとんどすべての家庭にガンを患っている人がおり、住民の九〇％が慢性の肺の病気にかかっていた。そして乳児死亡率は一〇出生当たり一であった。[*16]

さらなる軍の実験

一九五八年末に大気圏核実験のモラトリアムがあったが、電離層における新たな実験を止めたわけではなかった。『キーシングス・ヒストリッシュ・アーキーフ』［訳注　キーシングは一七五八年以来政治・経済・社会的事件などの資料を発行しており、九〇ヵ国の専門家や研究者が利用している」は一九六一年、太陽風によって生じる無線通信への干渉を打ち消すために電離層に「遠距離通信のためのシールド」を作ることを米軍が計画したと報告した。[*17]

計画は二〜四センチの長さの銅針を三五〇〇億本軌道に持ち込むというものであった。研究者は、これら多数の針が厚さ一〇キロメートル、幅四〇キロメートルの帯を形成して、針がおよそ一〇〇メートルの間隔で分布することを望んだ。彼らは「当てにならない」電離層よりむしろこの人工のシールドで電波を反射させることができると考えた。このプロジェクトは無線通信の問題に焦点を当てたけれども、軍のプランナーの心を急速にとらえつつあった宇宙シールドの考えを反映している。何と、軍は実際にこの実験を試み、軌道中に三五〇〇億本の銅針を放出したのだ[*18]〔訳注　一九六四年〕。軍が後で自慢したり、計画を発展させたりしていないので、実験は軍の目的からして「不成功であった」と推察できる。実験が複雑な高層大気にどんな損害を与えたかはまだわかっていない。一人の独立した研究者リー・リッチモンド・ドナヒューは物理学者の夫ウォルター・リッチモンドとともに戦後のこのような事件を追跡した。彼女は書いている。

「電波を反射して受信をいっそう明瞭にするように」、軍が地球を旋回するごく小さい銅線からなるバンドを電離層の中に打ち上げた時に、マグニチュード八・五のアラスカ地震〔訳注　一九六四年三月二七日に起こり一三一人の死傷者を出したとされている〕が起こり、（その津波で）チリは海岸のかなりを失った。銅線バンドは地球の磁場に干渉したのである。[*19]

この仮説が正しいのか、あるいは間違っているのかを私たちは証明できないが、それは真剣に研究を進める科学者によって提出され、大気の人間による攪乱と地球表面での望ましくない破壊的な出来事を結びつける試みの開始となった。軍以外の地球物理学者たちはこれらの実験から締め出された。プロジェクトに関してほんのわずかな情報しか一般大衆には入手できなかった。しかし、乏しい情報しかなかったとしても、天文学者の国際協会は電離層に銅の針をばらまく軍の計画に強く反対した。この実験の実際の結果については誰も知らないし、軍も口をつぐんでいる。このような実験を不安に思っている人たちが発見を分析することができるように、観察された影響は機密指定から外すべきである。

プロジェクト・ヒトデ（一九六二年）

短い一時停止の後、米国は一九六二年に大気圏核実験禁止令を撤廃して七月九日に電離層で更なる一連の実験を始めた。彼らの記述によれば、この一連の実験は、「六〇キロメートルの高さの一キロトン、数百キロメートルの高さの一メガトンと数メガトンの核爆弾」を含む。[*20] これらの実験は低ヴァン・アレン帯を攪乱し、その形と密度を大きく変えた。

この実験でヴァン・アレン帯内層は一定期間ほとんど破壊されることになるだろう。そしてヴァン・アレン帯からの粒子が大気中に送られることになるだろう。地球磁場が、数時間のあいだ、長い距離にわたって攪乱され、無線通信を妨げることが予想される。放射線帯内層での爆発は、ロサンゼルスから目で見える極光の人工ドームを作ることになるだろう。[*21]

この実験こそ、英国女王の天文学者、マーティン・ライル卿〔一九一八〜八四。一九七四年にノーベル物理学賞を受賞〕が抗議の声を上げたものであり、これを機にライル卿は強力な反核活動家となった。

これらの実験を知った時、私は一九八七年に聞いたフィジーの元水兵の話を思い出した。私は、素晴らしい太平洋の島バヌアツでトゲア（仮名）に会った。この島は彼の出生地のフィジーから少し離れていた。トゲアは四〇歳くらいのハンサムな男で、軍務に服したことがあるので、とても姿勢がよかった。トゲアは私の講演に参加して一九四六年から六三年にかけて太平洋で行われた核実験について私が話すのを聞いた。家に来て妻に会って欲しいととても真剣に私に頼んだ。その目に何かさし迫ったものがあったので、私はイエスと答えないわけにはいかなかった。

それはほどほどに快適な家だった。妻は夫が中年の白人女性を連れて来たので明らかに驚いたふうだった。お茶ともっとも上等のお皿とケーキを用意してくれて、一体どういうことなのかを知ろうと腰をおろした。極めて深刻にかつ慎重に、トゲアは二五年間心にしまってきた話を始めた。一七歳のとき、トゲアはフィジーの海軍におり、一九六二年七月には英国海軍との共同訓練のためにクリスマス島で下船した。彼は海軍水兵それぞれに与えられていたという英国で作られた小冊子を書棚から引き抜いた。冊子には太平洋の島々、とくにクリスマス島について書いてあった。[*22] クリスマス島は中央太平洋の赤道にたいへん近い所にある英国の植民地であった。島は今日、独立してキリバスの一部となっている。小冊子には、島々は「無人で一般的には役に立たない」、そのために新しい軍事兵器――水素爆弾――を実験するために使われている、と書いてあった。トゲアは、後で、島々が「役に立たない」ということの記述が本当ではなかったと分かったが、青年の時には、疑問を感じなかった。

核実験は超極秘の任務であり、トゲアには何が起こるか分からなかった。爆発の前夜、彼らの船は所定の位置にあった。ビールのケースが持ち出されて、次の日を切り抜けられないかもしれないので、「飲み干せ」と言われた。トゲアはその夜眠ることができなかった。死について考え、恐くなった。

翌朝早く、水素爆弾（数メガトンの核融合爆弾と記述されていた）が爆発した。海は荒れ狂ったようになり、マッチ箱のように船を揺さぶった。濃い赤と黒の煙の巨大な柱が小さい環礁から上昇して、数分のうちに火の玉が空を満たしとどろきを上げた。船は「きのこ」雲の真下にあった。トゲアは世界の終わりだと思った。トゲアにはその日、地球が少なくとも一瞬の間、回転を止めたように思えた。それで、私に爆発力が地球の回転を止められるかと尋ねた。水兵たちはその出来事を畏れたので、お互いのあいだでさえ何も言わなかった。空の火事は三日の間続いた。日付と他の情報源をチェックして、私はこれがプロジェクト・ヒトデであったと確信する。

フィジーに戻るとすぐ、水兵たちは彼らの経験について誰にも話さないよう警告された。トゲアは、これは難しいことではなかったと言った。誰が彼らの言うことを信じるだろうか。何が起きたのかどのように説明できただろうか。それから、彼はその決定的な日に受けた開いたままの脚の傷を私に見せた。どの医者も傷を治すことができず、診断することさえできなかった。それはトゲアに口に出せない経験を絶えず思い出させた。後に、核爆弾の影響や放射線についてさらに学んだので、ガンになるか、あるいは子ども達が障害を持って生まれるか心配であった。結婚した時、彼はそのことを話すのをまだ恐れていた。なぜなら公的禁止令があり、婚約者が知ったら、結婚しないのではないかと心配だったからだ。放射線被曝が愛する人々に病気をもたらすのではないかという恐れは、彼の人生を通して幸せな出来事――二人の娘が生まれたとき、また孫が生まれるというその後の知らせ――に影を落とした。妻は、この深い心配事について知らされず、そして一度も夫の奇妙な行動について説明してもらえなかったので、深く心を動かされもし、困惑もしているようであった。

数時間、トゲアと妻が一度も共有できなかった何年にもわたる出来事について、心ゆくまで話し合ってもらった。その時までのふたりの前向きな経験は良いことの兆しであり、もし最悪の恐れが現実のものとなったとしても、ガンも障害を持った子どもも世界の終わりではないと、可能なかぎり請け合った。しかし、他の人や地球に傷害をもたらすことは生命そのものへの犯罪であることを、彼らも私も知っていた。空が何であるか、それが地球の生物圏を守るために何をしているかを知る前に、核爆弾が空で爆発させられるのを私たちは許してしまった。そしてそれがどれほど危険であるかが分かるずっと前に、私たちは地球の人々を放射線にさらしたのである。

『キーシングス・ヒストリッシュ・アーキーフ』におけるプロジェクト・ヒトデの記述は比較的感情を抑えた言葉を選んで表現されているが、それでもショッキングである。

電離層（その当時の理解による）、高さ六五～八〇キロメートルと二八〇～三二〇キロメートルの間の大気部分は、爆発の後に続く圧力波によって起こされた力学的な力によって攪乱させられるだろう。同時に、大量の電離放射線がこの高さで放出され、大気ガス成分をイオン化させることになる。このイオン化の影響は核分裂生成物からの放射線によって強化される……。[*23]

七月一九日……NASAは、七月九日の高高度核実験の結果として、新しい放射線帯がおよそ四〇〇キロメートルの高度から一六〇〇キロメートルまで伸びて形成され、それは低ヴァン・アレン帯の一時的拡張と見ることができる、と発表した。[*24]

その後一九六二年に、ソ連は地上七〇〇〇～一万三〇〇〇キロメートルの間に三つの新しい放射線ベルトを作り同様の地球的実験に着手した。低ヴァン・アレン帯の電子束はこれらの高高度の核爆発以降著しく変化してこれまで一度も前の状態に戻ったことがない。米国の科学者によれば、ヴァン・アレン帯がその標準的なレベルで再び安定するには何百年も要するという。[*25] 一九四五年から六三年の間に行われた三〇〇メガトンの核爆発がオゾン層を約四％減少させたことが、およそ一〇年後にまた明らかになった。[*26] そこから学んでこそ、後知恵もりっぱなものとなるのだ。これらの実験は、私たちが結果を考えるのに必要な知識を持つ前に実験を行う危険性をはっきり示している。

一九四〇年代から一九六〇年代までの核実験は、私たちの環境にひどい損害を与えた。しかし地球上の人々が危害よりむしろ癒しを望んで平和運動を構築したのも同じくこの期間であった。民間の強力な圧力があって、一九六三年、英国、米国、旧ソ連が部分的核実験禁止条約に調印した。けれども、フランス、中国、インド、パキスタンがこの条約に参加せず、実験はより低い高度、より小さい規模で二五年間継続した。したがって、これが本当に大気中の核実験の終わりではなかった。条約署名後に、米国、英国、ロシアの核実験の大部分は地下に移行した。条約は大気中への放射能の放出、あるいは宇宙を探検するための継続的なロケットの使用を禁じていなかった。

サターンVロケット（一九七三年）

宇宙実験の進路を変えることになる事故が一九七三年に起こった。事故は電離層を理解せずに電離層の実験を行っていた科学者の無知を再びさらけ出している。サターン打上げ機は打ち上げのために推進燃料およそ三四五万キログラムを必要とする。

次に、それが望ましい高度と速度に達することができるよう機体に二番目の加速を与えるための推進燃料およそ毎秒一万二七〇〇キログラムを約一五〇秒間使う。スカイラブ発射のために使われたサターンVロケットの故障によって、二番目のブースター（推進補助装置）は三〇〇キロメートルの異常に高い大気中で燃えつきた。

この災難はヴァン・アレン帯が地上へ下がる南大西洋上で起きた。燃焼は、「大きい電離層ホール」を引き起こしたと一九七五年にM・メンディロが報告した[*27]。攪乱によって上空半径一〇〇〇キロメートル域で大気の全電子含有量を六〇％以上減らした。そしてその影響は数時間続き、広い上空域ですべての無線通信を妨害した。「ホール」は明らかにロケット排気ガスと電離層の酸素イオンとの反応によって生じた。このことは、ロケットガスが電離層で化学反応を起こさないと考えたり、楽観的な推測をしていた科学者にとっては驚きであった。

地球の低層大気圏において放射性粒子とガスが衝突する時のように、ブースターロケット反応は大気光を起こした――高層大気で核爆弾によって生じる大気光と同じようなものである。これら人工の大気光は、磁気圏から電離層へ粒子があふれ出る時、磁極で太陽によって引き起こされる自然のオーロラに似ている［訳注　自然のオーロラは太陽から入射する電子や陽子など高エネルギー粒子が磁気圏から電離層へと侵入し、大気中の粒子と衝突して励起し発光させる現象である］。しかし、両者は重要な点で異なっている。驚くべきことに、予想に反して自然のオーロラは太陽が最も活動的な時に最も弱い。しかしながら、太陽は活発な活動時には通常より多くの紫外線を放出し、地球の磁気圏を「強くし」［訳注　太陽活動は周期的に変動し、それにあわせて紫外線は増減する。紫外線は大気中の粒子を電離し、軽い電子や陽子は上昇して磁気圏を強化する］、粒子の流入を処理できるようにする。したがって、ヴァン・アレン帯はそれほど容易に過負荷をかけられない。磁気圏の不自然な「負荷」は、紫外線の増加がないために、調節効果を持たないのである。

予想外の大気光がサターンロケットによって起こされるのを観測した後、NASAと米軍は、電離層を使った計画的実験、大気光を再現してこの新しい現象をテストする方法（類似の人工冷光の発生を通して北極光を理解する実験）を企画し始めた。これらの実験は、一九七五年から八一年にかけて地球の周囲あちこちに拡げられ、また新しく開発されたスペースシャトルを含むより多くの実験が継続的に行われた。

軌道修正システム（OMS）

一九八〇年代を通して世界的なロケット発射数は、毎年およそ五〇〇から六〇〇を数え、一九八九年（湾岸戦争の前）に一五〇〇でピークに達した。スペースシャトルはこの期間に導入され、四五メートルのブースターロケットを二段持ち、固形燃料ロケット中で最も大きい。すべての固形燃料ロケットは排気ガス中に大量の塩酸を含み、一回のシャトル飛行はオゾンを破壊するおよそ一八七トンの塩素、および同じくオゾンを減少させることが知られている窒素七トンを大気中に放出する。各シャトル飛行で放出された三八七トンの二酸化炭素がこれに加わる。ソビエト航空宇宙技師バレリー・ブルダコフはスペースシャトルを三〇〇回発射するだけで生命を保護できるだけの容量の地球オゾン層を破壊すると計算した。[*28]

一九八一年、スペースシャトルの「NASAスペースラブ3」は、シャトルが軌道修正システム（OMS）［訳注　エンジンを噴射して、スペースシャトル本体を円軌道へ投入するシステム］から電離層にガスを注入した時に電離層に何が起こるかを研究するために、「五つの地上観測所ネットワーク上を飛行経路」とした。研究者は、スペースシャトルの飛行が「電離層ホールを誘発」できることを発見してコネティカット州ミルストーンとプエルトリコのアレシボ上に昼と夜に作られたホールで実験を始めた。この人工的に誘発されたプラズマ消滅は、その後プラズマ不安定性の成長や電波の伝搬経路の修正のような他の宇宙現象を調査するために使われた。一九八五年七月二九日に行われた四七秒間のOMS噴射は、日没におよそ八三〇キログラムの排気ガスを電離層の中に放り込んで今日まで最大かつ最も長命の電離層ホールを引き起こした。一九八五年八月のコネティカットの上空で六秒間行われた六八キログラムのOMS放出は、四〇万平方キロメートル以上を覆う大気光を引き起こした。

民間の科学者が二番目のオゾンホールの存在を南極で確証したのは一九八六年であった。核実験によって生じた最初のオゾンホールはその時までに「治り」始めていた。なぜ私たちは頭上四〇キロメートルに広がるオゾンのこの薄い帯のことを心配せねばならないのだろうか。科学者はオゾンが一％減少すると紫外線が一～三％多く地球に達することになるだろうと推定した。その結果、皮膚ガンの発生率が増加し、すべての生物が影響を受けるだろう。オゾンがわずか二〇％減少すると、人は水ぶくれを起こし、皮膚ガンになる恐れがあり、また、免疫システムが低下して他のガンになる恐れもある。白内障発生率が増加し、作物が日に焼けて枯れ、海表面の小エビやプランクトンが死んだり害を受けたりする。そして、地球の気候が影響を受けるだろう。[29] 地球の全食物連鎖が崩壊し始めるだろうと予測される。専門家は人がこの損なわれた地球上にほんの二年間しか生き残れないであろうと推定している。

北半球のオゾン層が一九四〇年代から七〇年代にかけての大気圏における核爆弾実験によっておよそ四％減少したことはすでに指摘した。[*30] 一九七八年から九〇年の間に、オゾン層は北半球でそれ以上の四～八％および南半球で六～一〇％減少した。

宇宙プログラムが環境に与えた危険はロケットガスの影響と大気圏の実験にとどまらない。武器を宇宙空間に運び、電力を供給し、また惑星間クルーザーの移動のスピードアップに有効であると考えた当時のジョージ・ブッシュ大統領の下で、核動力で動くロケットが一九九〇年代初期に盛んになり始めた。

核動力ロケット

国防総省が「米国上院監督委員会」に秘密にしておきたいプロジェクトは「黒いプロジェクト」と呼ばれている。毎年、一定の資金が国家機密のために精査なしで黒いプロジェクトに割り当てられる。「森の風」として知られているそのような「黒いプロジェクト」の一つは、報道機関に漏らされた種々のロケット案の中で最も多くの資金を供給され、最も詳細なもののようである。「森の風」は、ニューメキシコ州のサンディア研究所で開発され、ネバダ州のサドル山で実験された核燃料ロケットを含む機密のプログラムである。その計画は南極大陸と多分ニュージーランド上で、一九九一年四月、核動力で動くロケットを、周回軌道に乗せない七五秒間の実験を命じた。

ほかのロケットエンジンとちがって、核ロケットは化学的燃焼によってその力を生み出すのではない。それは、「放射性同位体熱ジェネレーター」(RTGと呼ばれる)で、水素のような推進燃料を加熱し、次に、高速度でそれを排出し前進力を与える。それは、化学推進燃料の約二倍の効率を達成でき、類似の大きさの他のロケットのおよそ二倍の速度でロケットを動かす。RTGは、プルトニウム二酸化物(主にプルトニウム238同位体で構成されているセラミック形)およそ一〇・九キログラムの燃料を使用し、発射の瞬間から燃料は使用可能でなければならない。それは安全な形状で「冷たく」発射されるはずがないことを意味する。離陸事故が起これば非常に広いエリア上にプルトニウムをまき散らすだろう。

このような事故は実際に起こりうることで、宇宙プログラムの歴史には惨事が数多くある。地球に重大な影響を与えた最初の大宇宙事故は一九六四年四月二一日に起こった。その時、米国のロケットSNAP－9Aが打ち上げに失敗してそれが運んでいた一万七〇〇〇キュリーのプルトニウムが地球の広いエリア上にまき散らされた。そのプルトニウムは土壌や人間、動物の骨を測ると今でも検出される。一九九七年には二機のSNAP－9Aロケットが軌道に打ち上げられた。それぞれが一万七〇〇〇キュリーのプルトニウムを乗せており、一九六四年のロケットと同様、回収されずにプルトニウムをまき散らすことで飛行が終わるように計画されていた。同じく死亡事故もある。一九六七年一月二七日には、アポロ1号が発射台で爆発炎上し、三人の米国の宇宙飛行士がその中で死んだ。舵取り装置とパラシュートがソユーズの宇宙カプセルを降下させることに失敗しソ連の宇宙飛行士が死んだ。下降中のスペースカプセルで圧力弁が間違って開いて、一九七一年六月三〇日に三人のソ連の宇宙飛行士が死んだ。最もショッキングなロケット大惨事は一九八六年一月二八日に起こった。スペースシャトル・チャレンジャーが打ち上げ数秒後に爆発し、七人すべての搭乗員が死亡した。

核ロケットの設計作業はロングアイランドにあるブルックヘイブン研究所と事故を起こしたスリーマイル島原子炉を設計した私企業バブコック・アンド・ウィルコックスによるものである。サンディア研究所はプロジェクト「森の風」が大量のプルトニウムを放出してニュージーランドに衝突する確率を一万分の四・三と推定していた。離陸前に当局はチャレンジャーの惨事の可能性を百万分の一と見積もっていた。

ガリレオ・プロジェクト（一九八九年）

宇宙空間に原子力を打ち上げるもう一つの試みは二つのＲＴＧを運んだガリレオ・プロジェクトであった。その宇宙船はドイツで作られてスペースシャトル・アトランティスから一九八九年一〇月一八日に発射された。それは二度危険なほど地球に接近した。計算上は起こる確率があったが、幸いにも爆発することも衝突することもなかった。理由は不明だが、これは主アンテナが広がらず、備え付けのテープレコーダーが逆向きにセットされているという不完全なものだった。三七億キロメートルの周回飛行の後、ガリレオは木星に到着した。そこでは風の平均時速四〇〇キロメートル、そして稲光の電圧は地球上より一〇〇～一〇〇〇倍強力であった。木星上の大規模な嵐は何世紀も続いているので、惑星表面に神秘的な巨大なレッド・スポットを見せていた。

ガリレオが木星の表面から二一キロメートルの位置で安定したとき、二つのロボット船がこの惑星の大気中に投じられた。高性能ライフル銃弾のほとんど五〇倍の速度で、ロボット船は惑星のアンモニア雲へと落下し、共に母船に信号を送り返した。母船は信号をカリフォルニア州パサディナのＮＡＳＡジェット推進研究所の科学者に送った。信号は一九九五年一二月八日に受信された。小さい方のロボット船は、一〇時間という早い木星の自転によって生み出され木星の磁場の中をぐるぐる回っている砂塵嵐を測ることになっていた。それらはまた木星の電離層に閉じ込められた硫黄と酸素の荷電原子を採集した。二つの探査装置はおよそ三・五時間後に燃え尽きると予想され、他方、母船は一一回惑星を旋回することになっていた。

地球に送り返された情報が興味深い一方で、それにはまたほぼ二〇億ドルの費用がかかっていた。[31]共同体の参加と政府の良い政策を正しく組み合わせると、二〇億ドルは世界の最もひどいスラムの二〇〇〇万人の住民に上質の宿泊設備を提供できる金額である。その時、米国と他の西側諸国で生活保護と社会保障の前例のない予算削減が行われていたのである。

木星大気中に巨大なエネルギーが存在するという情報を得たところへ自然現象が飛び込んできたので、天文学者は非常に興奮した。塵状のすい星シューメーカー・レヴィーが一九九四年七月この惑星に激しくぶつかったのだ。シューメーカー・レヴィーは巨大であり、その粒子の幾つかは小さい山の大きさであった。ガリレオは、その時まだ二億四〇〇〇万キロメートル離れていたにもかかわらず、衝突の影響についての情報を地球に送り返すことが可能であった。テキサス州フォート・デイヴィスのマクドナルド観測所で斑点構造を見ることができたので、天文学者たちは「幼い子どものように浮かれて走り回っていた。木星が目の前で姿を変えるのを見るのはほんとうに面白い」[32]。このことは、惑星がまさにとても見事に相互作用する全体の一部分であり、一つの惑星で起こった衝突は太陽系全体に反響を巻き起こすのだということに私たち人類が気づいていない、ということを暗示していると思われる。米国先住民の格言にあるように、「万物は相互に関係している」のだ。

塵状すい星は木星の南の磁場に衝撃を与え、荷電粒子を北向きに加速し何千ボルトもの電気をつくり出した。科学者は衝突エリアと反対側の木星の北極に影響があることを予想しなかった。これらの「驚くべき出来事」は、科学が大気プロセスについてどれほどわずかしか理解していないかを示している。

ユリシーズ宇宙ミッション（一九九〇年）

ガリレオは二つのプルトニウムＲＴＧによって電力供給を行う最初の大型宇宙船であった。それは一〇年にわたる市民の抗議を無視して発射された。その上、その発射のすぐ後にＮＡＳＡはユリシーズという一年以内の発射計画を発表し、さらに多くの打ち上げがこれに続くことになっていた。プルトニウムの宇宙への打ち上げは日常的な活動になるはずであった。

ユリシーズの準備にあたって、ＮＡＳＡは「環境影響評価書案」（ＤＥＩＳ）を準備して、すでになされた決定を正当化するための主張を行った。[*33] その文書はたくさんの科学者から全般的に見て間違った文書だと揶揄されたのだが。ＮＡＳＡはプルトニウム燃料を積み込んだ一個のＲＴＧを使うつもりだと発表した。そして米国連邦政府記録の文中で、「どんなパブリック・コメントがあっても」、その計画に遅れを起こすような選択肢は考慮に入れないと記した。ＮＡＳＡはその計画に関するパブリック・コメントを求めたけれども、ＤＥＩＳの基礎となる重要文書は独立した科学者が、とりわけ指定された期限内に、容易に手に入れられるものではなかった。その過程は大気の研究を含む決定への市民の十分な参加が難しいこともはっきりさせた。軍事実験の土地や兵器貯蔵庫のような地上のプロジェクトに関しては、公開の会合、地元の科学者や医者によるコメント、国民監査委員会、メディアの調査、環境ヒアリング、その他の不明な点を明らかにさせる綿密な調査がある。ところが、宇宙計画は、誰の「裏庭」の問題であるともみなされないので、危険はそれほど直接的とはみられない。プルトニウムのにわか雨が事故で生じる時でさえ、それは見えず、味もなく、音もしないので人々の関心を引くことは難しい。この状況は宇宙計画を取り巻く軍事機密によってより大きくなる。

ユリシーズは一〇・九キログラムのプルトニウムを運ぶように設計されている。ビーグル犬に対するプルトニウムの影響実験で、米国政府は肺ガンを起こさないプルトニウムの最小量を見い出すことができていない。もしユリシーズが爆発していたなら、プルトニウムは広い地理的領域にまき散らされていただろう。NASAはこのような事故の確率を一千万分の一と見積った。私たちが見てきたように、このような統計値は安心できるものではない。

カッシーニ宇宙ミッション

一九九七年一〇月に、NASAは土星に向かうロケットを発射した。カッシーニと名付けられたこのロケットは約三三キログラムのプルトニウム238を動力源とした三つのRTGを積んでいた。プルトニウム238は普通のプルトニウム239より二八〇倍ほど致死的である。このロケットは複雑なルートを持っていた。最初に金星への接近飛行、その後に、地球への接近飛行、次に土星への飛行。「接近飛行」とは、ロケットが大気圏に入り、惑星の重力と回転によって推進力を与えられ、その方向を変えてスピードを増すというものである。このような方向転換はロケットが燃え尽きプルトニウムが分散するという重大な脅威をもたらす。

NASAは一九九二年にカッシーニの開発を始めた。それは推定三四億ドルを要するこれまでで最も野心的なプロジェクトであった。一九九七年四月に、カッシーニはフロリダのケネディ宇宙センターに秘密裏に輸送され、一九九七年八月下旬にケープカナベラル空軍基地でしっかりと警備されている発射台へと移され、タイタン4Bロケットに積まれた。基地は「アルファに対する脅しの警戒態勢」――ありうべきテロリズムを防ぐための厳重な警備状態をあらわす軍隊用語――を続けた。

多くの科学者と活動家がカッシーニ飛行にたいして反対意見を述べたが、最も立派な話し手の一人はNASAの前従業員であった。アラン・コーンは、NASAで三〇年間働いて、当時は退職していたが、ガリレオとユリシーズ両方の宇宙ミッションのための緊急準備士官および放射線の緊急軍事グループのメンバーであった。彼は一九九七年、カッシーニ発射の危険を国民大衆に警告するためについに口を開いた[*34]。

ケープカナベラル空軍補給所の門の外で行われたスピーチで、コーンはこのように語った――「君の仕事は表面を繕うものだ。大惨事、起こりそうにない大惨事が起きた場合には」、すべての防護措置を取れと言われました。そんな措置は存在しもしないのです。コーンによれば「もちろん、私がその時取ることのできる唯一の処置は、怖くてパンツを濡らすことしかないのです」。コーンは話を続けた――「仕事を休め、目立ってはいけない。大衆に、とりわけ抗議グループには、どんな危険があることも知らせるな」と言われました。コーンはまたスピーチでこうも言った。

私は命令に従いませんでした。すべての建物が放射性降下物シェルターに変えられるように、エアコンが止められ、建物が閉鎖され、入口が閉鎖されるように準備し、戸外で働くことになる労働者にはうさぎスーツ（放射線防護服）と、[放射線防護のために]HEPA［訳注　高効率粒子空気］フィルターをつけたガスマスクを供与するようにしました。私は洗浄設備を準備しました。[発射の際]

訪問者を無くせと上司に言いました。それでも彼らは訪問者を連れて来ました。ところで、訪問者を無くせと言ったとき、ミッションコントロールセンターで私はNASA従業員から大喝采を受けました……。私と意見が一致したので拍手喝采したのです。従業員は公的には私と意見が一致しませんでしたが、喝采を得たということは、フェンス内の政府側にあなた方［市民の抗議者］と意見の一致する人々がたくさんいるということですが、彼らはまちがった忠誠心から公言すべき自由を持たない——自由を持っていないと思っているのです。私の意見は違います。第一に忠誠を誓うべきは国民大衆にたいしてです。第一に忠誠を誓うべきは納税者にたいしてです。第一に忠誠を誓うべきはお互いにたいしてであり、自分たちの家族にたいしてなのです。

第二のNASA従業員、五六歳のジェームズ・リームは同じくプルトニウム放出の可能性が心配であった。そこで彼は七月二四～三一日、カッシーニ反対のデモンストレーションに参加した。リームは、抗議に参加した後、ケネディ宇宙センター保安当局者から尋問されて「発射を混乱させるためにケープカナベラルに潜入しようとするかもしれない抗議者を援助しない」と約束する文書に署名するよう言われたと語った。八月二六日に、リームはチツスビル市議会（発射サイトに最も近い自治体）に出向いて議員達に発射反対の決議を通過させるように頼んだ。リームは、NASAが主張するのには「無関係な仕事をしたという違反行為」で、九月一一～一二日賃金の支払いなしに停職させられた。ケネディ宇宙センターの人事部長ケン・アギラーによれば、彼は一九六六年からNASAで働いており、彼のファイルに懲戒はなく、そして以前に一度も停職処分を受けたことはなかった。[*35]

発射は一九九七年一〇月六日に行われた。一九九九年八月には地球接近飛行があった。幸いなことに、惨事はなかった。土星への完全な旅行には七年を要して、もしすべてが計画通りに進むなら、ロケットは四年間、土星を旋回するだろう。

欧州宇宙機関と契約したヨーロッパの研究者たちは、カッシーニ宇宙ミッションが優しい太陽エネルギー源を使って、提案された目標を実行できるどうかを調べる研究に着手した。ヨーロッパ人は宇宙の彼方の任務に使用するのに有望とみられる高い効率のシリコン太陽電池を開発した。研究は太陽エネルギーが実際に惑星間旅行のために使用できることを示したが、米国はＲＴＧの方を好むと主張した。これは、戦闘状況になったとき、ＲＴＧの余剰エネルギーを動力兵器に使うことができるからだと思われる。

米国は原子力で二四機のロケットを打ち上げて三機が爆発した。ロシアは三九機を打ち上げ、そのうちの六機が事故によって破壊された。[*36] いずれもカッシーニロケットほど多量のプルトニウムを運んでいなかった。科学者たちは、もしこれが人口稠密地域の近くで爆発していたなら、およそ二〇〇〇万人の人々が肺ガンを起こすはずであると計算した。[*37]

研究のもつ問題点

宇宙計画はこれまで高価かつ危険であった。同じく気がかりなことは、この章で記述した大気圏の研究のすべてが軍によって着手されたことである。そして、軍の研究の機密保護のために、一般大衆には起こり得る結果が容易に分からないということである。けれども、研究の価値はどうなのか――私たちが住んでいる太陽系について、宇宙計画は素晴らしい発見に導かなかったのではないだろうか。

社会が軍に依存している状態は、家族の一員が何らかの麻薬常用者になっていて、麻薬を手に入れるために大きな割合で金と資源を使っている家族にたとえられる。家族の残りの者は依存を悟り、危なっかしい世界で多分、なにがしかの安全保障を提供してくれる中毒患者のじゃまをするより、むしろ資源の不足を我慢する。彼らはまた、中毒患者へ依存なしに生き残れるなどとは想像もできないと考えているかもしれない。

実際的なやり方で諸科学が進歩するためには、この軍事中毒とともに生きる必要はないと、私は信じている。軍事研究における問題はそれが一方的だということだ。軍は民間の支持を必要とするが、民間は軍を必要としていない。例えば、もしそれが爆弾のためにだけ使われるなら、誰もウランを採鉱しないだろう。そして、もしそれが戦争のためにだけ使われるなら、誰も天体物理学を教えないだろう。そのために、軍事研究は民間を惹きつける民間の先端産業、および特に大学に協力と資金を見い出すことに依存している。このような最前線の研究は、刺激的な挑戦と高給を提供して最も頭の良い若者たちを惹きつける。研究者はしばしば自分たちの研究に対する軍の利害に気付いてさえいない。民間経済からのこの「頭脳流出」は、今日、生物圏が直面する最も重大な生存の問題を解決できる人たちを奪っているかもしれない。人間は自らが地球に重大な傷害を与える能力があることを証明してきたけれども、同じく回復への鍵を握ってもいるのである。

軍と民間の研究の間の境界がぼやけるにつれて、観察とよく計画された実験から、ごまかしと危険な実行へと私たちがいつ迷い込んだかを明らかにしにくくなる。何のためにその研究が行われるのかについて管理されていなければ、実験はどんな点で安全だといえるだろうか。そして私たちは過去のあやまちから本当に学んでいるのだろうか。

過去三〇年の経験で明らかになったことは、宇宙実験は刺激的な科学的探求に関するものばかりではないということである。宇宙空間は次の戦場である。ジョーゼフ・W・アシー大将、米国統一宇宙司令部の最高司令官によれば、

二つの宇宙ミッション〔宇宙管理と宇宙における力の応用〕は今後ますます重要になるだろうから、われわれはこれらを拡張することになる。われわれはいつか、宇宙空間から地球上の目標——船舶、ヘリコプター、飛行機、地上の目標——と交戦することになる。宇宙空間から宇宙空間の目標と交戦することになる。そして命令はすばやくなされるだろう。〔宇宙ミッションは〕すでに選び取られており、われわれは作戦概念を書き上げた。われわれは北米弾道ミサイル防衛システムで大気圏の中間において突入ミサイルを撃つことになる。それは政治的には微妙であるが、近い未来に起きるだろう。このような話を聞きたがらない人もおり、そしてそれは……確かに人気があるわけではない。しかし——絶対に——われわれは宇宙で戦うつもりである。*38

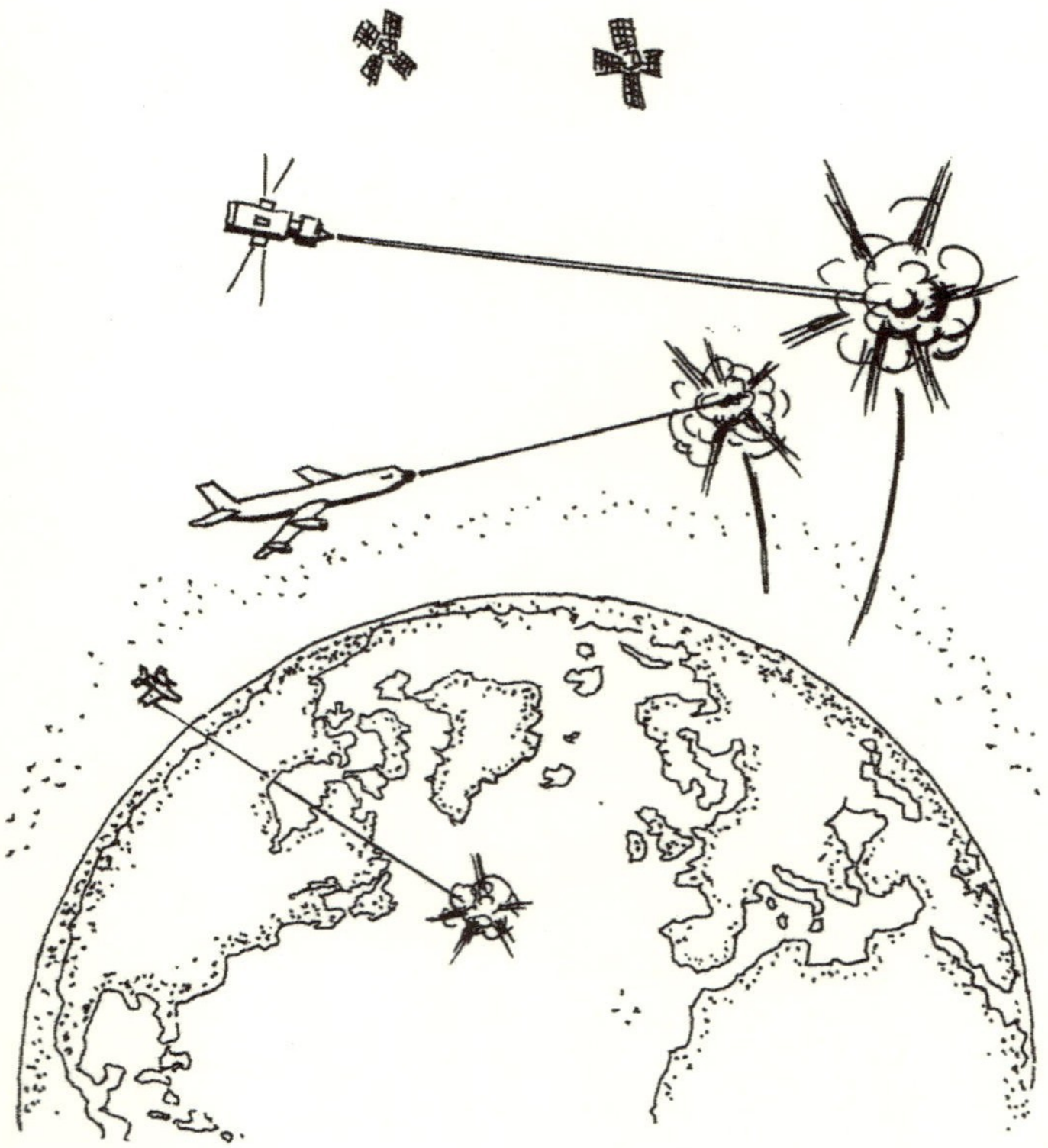

第3章　宇宙軍事プラン

宇宙空間に戦争を持ち込むのはなにも新しい考えではない。一九六〇年代にソ連は「攻撃（キラー）衛星」と呼ばれる軌道兵器を持っていた。キラー衛星は、標的を識別して自動追跡するためにレーダー誘導の二つの軌道画像（すなわち、地球の周りに二つの軌道を必要とした）を使うはずであった。二つの軌道の時間調整が緩慢だったので、赤外線誘導を使って一軌道の「キラー」を作り出す試みがなされたが、完全に失敗であった。ソ連はまた、米国でＦＯＢＳ──部分軌道砲撃システム──として知られている軌道兵器を持っていた。そのアイデアは、必要なときに地上の目標めがけてすばやく発射できるように、水素爆弾を低地球軌道に置くことであった。システムは一九六六年から一九七〇年まで密かに実験された。民間の人々は広島爆弾のおよそ千倍以上強力な熱核爆弾［水爆］が自分たちの頭上を旋回していることを知らなかった。[*1] ＦＯＢＳは今日でも、使用可能だとは考えられないが、ソ連政府はツラタム［訳注　軍事施設］の在庫目録で一八のＦＯＢＳ発射装置を持っていることを明らかにした。国の経済崩壊に引き続き、ソ連の全宇宙計画は、ＦＯＢＳを含めて最高入札者への販売で終止符を打つかもしれない。

大気圏の核実験が禁止されたので、米軍は電離層での研究と実験を続けるための新たな方策を探した。軍は民間の支援と資金、とくに大学のプログラムからの支援を必要とした。一九六〇年代後期、核エネルギーに幻滅し、酸性雨に不安をいだく大衆は代替エネルギーを切望した。太陽光発電人工衛星プロジェクトは公衆の賛成を勝ち取ると同時に軍が宇宙戦争ビジョンを探究できるプログラムとなった。

ミサイル防衛システム

SPS——太陽光発電人工衛星プロジェクト（一九六八年）

一九六八年、米国政府は国内用として太陽からエネルギーを獲得して地球に発信する衛星システムを提案した。それぞれの人工衛星がマンハッタン島の大きさとされ、地球静止軌道（GEO）に置かれるはずだった。GEOの人工衛星は地球の回転に合わせて周回し正確に二四時間かかる。だから、この衛星は地球表面上常に同じ位置にあるように見える。GEOは通常、地上およそ四万キロメートル、ヴァン・アレン帯領域にある。約六〇基のこのような人工衛星が必要とされ、それらは三〇年以上軌道に据え付けられるはずであった。

人工衛星が太陽電池を使って太陽光線を捕え、次に、地球上のレクテナと呼ばれる受信アンテナにむけて、エネルギーをマイクロ波で送ることが計画された。[*2] 五ギガワット［訳注　ギガ＝一〇〇万キロ］の電力を生成できるレクテナサイトは最高一四五平方キロメートルの土地を占めると予想され、人や動物は居住できないだろうし、植物でさえ存在できない。動物たちがレクテナにあまりにも接近して歩き回るとか、あるいは鳥がマイクロ波を通過して飛んだら、明らかにこれらの動物を死なせてしまうのだから、野生動物や鳥を管理するための計画だというのは、浅はかなものであった。このシステムはまた「組み立て式レクテナ」、すなわち軍が辺鄙な地域で十分な電気を必要とした時に、石油発電機の代わりに使用できる可動ユニットとしての使用を予想していた。

プロジェクトの建設段階は、労働者と機器を軌道に輸送しかつ軌道から帰還させるために、毎日三機から五機の大きい輸送ロケットを打ち上げ、また再突入させることになっていた。当時、スペースシャトルは設計図に描かれただけのものであり、ロケットを使い捨てにすれば財政的に法外なものになることが知られていた。

米国議会はこのプロジェクトのために環境影響評価を準備して一九八〇年六月までに完了するようエネルギー省とNASAに命じた。査定だけに二五〇〇万ドルの費用がかかった。実際、このプロジェクトについてはすべてが高価であった。一九六八年に、必要とされる六〇の衛星の製造は五〇〇〇～八〇〇〇億ドルの費用がかかるだろうと推定された。システムは西暦二〇二五年までに、米国のエネルギー需要のおよそ一〇%を供給するだろうが、コストは一キロワット当たり三〇〇〇ドルかかることになるだろう。原子力でさえ、その当時一キロワットについて一一〇〇ドルの費用がかかったにすぎなかった。

このようなハイテク、ハイコストのエネルギーは、地上のソーラーパネルを通して太陽エネルギーを動力化する考えに慣れていたほとんどの一般大衆の心をとらえはしなかった。その当時、およそ七〇％の冷暖房は、太陽から熱を吸収して貯蔵し、必要なときに使用するという方法で直接つくることができたはずである。そうすれば、より実行可能な風力のような環境に優しい技術を使用しながら、電気の必要を大幅に減らせるだろう。環境主義者にとっては、エネルギー危機を低技術によって解決するほうがヴァン・アレン帯に高価な人工衛星を打ち上げる計画より道理にかなっていた。

「太陽光発電人工衛星（ＳＰＳ）プロジェクト」の初期審査が一九七八年に始まったが、私は一つの審査グループのメンバーとなった。その当時、私は軍の実験についてごくわずかしか知らなかったし、電離層とその複雑な構造についてほとんど何も知らなかった。私が学校を修了したときには、今日の天体物理学について極めて少ししか知られていなかった。確かに、当時の政治家は無知同然の状態であり、ＳＰＳ環境影響評価審査の他の民間の審査員もそれほど詳しくはなかっただろうと思う。核にまつわる事件や軍事的実験の大部分は極めて隠密に運ばれていた。報告されるとしても、核あるいは宇宙空間の開発競争における軍の「成功」として主張されていた。それゆえに、私たちは開かれた、公平な心境でこの作業に取りかかった。

ＳＰＳはエネルギー計画として提案されたけれども、明らかに軍事的に応用しようとする重要な目的を持っていた。私の属した審査グループの審査員の一人マイケル・Ｊ・オゼロフが最初に指摘した最も重要なものの一つは、弾道弾迎撃ミサイルに使用するための人工衛星誘導ビーム兵器開発の可能性であった。その当時、地上設置の高エネルギーレーザー光線が熱兵器として、進入してくる敵ミサイルを不能にするか、あるいは破壊するように作動することが可能だと推測されていた。それゆえ宇宙基地からレーザ兵器を作動させようと発想しても不思議ではなかった。電子が従う進路を「明確にする」ためにレーザービームを利用する電子兵器ビームに関して若干の議論があった。しかし、これはすべて大いに理論的なものであった。ヴァン・アレン帯に設置する宇宙基地の高さはこのシナリオを説得力あるものにした。

マイケル・オゼロフは、敵の攻撃の監視と早期警戒を含むSPSに対する他の可能な軍事利用を見つけた。人工衛星は静止軌道にあるので、各衛星が半球全体を連続的に調査できる素晴らしい好位置にあった。早くも一九六〇年に、米国のカロナ計画はソ連のミサイル基地の写真を撮るためにスパイ衛星を宇宙空間に置いていた。この後に(まだ機密の)米国の人工衛星キーホール・シリーズが後に続いた。それは一六〇キロメートルかそれ以上の高度から自動車のナンバー・プレートの大きさの対象を検出することが可能であると言われる。[*3]

その時、私たちは理論的可能性を議論することは許されたが、安全保障上の制約から、この可能性を現存のまたは構想段階の特定の軍の計画と結び付けることはできなかった。そうであっても、若干の潜在的機能は明白であった。つまり、SPSの宇宙基地は、通信、妨害、ナビゲーション、気象学的・地質学的・地理学的調査および潜水艦に対する超低周波の連絡手段のために利用できるということである。[*4]「SPSビームは近くの宇宙空間人工衛星システムを妨害するか、あるいは破壊するために向きを変える可能性もある。そして確かに、戦術的かつ戦略的な地球の通信は、大いに影響を受けることもありうる」。[*5]

オゼロフや他の審査員はまたSPSが潜在的な心理兵器や対人兵器にもなると説明した。SPSは、すべての電子装置（コンピュータ、交通信号、テレビ、ラジオなど）の機能を破壊し、それで都市を麻痺させてパニックを起こすために使用できるかもしれない。もし、二本の主なマイクロ波ビームが敵の人員の近くで横切るようにレクテナから放たれるよう向け直されたら、SPSが電子レンジのように作用するだろう——電子レンジがペーパープレートをそのままにしておいて食べ物を料理するのとちょうど同じように、SPSは人を殺し建物を残しておくことができるかもしれない。また、乾燥した森林あるいは地下油層のような可燃性物質に火をつけることが可能かもしれない。軍事目的のために、SPS人工衛星から他の人工衛星を地球に伝達することが可能かもしれない。一つの応用としては、例えば航空機まで、レーザー光線のリレーを行うことができるかもしれない。あるいは宇宙基地、レーザーパワーで動くターボファン・エンジンがありうる。それは燃焼室に直接レーザー光線を受け取ってその飛行運転のために必要な高温ガスを作り出す。そうなれば航空機はステーションを補給基地として、無制限に巡航時間を延ばすだろう。

私を含む多くの審査者たちが留保を表明したにもかかわらず、カーター大統領はSPSプロジェクトを承認し許可を与えた。SPS案のコストは米国エネルギー省全体の予算の二倍から三倍大きく、それが産み出す電気の推定コストは従来のたいていのエネルギー源のコストよりかなり高かった。このような現実だったので、結局、米国議会が提案を「葬り」、そして資金は拒否された。その時、私はこの計画の件で国連軍縮委員会と接触したが、それが太陽エネルギーと呼ばれる限り、兵器プロジェクトであると考えることはできないと言われた。

第II部　研究　154

戦略防衛構想――スターウォーズ

同じプロジェクトは一九八三年三月、レーガン大統領下の米国で再浮上した。この計画には、国防省のずっと大きい予算がついて「戦略防衛構想」（SDI）と呼ばれたが、「スターウォーズ」としていっそう広く知られている。軍事プログラムは、選挙で選ばれた政府当局者の考えではなく、陸軍、海軍、空軍の戦略計画部門に起源があることを忘れてはならない。軍事戦略家たちは、たとえその提案が初めの段階で拒絶されたとしても、自分たちの欲するものを要求し続けるものだ。

レーガンのスターウォーズは、ソ連を離陸してから米国に着弾するまでにおよそ三〇分を必要とするという事実を勘定に入れて、入ってくる大陸間弾道弾に対する多重防衛を構想していた。システムが機能するためには、敵ミサイルの発射をほとんど即座に発見することが必要とされる。これは監視人工衛星の使用によって達成されるだろう。敵ミサイルは、弾頭が放出される前に、発射と同時にたたけるよう、人工衛星あるいは陸上発射ミサイルのいずれかによって攻撃されるだろう。次に、生き残ったミサイルがあったとしても、X線および粒子ビーム兵器によって攻撃されるだろう。このすべては、スーパーコンピュータによって処理され、人の介在が許されることも必要とされることもないだろう。その非常に複雑なプログラムは他のスーパーコンピュータによって書かれるだろう。このSDI防衛システムを構築するコストは一〇〇〇億ドルと一兆ドルの間のどこかと予測された。

大西洋の両側の科学者がスターウォーズ計画に反対した。あるものは決して機能しないと信じていたのでSDIに反対し、あるものは余りにも高価であるから反対した。また、あるものはそれが一九七二年に米国とソ連両国が承認した「対弾道弾ミサイル条約」――核軍備管理にとって重要だと考えられる条約——に違反するだろうという点に基づき反対した。条約では両国の対弾道弾ミサイル（ABM）兵器の数が一〇〇を超えないように制限し、両国がただ一つのサイト（モスクワとワシントンDC）の周辺にそのミサイルを配置することで合意していたからだ。

ABM［対弾道弾］システムには、核弾頭や入ってくるミサイルを識別するための大きいレーダー、追跡レーダー、早期警戒ネットワークが含まれていた。当時、ソ連は二つのタイプのABM——攻撃ミサイルを地球の高層大気圏で迎撃するように設計されたゴルゴンミサイル、および地球の低層大気圏内の短距離攻撃のためのガゼルミサイル——を持っていた。米国は反応時間三〇秒のスパルタンミサイルを持っていた。それは七二五キロメートルの距離、五六五キロメートルの高さまでミサイルを迎撃することができた。もしスパルタンがミサイルを破壊することに失敗したら、敵のミサイルが標的に向かって下降するのに合わせて、スプリント短距離ミサイルがそれを途中で捕えるために展開されるだろう。

理論から言えば、どちらの国も報復攻撃からその領土全体を守ることができないので、いずれの国による第一撃も起こりそうにない。つまり、もし反撃にたいして自身を守れないことが分かっていれば、人は相手を攻撃しないということである。

外交的対話がほとんど行われなかったので、欧州の親米陣営はスターウォーズ案にたいして身構えた。それは核軍備競争の更なるエスカレーション、および以前の核兵器戦略からの断絶とみられた。NATO同盟国と反核運動の両方が、それは賢明でなく一九七二年条約の条件を破るだけではなく、また実現できぬ可能性が高いことを強調して、スターウォーズへの反対意見を表明した。厳しい国際的批判にもかかわらず、米国はスターウォーズ計画を実行に移し、一九八三年から九三年にかけておよそ三〇〇億ドルを使った。

ミサイル迎撃技術は湾岸戦争を通してテストされた。戦争終了までは、一般に認められなかったけれども、パトリオットは迎撃実験に基本的に失敗した。湾岸戦争の指揮官の一人は、一発一発が効力を発揮する各ミサイルの正確さを改善するという目標について、「破壊のためのわれわれの可能性を最大にすること」という表現を用いている。実際、正確さはショッキングなほど劣っていた。[*6]パトリオット・ミサイルを生産した工場で、ブッシュ大統領は誇らしげに「四二のスカッドと交戦し、四一を迎撃した！」と述べた。[*7]戦争終了までに、実際に発射されたイラクのスカッドミサイルの数は八五機であった。二五機がイスラエルあるいはサウジアラビアの砂漠に方向を変えて進み、あるいは水中に落下し、五五機がイスラエルで民間の的を射止めた。そしてパトリオット・ミサイルによって迎撃されたのはたったの五機だった。[*8]

また、湾岸戦争における米戦車の全損害の七七％は「味方の砲火」に帰せられると推定された。同じく、一九九一年二月二七日には、米国のA—10ジェット機が間違って二台の英国兵士の歩兵車両に発砲して、九人を殺し一一人を傷つけた。これは「情報」の失敗と呼ばれた。関係する全部隊にすぐに届けられる正確な情報が欲しいと、あらゆる方面から強い要求があった。明らかに、このハイテク電子戦争によって地上の全兵員が攻撃を受けやすくなった。スターウォーズプログラムでは無人のバージョンを想定していたが、それを有人の電子戦争にあてはめたときの「ミス」を推定するのに、さほど大きな想像力を必要としないだろう。

更なる研究開発のために議会の支援と資金を得ようと米国防省がミサイル迎撃実験のデータを偽り、幾つかを失敗とみせる不正操作までしたと、幻滅した米国の研究者たちが匿名で主張した。[*9] レーガン大統領下の国防長官、カスパー・ワインバーグはこれらのクレームを否定した。彼はその後、スターウォーズは、ソ連が不足している通貨を宇宙防衛に使うようにソ連を欺くためにだけ意図されたものだと語った。これらのクレームの背後の現実が何であったとしても、プロジェクトが太陽エネルギーのために提案されたものであろうと、ミサイル障壁として提案されたものであろうと、冷戦終了と同時に停止にいたらなかった事実を理解することが重要である。

弾道ミサイル防衛機構

一九九三年五月にスターウォーズ・プロジェクトは公式に終了した。それでも、予算における資金は、同じプロジェクトの三番目の公式名だと思われる弾道ミサイル防衛機構に移された。この新しい政府機関は戦域あるいは戦術ミサイル防衛（ＴＭＤ）――大陸間弾道弾よりむしろ低空飛行の短距離ミサイルを反撃するもの――に集中するはずであった。一九九三年七月、クリントン大統領はスターウォーズを一九七二年のＡＢＭ条約に違反するものだとして非難した。それでもなお一九九五年八月に米国議会は入ってくる長距離ミサイルの位置を定めるよう設計された宇宙センサーによって誘導される陸上発射ミサイルのネットワークを設立するプログラムに資金を供給した。

これら二つの計画が本当のところスターウォーズ・シナリオとどう違うのか局外者が理解するのは

難しい。しかし、これらもまた、ＡＢＭの数だけでなくサイト数も制限した一九七二年のＡＢＭ条約に違反するかもしれない。条約はいつも時の防衛の必要にしたがって軍のプランナーによってたえず翻訳される。そして、これから見ていくように、それに含まれる定義は現在、あらゆる認識を越えて拡張されている。

レーザー防衛

名称はどうであれ、既述のミサイル計画は同じ基本的構成要素に分けられる。宇宙空間、陸、海、大気からの監視、追跡、ミサイル迎撃である。軍の各部門が自身に必要なものを提出して、資金と新しい兵器を得るために競争する。

近代兵器技術は誘導システムと攻撃の両面でますますレーザー使用に頼るようになる。レーザー（ＬＡＳＥＲ）は放射の誘導放出による光の増幅（light amplification by stimulated emission of radiation）を意味する。通常、原子は、基底状態――最低のエネルギーを持っている状態――と呼ばれる状態で存在する。大量のエネルギーを与えると、原子は「励起《れいき》状態」になり、外郭電子は原子核の周りの通常より高い軌道を運動し始める。もし、すべてが基底状態にある同じ原子を多数含んでいるセル［原子の集団］をとってきてセル全体にエネルギーを与えた場合、それは反転分布と呼ばれる。通常、反転分布は維持できない。なぜなら電子はまもなくエネルギーを失って基底状態に戻るからである。しかし、さらに高い状態に電子を励起させることができたなら、それらは最初の「ステップ・アップ」（励起準位）に下がって短時間そこにとどまることになる。一つのセルが基底状態に戻る時、それが引き金となり分布全体を同時に基底状態に戻すことになる。超過エネルギーはフォトン（光）、電磁放射エネルギーの塊のかたちで放出される。レーザーにおいて、これらフォトンはすべて同じエネルギーを持っている。したがって、放出された光は単色である（例えば、すべてが紫外線ないしはすべてがX線）。放出された波は、すべて同位相（同じ周波数で位相差のない運動）であり、一つの波を形成する。これは光線の焦点を正確に合わせることができ、そうすれば非常に強度が高まって、地球から月まで届くか、また金属を切って進むことができる。セルを励起状態に上げるプロセスはポンピングと呼ばれ、そして使われたエネルギーの源はポンプと呼ばれる。ポンプには、カメラフラッシュ、日光、他のレーザー、放電、化学反応、X線レーザーを生み出すのための核爆発［訳注　核爆発で発生させた連続分布のX線で高密度の高温プラズマをつくり、重金属の棒の中でこれを走らせて反転分布をつくる］などがある。もしポンプをリズミカルに用いるなら、パルスレーザーを発生できる。レーザーを生み出すために使用される媒質ないしはセル分布はほとんどどんな状態――ガス、固体、液体、イオン化されたプラズマ――でもよい。[*10]

クリントン政権の一九九六年に「輝く目」――海軍の戦略ミサイルと追跡システム、対人工衛星技術計画と船舶の高エネルギーレーザーを指す軍事用語――に対する米国の国家資金が、称するところによると「テロリストのロケットに対処するために」、米本土ミサイル防衛の要請に対する「追加」として公認された。全資金はほぼ一〇億ドルにまで上った。[*11]

予算管理局による反対にもかかわらず、米国上院はまた空軍の宇宙レーザーミサイルのために七〇〇〇万ドルを追加した。レーザーは最初、爆弾を目標に誘導するために航空機に利用された。爆弾の先端につけられたセンサーがレーザー光線の反射に固定されるのである。今日のレーザー誘導爆弾（LGBまたは「スマート爆弾」）は米国のテキサス・インスツルメンツと英国のトリコンによって市場に出され、ペイブウェイⅢと呼ばれる。米国と英国は一九七〇年代に共に航空機にペイブウェイⅡを装備していた。[*12] レーザー技術が進歩するにつれ、レーザーはまたビーム兵器として航空機に搭載されている。『空軍ニュース』の論文は、「何百マイルも離れたスカッドのようなミサイルを破壊するために放射するレーザー光ビーム」の突出機銃座を設置するにあたって、ボーイング七四七－四〇〇航空機［訳注　ボーイング七四七－四〇〇シリーズ（B七四七－四〇〇～四〇〇ER）は、これ以前のクラシック七四七と対比して「ハイテクジャンボ」と呼ばれている。日本の航空自衛隊が七四七－四〇〇を使っているが、旅客機以外の使用は現在日本のみとのこと］がどのように改造されているかを記述する。[*13] この改造は戦闘に参加できる空挺レーザー機団の設立を目指す研究プロジェクトの一部である。

二つの攻撃用レーザーがおよそ一万二〇〇〇メートルの高さを旋回しながら二四時間ぶっ通しで飛んで、攻撃ミサイルに対する防衛を果たすだろう。もし敵が戦域ミサイルを発射するなら、補助推進ロケットがまだ加速されている間に、雲間から現れるところを攻撃レーザーが発見してしまうだろう。次いで、攻撃レーザーがミサイルを破壊し、結果としてミサイルの残骸が敵の領土に落下するだろう。[*14]

陸軍もまたレーザー能力を発展させてきた。しばらくの間、地上レーザーがニューメキシコ州のホワイト・サンズ軍事基地で稼働しており、ペンタゴンの防衛報道官ケネス・ベーコンによれば「いろいろなもの」について実験がなされた。[*15] MIRACL（中赤外線先端化学レーザー）と呼ばれるホワイト・サンズレーザーは重水素フッ化物とヘリウムを使用して人工衛星を破壊し、「敵」の通信と監視を混乱させることが可能な米国で最も強力なレーザーであると考えられる。米国空軍の人工衛星で米軍がテストを実行し、MIRACLがその有用な役目を一九九七年九月に終えたことをベーコンは確認した。このレーザーの目的は、「宇宙空間をコントロールすること」「宇宙空間の資産を守ること、および我々の国家安全保障に必要な程度に宇宙空間をコントロールすること」であると言明されている。携帯用の地上レーザー兵器に関する実験がまた一九九八年に始まった。

レーダーシステム

レーダー（RADAR）は電波探知と目標物の存在・位置の認知（radio detection and ranging）を意味する。レーダーは電波を送信機で発信し、飛行機またはミサイルが電波に入る時、電波は散乱され小量のエネルギーを受信アンテナに戻す。この弱い信号は増幅されてスクリーン上に表示できる。電波はよく知られているように毎秒三〇万キロメートルのスピードで移動するので、電波を送って戻ってくる間の時間を測ることにより目標までの距離が計算できる。

ソ連からどんなミサイルが進入しても発見できるように、地理的に広範囲にわたる極めて大きなレーダーのチェーンが一九六二年に北アラスカとカナダを横切って築かれた。一九八五年には、遠距離早期警戒網（DEWライン）レーダーのすべてが、一〇〇の固体モジュール（送信機）を使った大きなフェーズド・アレー・レーダーシステムで置き換えられた。この送信機は信号を選び、五五六〇キロメートルの距離の目標も追跡できる。これを補うのがＮＡＤＧＥ――ＮＡＴＯ防空地上環境――と呼ばれるシステムの見通し外レーダー［訳注　多数の目標を同時に探知、追尾できるレーダーシステム］［訳注　波長の長い電波を使用し回折・散乱により地形・地物の影にある目標も探知可能なレーダー］である。人工衛星が通常ミサイルを発見するために使用される一方で、見通し外レーダーは進入する敵爆撃機を発見するために使用されることになる。

新しい「弾道ミサイル早期警戒システム」（ＢＭＥＷＳ）が今日実施されており、地理的に広く分散配置されている。このシステムは、位置、速度、発射サイト、入ってくるミサイルの軌道と衝撃ポイント、衝撃時間を発見できる。

境界線の拡張

「弾道ミサイル防衛システム」が完成すると、それは二つの主要な構成要素を持つことが予想される。北米を守るための米本土ミサイル防衛（National Missile Defense）、およびそれらが配置されるところではどこでも米兵をミサイル攻撃から守るように意図された戦域ミサイル防衛（Theater Missile Defense）である。この計画は、重大なハードウェアの失敗を繰り返している。[*16]

米国は、研究を合法的に続けられるように一九七二年のＡＢＭ条約が認めた防衛と禁止した防衛との間の境界を明確にするために、一九九三年、ロシアと協議を始めた。新しい「高高度戦域防衛」（ＴＨＡＡＤ）および「海軍戦域範囲システム」によって「戦域防衛」の定義があいまいになったからである。

なぜなら、両方ともに移動できるように設計されており、以前のシステムよりも長距離のミサイルを迎撃できるからである。それらは理論的には戦略ミサイルから米国を守るために配備できる。しばしば行き詰まったが、四年間の交渉の末、ロシアはＴＨＡＡＤ実験の続行には同意した。しかし、条約の条項の改正ついては実際の合意には至らなかった。

二〇〇〇年の夏に再び、クリントン大統領はロシアのウラジミール・プーチン大統領と条約の再交渉を試みた。二〇〇〇年六月二日付のロイター通信によれば、ワシントンは、二〇〇五年までに配備可能な統合防衛システムが北朝鮮やイランのような「ならず者国家」から入ってくる弾頭にたいして五〇州すべてを守りたいと主張した。北朝鮮が二〇〇五年までに核の脅威を及ぼすかもしれないと評価された。提案されたシステムは「目標設定レーダー、迎撃ミサイル、高速のコンピュータの複合システム」を含んでいるようだったが、記述がスターウォーズの概念に類似している点は極めて印象的である。一月毎の延期に一億二四〇〇万ドルの費用がかかると推定されるのであるから、この計画のための資金は巨額なものに違いない。

アラスカのアリューシャン列島西端に位置するシェムヤ島［訳注　冷戦時やベトナム戦争時には秘密情報収集基地、北米防空総司令部基地、航空機の給油基地として機能し、現在はレーダー（コブラ・デーン）によってロシアや北朝鮮のミサイル発進をモニターしている］に第一段階のレーダー追跡システムを認めるべきかどうかを決めなければならなかったので、クリントン大統領は回答を出すようプレッシャーを受けていた。建設スケジュールが少しでも遅れれば、二〇〇五年の期限に間に合わなくなるだろうと国防総省は警告した。クリントン大統領にとって幸運なことには、二〇〇〇年六月一四日、法律家たちは土地を切り開くことや土台を敷くことは一九七二年の条約〔訳注　ＡＢＭ条約〕に違反しないだろうと請け合った。条約から降りるべきかどうかについての難問は次の政権に残された（六ヵ月前に通知すれば、いずれの側も条約を離脱できる）。「クリントン氏の在職期間中――コンクリートを注入しながらではあったが――条約違反だった境界を、どうすれば、建設を認めるような解釈に広げられるかと尋ねられて、国防総省の高官は『もっと良い法律家たちを雇うことだ』と答えた」。これは核軍備管理の基礎となってきた条約への極めて無関心な態度だと思われる。[*17]

二〇〇五年の計画はたいへん物議をかもしている。さまざまな優れた科学者たちとクリントン政権の旧官僚たちが決定を延期するように要請した。退職した四つ星の将軍で前空軍首席補佐官のラリー・ウェルチを長とし、国防総省が任命した専門家パネルの出した機密報告は、数多くの問題――ブースターロケットにおける問題、予定表が非現実的で、適切なテストができないという心配、および迎撃ミサイルに敵ミサイルとおとりとの区別ができるかどうかについての疑念――を提起した。[*18]会計検査院の報告は、計画が「潜在的脅威の不確実な評価」に基づいていることを警告して「ミサイル障壁が攻撃の間に適切に作動するかどうかを知ることは難しいだろう」と結論づけた。[*19]湾岸戦争中のパトリオット・ミサイルの惨めな失敗や味方の砲火によって引き起こされた死に留意すると、これは極めてやっかいな、考慮に値する事柄である。米国の盾がアジアでの軍備競争をよみがえらせるという事実はさらにいっそうやっかいである。

最初のＳＰＳ提案の構成要素は今日、かつて包括的なシステムであったものが現在一つ一つが審査されて、資金を供給されるほどに断片的になった。一つずつ考慮される各小片は脅威であるようには思われない。例えば、一九八〇年代初期に資金を供給されて完成した最初の要素の一つがスペースシャトル、宇宙空間に、そして宇宙空間から労働者と材料を輸送できる帰還ロケットであった。一九七八〜八〇年にSPSプロジェクト〔訳注　一五〇〜一五四頁参照〕を再検討した人物の好都合な立場から見ると、それはゆっくりと形をとり始めるジグソーパズルのように見える。私はこの光景が「陰謀論」〔訳注　歴史上の出来事が二人以上の個人や何らかの組織によって秘密裏に操作されたとする考え〕として認められるとは思わない。どちらかと言えば、長い時間枠にわたる研究思想の忍耐力が反映したものである。科学が新しい発見をするように、新兵器が出現して、宇宙空間を支配するためのこの競争に組み込まれていくのだ。

次の戦争のために兵器・通信システムを設計する

宇宙空間の盾

スターウォーズ・プロジェクトと「弾道ミサイル防衛」（Ballistic Missile Defense）プログラムは共にＡＢＭ（対弾道弾ミサイル）技術の使用を通して、惑星の地域防衛の「盾」を構築することを構想した。この概念が将来進展しているとすれば、それはプラズマ盾の使用によるものと思われる。

第二章で議論したように、プラズマは超高温のガスであり、当然、電離層で生じる。地球大気圏の電離層が進入する宇宙のごみや隕石を燃え尽きさせることを考慮すると、私たちは目標に対するプラズマの効果を見ることができる。それは、実際には極端に温度を上昇させる高密度の大気との摩擦ではなく、高い活動性を持ったプラズマへと圧縮する宇宙空間の飛行体自身の衝撃である。圧縮されたプラズマは劇的に温度を上げ、一時的には太陽表面の温度にまで達することが可能である。スペースシャトルはこの熱から自身を守るために表面に断熱材タイルを貼っている。

落雷が起きる時、プラズマは短い時間、より低い大気圏、対流圏にも存在する。雲から地上に一つの稲妻が走る時には、平均四つの続けざまの落雷が起きる。いつも、稲妻は地上のどこかを襲い、電離層との対比で落雷地点を約二〇万ボルト負に帯電させる。稲妻が一時間で終わったとしても、地球は計りしれない被害をもたらして蓄積した電気を放電するだろう。

稲妻と結び付けられる現象は、ボールのあるいは球体の稲光である。これは、白熱し、浮かんでいる、安定した光のボールであり、大気中で激しい電気活動が起こっている時に生じる。接触すると、これらのボールは大量のエネルギーを放出する。ボール稲光は雷雨の間に地面近くで生じ、赤色か、オレンジ色か、あるいは黄色になる。それはシューという音を出し、明瞭なにおいを持っている。ボール稲光の原因は知られていないが、空気やガスの異常な振る舞い――高密度のプラズマ、発光性ガスを含む空気の渦（小型旋風のように渦がぐるぐる回っている現象）、およびプラズマ殻内のマイクロ波放射――などが推測されている。

科学者は、マイクロ波の発生器が、入ってくるミサイル、その弾頭、あるいは航空機の進路中に、プラズモイド――ボール稲光とは異なった、プラズマが凝集した小さな塊――を発射するために使用できるという理論を立ててきた。理論は、ミサイルが火の玉を通過する時にその電子技術やナビゲーションのシステムが無力化されるというものである。電磁エネルギーが同じく核弾頭の放射性同位体を妨害し、効果的に爆弾を無力化する。

一九九三年五月二八日のバンジャワーン事件

オーストラリア西部の新聞『カルグーリー・マイナー』は一九九三年六月一日、レオノーラ―ラベルトン間を南から北に向かって隕石の火の玉が飛んでいるのを数人の人たちが五月二八日に見た、と報じた。この目撃に続いて、オーストラリア西部周辺の二三の異なる地震計でリヒタースケールでおよそマグニチュード四と測定される地震が起こった。この事件を記録した地球物理学者エド・ポールはまた、震動がアルシア金鉱における地下の七・六センチの鉄パイプを切断して地下の水平坑道と立て坑をつぶしたことも記録している。地震の地上波によって誘発された震動の被害は、通常地表面の建物の崩壊に限定されているので、これは重要な発見である。エド・ポールは核爆発が起こったと思った。

火の玉は非常にうるさいディーゼル列車に似た振動を伴う騒音を立てて頭上を通過したと多くの観察者が報告した。地震波が届いた後、鉱山爆発とは全く異なった、大きな、延々と続く爆発音を聞いたと報告した。地震計は一九〇〇年から決まった場所に設置されていたけれども、この地域には以前に地震が起きたという記録はなかった。同様にアボリジニの人々にもこのような事件の記憶はなかった。みんな、隕石の火の玉がオーストラリアの奥地に落ちたのだと思った。

影響が起こりそうな地点はオーストラリア西部の東ゴールドフィールド地域、非常に孤立してほとんど人のいない半砂漠の地域であった。地質学者ハリー・メイソンは一九九五年五月と六月に好奇心からその地を訪問して、衝撃クレーターも地上の異変の印もなかったので驚いた。彼は可能な限り多くの目撃者にインタビューして、いくつかの事実を発見した。

人々は火の玉を見るずっと前にその音を聞いた。それは、非常に小さい薄青い円錐形の尾を持ったオレンジと赤の球形の大きな火の玉であった。スピードは七四七ジェットライナー［訳注　ボーイング社製の旅客機］の速さのようだった。見たところ、火の玉は低い高度（およそ二〇〇〇メートル）で長い弧状軌道を描き地球の湾曲に平行に、少なくとも二五〇キロメートルの距離を飛んだ。火の玉は地面に向かって弧を描いて落ち、林あるいは低い丘の後ろに消えた。それから、青白い、目もくらまんばかりの大規模な高エネルギー爆発が夜空を昼間のように明るく照らした。観察者は一〇〇キロメートル四方以上の地上のかなたまで見ることができた。それから赤色の閃光が垂直に上方を撃ち、そして大規模な地震の地上波が観察者を襲った。とてもうるさい大きな爆発が続いた。それは幅一五〇キロメートル、長さ二五〇キロメートルの廊下状の範囲で聞かれた。南東一五〇キロメートルの地点でさえ小さい震動被害が報告された。*20

空が明るくなっている間中、犬たちがほえてすっかり凶暴になっていたことから、犬が敏感な超音波か電磁波が出ていたようである。最初の火の玉事件の正確に一時間後に二番目のより小さい火の玉が出た。その後（正確な時間は知られていないが）バンジャワーン上を三番目の火の玉が通過したことをトラック運転手たちが報告した。

この事件が起こった区域は、一九九五年に東京の地下鉄毒ガス事件で告発された日本のオウム真理教、「最高真理」セクトがまさに購入したばかりであった。最初の火の玉がみられるわずか三五日前の一九九三年四月二三日に取引が完了していた。オウムの副リーダーは「人類の利益のためにそこで実験を行う」ために購入を始めたのだった。その実験が火の玉と何らかの関連を持ったかどうかは証明できない。オウムセクトに関する米国上院調査の主席弁護士はハリー・メイソンに、電磁兵器に対するオウムの高い関心と電磁兵器が地震を誘発する力を持っていることを知らせた。オウムセクトのメンバーは奇妙な事件の晩バンジャワーンにいた。[*21]

電磁気兵器は一九〇八年にニコラ・テスラによって提案された設計を変形したものである。そして地球上のどんな目標サイトを選択しても、「主要な核爆発と等しい力のレベルで大陸間の距離を越えて爆発や地震誘導のような他の効果を送る」能力を持つと信じられている。[*22]

ニコラ・テスラは一八五六年にクロアチアで生まれたセルビア系米国人であった。彼は一八八四年に米国に移住してトーマス・エジソンの下で働いた。テスラとエジソンは、新たに発見された電気の商業的開発が、直流システムに基づくべきかそれとも交流かに関して意見が分かれた。テスラは一八八八年に、二つの針金のコイルを互いに直角に置き、それらに位相を異にする交流電流を供給すると磁場を回転させるために使用できることを示した。この基本的電気モーターの設計を、家庭用器具のために使えると認めたジョージ・ウェスティングハウスが購入し、販売を促進した。テスラは米国の発電所が送電と電気の国内使用のために直流ではなく交流を選択する決定に影響を与えた。彼は高圧電気と無線通信の領域で素晴らしい仕事をした。また、兵器を作るために電磁力を使うという意欲的な計画を持っていた。彼は、思いついた多くの装置を設計し作ることができないまま、一九四三年に没した。[*23]

一九九三年五月以降、オーストラリアで空中の火の玉と光エネルギーの放出が何千となく目撃された。一つの事件は爆発性の地震波の猛威によって目を覚ました約五〇万人のパース市民が観察した。これらの事件は国際メディアが広く取り扱ったわけではなく、地域の人々にはすべてが隕石によって生じたと告げられていた。しかしながら、隕石は、目撃の際観察されたほど遅いスピードで落下するわけではないし、また弧状軌道を描くこともない。さらに、隕石が落下した後には、クレーターがあり破片も回収できるが、この場合クレーターはなかったし、破片も見い出せなかった。火の玉の地球軌道は四つの軍事複合体――日本の昭和とみずほ、ロシアのモロデズナヤとノヴォラザレブスカヤ〔訳注　これらは互いに近い場所に位置する南極基地〕――の近くを通過する。また、カムチャッカ半島は、旧ソ連の電磁兵器送信機複合企業の世界的系列企業の一つかもしれないと推測される。大韓航空の商業用飛行機がスパイを行っていると思われて一九八三年八月三一日にロシアによって撃ち落とされたのはカムチャッカ半島の上空であった。

五月二八日に起きたオーストラリア西部上の火の玉に関する米国上院調査は、ロシアがテスラ物理を研究しており、半球分だけ離れた場所に地震を誘発できる新しい超兵器を実験していたという理論をまじめに受けとめた。何人かの日本の調査リポーター、オーストラリアや米国の研究者はロシアが一九六三年からテスラタイプの兵器を持っていると信じている。[*24] 上院のヒアリングは、「米国地震学統合研究所」（ＩＲＩＳ）に相談した。研究所は火の玉が秘密の事件であったという可能性を受け入れる一方、それが隕石落下である可能性の方が高いとの結論を下した。しかしながら、ＩＲＩＳは更なる調査を望んだ。他の米国の科学者たちは火の玉が「テスラ障壁」、対弾道弾ミサイル防衛システムの一部であったと信じている。

他の電磁兵器

軍のタンク（戦車）設計者は現在のタンク技術が限界に達していることを認めている。もしタンクがより大きく、より重くなると、いっそう攻撃されやすくなり、今日の精密誘導兵器の格好の標的になる。英国ケント州フォートハルステッドの「英国防衛研究機関」（ＤＲＡ）は第二次世界大戦から今日まで兵器研究を行ってきた。この施設は秘密にされているので、本道に標識を出しておらず、商業地図帳にも記載されていない。施設は高いフェンスと監視カメラに囲まれている。一九八二年に、英国陸軍は「電磁力を動力とする銃を開発する可能性についての簡潔な調査」をフォートハルステッドに委託した。そして三年にわたって一〇〇〇万ポンド以上の資金がこの計画に充てられた。

地図に載っていない地域での幾つかの惨めな実験――銃の横から出て来る発射体、他の兵器に伝染して発射するもの、科学者が「たくさんの火花」だと描写するもの――を繰り返した後に、彼らは結局、スコットランドのカークブリーに電磁銃研究所を建設して、一九九三年に開所した。「銃に対する全体的責任を持つ新兵器部門のデイビッド・ハルによれば、この兵器は防御手段がないほどに強力かつ正確なものとなるだろう。電磁銃は少量持っているだけで必要を満たす。それはタンク戦争を終わらせることができるだろう[*25]」。「成功した」電磁銃第一号を生産するレースが始まっている。しかし、誰にも確かなことは分からない――予想される猛スピードで地球大気の最も高密度の部分を通過する発射体に何が起こるのだろうか。また砲身は何倍までの圧力に耐えられるのか。

『防衛ニュース』（一九九二年四月一三～一九日）によれば、米国は「砂漠の嵐」作戦で核爆弾から発せられる電気フラッシュにまねて設計された電磁パルス兵器（ＥＭＰ）を配備した。金属プレートに当たる電子の流れはエックス線あるいはガンマ線のパルスを引き起こし、これは広いエリアの通信を遮断することができる。ヘルムズⅢ電子ビーム・ジェネレーターは一〇億分の二〇～一〇億分の二五秒間続く二〇兆ワットのパルスを作り出すことができるが、これらは米国カークランド空軍基地のサンディア国立研究所に設置されている。ヘルムズⅡは一九七四年以降、電子ビームを作り出していた。これらの装置は湾岸戦争で実験された[26]。

ＨＥＲＯ（電磁放射線の軍需品に与える危険）

電子装置は意外なやり方で互いに作用することがある。問題は非常に広範囲にわたるので、商業用飛行機の乗客は各フライトの始めに携帯電話のような品目のスイッチを切るように警告される。電磁的・電子的に制御された兵器の拡散を考慮に入れる時、この相互作用が致命的となり得ることは明らかである。

軍は電気爆発装置（ＥＥＤ）を武器のヒューズを作動させるために使う。ミサイルロケットあるいは航空機モーターに点火するために、緊急時に航空機から燃料タンク、乗員席あるいは（操縦席上の透明な）天蓋をはじき出すために、さらには爆弾を落としたり弾頭を爆発させたりするためにＥＥＤに頼る。ＥＥＤの問題は、電波信号が意図的なものかそうでないものかを識別できないところにある。さらに、電子部品、化学物質、燃料は稲妻あるいは静電気によっても発火するのだ。一九八七年三月二六日にアトラス・セントールロケットが爆発したが、その原因は稲妻だと考えられた。米空軍は、一九六九年から七九年にかけて米国空軍機に七七三の稲妻が落ち七機の航空機損失を起こし、他にも二機の損失の可能性があるという記録を残している。空軍はまた、器具や航空管制の失敗や燃料タンク爆発を含めて、他の一五〇の「災難」を例証している。[*27]

ペンタゴンの軍事アナリストたちは、電波、レーダー、マイクロ波、発電所や送電線からの放電、稲光と静電気にたいして、軍需品への電磁放射線の危険を意味するＨＥＲＯ（Hazard of Electromagnetic Radiation to Ordnance）という名をつけた。これらは、「爆発性のペイロード」（弾頭）、「兵器プラットホーム」（サイロ、地上ランチャー、航空機あるいは船）、「運搬システム」（例えばミサイルあるいはロケット）に影響を及ぼすことによって通常兵器、核兵器、あるいは化学兵器の事故を起こすことができる。ＨＥＲＯは、ふとした偶然によって、ミサイルを発射し、揮発性の化学物質を爆発させ、航空機を破壊することができる。米国海軍のＨＥＲＯ当局者は、一九八五年の核パーシングⅡの爆発と一九八九年四月の米国戦艦アイオワ船上での火薬爆発を含む二五の事故が、ＨＥＲＯだと証明されるか、あるいは推測されると主張している。[*28]

絹とポリウレタンは電荷を保持することが知られているが、一九四五年以前にこれらの物質で梱包された若干の古い軍需品が、四七人の船員を殺したアイオワ船上の爆発の原因とみられている。砲塔を積み込んでいる船員たちとのコミュニケーションが途絶える直前に、一人が叫んだ。「摩擦だ……静電気だ……ヒャー、たいへんだー」。惨事の後、調査者はアースされていないワイヤーやブレスレット、死んだ船員たちが身につけていた腕時計、指輪やネックレスのようなものを発見した。これらはHEROエリアで禁じられていたが、しばしば、若い新兵はこのような規則を軽視する。専門調査は、その後、事故の日にWSC―3人工衛星通信システムのためのアンテナが、爆発した砲塔から約三〇メートルの場所で作動していたことを見い出した。[*29]このアンテナは強力な電磁場を作り出し、海軍の規則はどんな爆発性の材料からも少なくとも六五メートルの距離を要求している。戦艦アイオワは紛れもなく浮かぶ兵器庫であり、通常、合わせてTNT三〇〇万トン以上の火力を運んでいる。船全体が爆発しなかったことは不幸中の幸いであった。

一九八六年にリビアを空爆中の米国のF1―11ジェット機が衝突事故を起こしたが、この事故はHEROが起こしたと考えられる。米国空軍大佐チャールズ・クイゼンベリーは、米国の飛行機を失っただけでなく、友好国の大使館と住宅を爆破した作戦の責任があったのに、事故は「互いに干渉しあう」兵器に帰せられると至極簡単に述べただけだった。[*30]ジョージア州マコン近くのロビンズ空軍基地にある米国の見通し外レーダー、フェーズド・アレイ型超大型警戒システムPAVEPAWS（Precision Acquisition Vehicle re-Entry Phased Array Warning System）は、進入してくる飛行機を破壊することができ、また飛行機のミサイルを発射あるいは爆発させることさえも可能であることがわかった。しかし、それでもなお軍はレーダーを閉鎖するとか、あるいは離着陸コースから遠い場所に動かすことをしなかった。その代わり、一九九〇年一〇月に「重要な影響は皆無という調査結果」を公表して、飛行機の着陸について知った時にレーダーの発信を止めることにした。

米国国防省は一九七九年一〇月一日から一九八八年九月二〇日までの間に軍人と水兵二万二六九人が事故で死んだと報告した。[*31] 調査手続きは一般にHEROを除くのでこれらの死者の何人がHEROに帰せられるかを計算することは不可能である。しかしながら、一九八九年には米国のサム・ナン上院議員がHEROの危険についての調査を命令した。英国では、ジョン・マクフォール下院議員が類似の調査を開始した。ドイツでは、緑の党とドイツ軍の両方が調査を始めた。五機の陸軍ヘリコプター、ブラックホークが、電波送信機の近くを飛んだ後、ドイツで墜落して乗員全員が死亡した時、ドイツ人にとってこの問題が身近なものとなった。また、ドイツのトルネード戦闘爆撃機はボイス・オブ・米国のラジオ送信機にあまりにも接近して飛んだ後、ミュンヘン近くで墜落した。

マイクロエレクトロニクスが兵器産業のすべての部分に広がるにつれ、新しいハイテク兵器が、同種類の問題を受けやすいことは明らかである。弾道ミサイル防衛システムは、例えば、「スーパーコンピュータ」によって操作され、「警告に基づき」自動的に発射することになる。これはエラーが起こったときに時間的な余裕を残さない。一九九五年一月二五日、北極のアンドーヤ島から発射されたノルウェーのロケットを、ロシア人がモスクワに向けた米国の攻撃と間違えた。この時、核戦争はかろうじて避けられた。ボリス・エリツィン大統領は攻撃の警告を公表したけれども、ロシアの軍のアドバイザーがミサイルはロシアの領土に向かっていなかったと指摘したので、命令は発射開始の一二分前に無効にされたのだ。[*32] 完全にコンピュータ管理された防衛システムにおいて、HEROタイプの干渉が起これば結果は悲惨なものとなるだろう。

サイバー戦争

二〇〇〇年五月三〇日、米国の統合参謀本部長ヘンリー・H・シェルトン大将は西暦二〇二〇年に向けた軍のジョイントビジョン［JV二〇二〇］を公表した。新聞発表は述べている。

JV二〇二〇の何よりも大切な中心点は、どんな形の戦闘においても抜群の……全範囲に及ぶ支配能力を持つ合同戦力を保持していることである。四つの操作上の概念――群を抜いた高い策略、高精度の戦闘、集中的兵站およびあらゆる次元の防護――が、JV二〇二〇の基礎であり続ける。

新しい軍の計画から出てくるものは、未来の戦争の展開の上で情報技術が鍵となるだろうということだ。攻撃にたいして味方のシステムを防護する一方で、米国は外国のコンピュータ・ネットワークへの攻撃を行うことが可能となる。攻撃は「敵の認識処理と諜報収集活動を無力化することによって、意思決定過程を防衛する」ためのだましの使用を含むことになる。このようなわかりにくい言葉に直面すると、素人の読者はこれが何を意味するのだろうかとただただ憶測するだけである。情報戦争が

「陸、大気、宇宙空間の分野で指揮される」のと同じぐらい重要になるだろうと新聞発表は結論づけている。また、中国軍は、情報戦争を陸軍、海軍、空軍と等しい能力の水準にすることを目指していると言明している[33]。

洗練された早期警戒システムと諜報源の必要は「支配」と統合防衛システムのための全体計画の一部である。

EROS（地球資源観測システム）データセンター

一九七〇年代初期、「米国内陸地質調査局」はサウスダコタ州スーフォールズに「地球資源観測システム」（EROS）データセンターを建てた。スペースシャトル宇宙飛行士は、自然の色や、分極化しているフィルターを使って、地球表面の写真を、また人工衛星の配置を含む宇宙空間の対象物の写真を何千枚も撮った。NASAのパンフレットによれば――

重要な環境モニタリングサイトは長い間繰り返し写真に撮られている。幾つかはジェミニとスカイラブ飛行（一九六五〜七五年）にさかのぼって写真に記録されている。日の出と日没に撮られた地球突出部の写真は、地球大気の重なりで変化する。火山活動はスミソニアン研究所の科学的事件警告ネットワーク（SEAN）と共同で監視される。気象学的現象はスペースシャトルの飛行を通して監視されている。ハリケーン、雷を伴う嵐、スコールライン、陸雲の通った跡、ジェット気流による裏付けはこのような現象のよりすぐれた解像と立体的視野を提供することによって、気象衛星のデータを補完する。[34]

このセンターは、一九八四年の「陸地遠隔探知の商業化法」以降商業化され、現在は米国政府と契約を結んでいる「地球観測人工衛星会社」（ＥＯＳＡＴ）によって管理されている。センターは、連邦と州のレベルまた多国籍企業の五〇以上のターミナルと結んだ国務省の最も大きいコンピュータシステムの一つを収容している。データセンターはまた米国地質調査局の全国地図情報センターネットワークと結ばれる。一九八七年の時点で、ＥＲＯＳデータセンターは米国サイトの六〇〇万の航空写真と米国サイト外の二〇〇万の航空写真を所有していた。これは民間や軍の目的にとって非常に貴重なデータベースである。

軍は何年もの間、大規模なデータの集積を処理するためにスーパーコンピュータを開発していた。そして技術が飛躍的に発展すると、ＥＲＯＳのようなセンターと軍の他のコンピュータとのネットワークが可能になるだろう。ニューヨーク州シラキューズ大学のロバート・バージ教授は二〇ギガバイトの情報（おおざっぱに四〇〇〇冊の聖書と等しい）を保有できる角砂糖より少し大きいデータ立方体を発明した。バージはこれを二・七センチ×一・六センチ×一・六センチの装置で五一二ギガバイトの情報量に拡大したいと期待している。このスーパーチップの重要成分はサンフランシスコ湾にみられるアオミドロと呼ばれる、藻の一種である。

メンウィスヒル

統合諜報システムは「見る」と同様に「聞く」ことを必要とし、未来の戦争シナリオにおいてはＥ

ROSのようなサイトが地球規模の聴取ポストと結ばれるように思われる。そのようなポストの一つがイギリス北ヨークシャー原野のメンウィスヒルである。メンウィスヒルは、米国議会の討論を経ずに米国大統領令によって一九五二年に準備され、一九七〇年代に初めて英国研究者によって公開精査の対象にされた。研究者たちは公開されている情報源を使ったけれども、英国の公務秘密法の下で逮捕され、いわゆる「ABC」（核・生物・化学兵器）裁判で起訴された。[*35]

メンウィスヒルのスパイ基地は以前、米軍安全保障局の第一三在外ステーションとして知られていたところで、一八〇〇人以上の主に米国人スタッフが管理している。ここの米国人たちはほんのまれにしか英国の隣人たちと付き合わない。[*36] サイトは米国の国家安全保障局によって管理され、もともとヨーロッパだけを監視していたが、現在は、ヨーロッパ、北アフリカ、西アジアをカバーしている。さらに最近、ネットワークは地球規模に膨張して、世界の電話、インターネット交換、電子メール、ファクスとテレックスの大部分を処理するインテルサット人工衛星通信を傍受する。この聴取用ポストは、米国のスガーグローブとヤキマ、ニュージーランドのワイホパイ、オーストラリアのジェラルトン、英国のモーウェンストウを含む監視ネットワークと結ばれる。メンウィスヒルは湾岸戦争とコソボ危機の両方で決定的役割を演じて、砂漠の嵐作戦で果たした役割のために「米国国家安全保障局の局長ユニット賞」を受けた。

メンウィスヒルの使った辞書分類方法エシュロンシステムの存在は「政治的支配技術の評価」報告で欧州議会の「市民的自由委員会」が公式に確認した。米国がサウジアラビアとの航空機取引を勝ち取るためにエシュロンによって集められた情報を用いて、競争相手の欧州合弁企業のエアバスを打ち負かしたとの情報が流れたので、二〇〇〇年三月二七日に、欧州連合はこのシステムを調べるための「調査委員会」を設立するという異例の処置をとった。[*37]

二〇〇〇年七月五日に、『ガーディアン』紙は、産業スパイをしているとの申し立てによって、エシュロンシステムが再び非難されたと発表した。裁判官出身の欧州議会議員、チェリー・ジャン＝ピエールによる苦情が出たので、フランスの検察官ジャン＝ピエール・ダンティラックは、「国家の基本的利害関係に対する攻撃の罪でワシントンとロンドンを告発する証拠を固めるよう、フランスの対抗スパイ活動サービスＤＳＴに命じた」。

エシュロン〔訳注　参考資料　小倉利丸著『エシュロン』七ツ森書館、二〇〇二年他〕は主に非軍事目標にたいして設計されている。そのシステムは、無差別に極めて大量の情報を傍受し、キーワードを見い出すことによって「貴重」なものを吸い上げる。米国、英国、カナダ、ニュージーランド、オーストラリアの五ヵ国は、「標識を付けるべき」他のキーワード、句、人物と場所についての辞書を互いに提供して結果を共有する。標識を付けられた傍受情報はまっすぐに要請している国に転送される。潜在的なテロリストや犯罪活動について多くの貴重な情報が集められているのに、誰が合法的な目標と見なされるのか、諜報がどのように使われうるかについては、説明責任がほとんどなされていないように思われる。[*38]

サイバースペースの管理

ＪＶ二〇二〇（二〇〇〇年に発表された米軍のビジョン）は戦争兵器として情報技術に焦点を合わせ

るものだが、情報技術は平和のために活動し、軍事行動を取り巻く秘密を廃止したいと望む人たちにとっても強力な手段となる。NATOはバルカン戦争で軍事的な方向を決定したけれども、サイバースペースの管理にはそれほど成功しなかった。ヨーロッパ、交戦地帯、北アメリカの間のインターネット情報が多くの話を大衆に提供したが、それらは公式のニュース・レポートとは相容れないものだった。

これに対処するために、クリントン大統領は一九九九年四月三〇日、「米国の外交政策を支持するよう外国の聴衆に影響を与え、かつ米国の敵による宣伝を打ち消すように計画された」新「国際公共情報」(IPI)グループを組織する、「大統領決定指令」第六八号を発した。*39 IPIの前身である米国情報局は、空輸部隊の「心理作戦グループ」(Psychological Operations Group・一般的にpsyopsと呼ばれる)から成り立っており、ノースカロライナ州フォートブラグに配置されていた。およそ一二〇〇人の軍人と職員が、メディアに「選択された情報」を広めるために任命される。米国情報局のトーマス・コリンズ少佐はpsyops人員がジョージア州アトランタのケーブル・ネットワーク・ニュース(CNN)センターでCNNの正社員として働いていたことを確認した。考えられるところでは、彼らはコソボ戦争の間、ストーリー作成に取り組んだのだろう。*40

情報は「調和させられ」、そして「同調させられる」べきであるというのが新しい流行語になっているが、それは真実を広める正直な試みかもしれない。しかしながら、それはまた入念な宣伝操作を覆い隠すことができる。

二〇世紀の終わりに現況を点検する

技術が進歩すればするほど、失敗の許容範囲はわずかになる。私たちは、電子の失敗、コンピュータの故障、敵の「ハッキング」、電子の干渉にたいして傷つきやすい非常に複雑なシステムを作ってきた。現代兵器はとても強力なので、どんな事故でも、生命の莫大な損失および環境の大規模破壊を起こしうる。より大きくより良い兵器を作り出す競争は安全性以上にスピードを優先するように思われる。さらに、それらが私たちや自然界にどんな影響を及ぼすのか、正確な見通しもなく兵器が実験されている状況に置かれていることに私たちは気づくのである。

民間の事故調査は、軍事技術についての無知と軍の秘密実験のせいでひどく阻害される。未解決の民間の飛行機事故の最もよく知られた例の一つは一九九六年七月一七日にロングアイランドを離陸したTWAフライト８００の撃墜である。この墜落事故についての民間調査はミサイル、爆弾あるいは機械のエラーという三つの可能な原因を挙げた。一年後に、民間の調査はジェット機でセンターガスタンクが爆発していたと結論を出した。タンクはガス蒸気を含んでおり、部分的に空であった。爆発の原因は決定されなかったが、通常は、「火花」であったと言われている。しかしながら、「火花」の原因はこれまでまったく確認されていない。[*41]

ＴＷＡフライト８００は九万三三〇三フライト時間を蓄積して一万六八六九回の往復飛行をしたボーイング７４７―１００飛行機であった。ボーイング７４７は商業用飛行機の最も長い飛行記録を持っており、極めて安全であると考えられている。ガスタンクを部分的に満たした状態で飛ぶことは異常ではなく、ボーイング747の電気配線はセンターガスタンク近くにはない。調査者たちは何がスパークして爆発したのか決定することができなかったが、爆弾あるいはミサイルの可能性はあり得ないとした。爆弾の破片は発見されなかったし、惨事の間際に飛んでいたとされる軍用艦艇はそのミサイルが届くにはあまりにも遠くに離れていたと考えられた。そのためにこの墜落は公式にはまだ未解決の謎とされている。

ジェームズ・サンダーズの本には、TWAフライト800の撃墜についてきわめて信用できる記述がある。[*42] この記述によれば、飛行機は海軍のミサイル実験の大きな間違いによって撃ち落とされたのである。

ジョン・H・ドルトン海軍長官は、海軍の「協同戦闘能力」(CEC)は一九九四年の夏から本物の発射実験を始め、一九九五年と九六年まで継続するだろう、と「米国上院軍事委員会」で証言していた。CECは一九九六年二月にハワイで実験された「先進的概念技術実証」(「山頂」として知られることもある)の重要な構成要素であった。システムは民間の航空機や他のおとりが散らばっている中で「敵」のミサイルあるいは航空機を識別することが可能だと想定されていた。実験では、海軍のミサイルが、海軍の無人の、あるいはダミーのミサイルを迎撃して「殺す」ことになっていた。システムは、実際的な実験レベルを増やして、戦闘ができるという証明とそのための資金・生産の許可を取る方向に向かって動いていた。

サンダーズによれば、このシステムの最終テストは一九九六年七月一七日、大惨事の夜にロングアイランド沖で行われていた。無人飛行機が発射されており、海軍のレーダーと目標管理システム、AEGISコンピュータは武装していないミサイルを無人飛行機に向けるはずであった。商業飛行機が絶え間なく往来し、地上がごったがえしているという複雑な状況であったために、そのエリアが選ばれた。TWA800が予定よりおよそ一時間遅く離陸したので問題が複雑になったのかもしれない。海軍実験はうまくいかなかった。混雑した空には、重大な電気的な電波妨害があった。そしてAEGIS―CEC[*43]レーダー追跡装置は、無人飛行機ではなくTWA飛行機を追跡して、攻撃ミサイルを送って乗客キャビンの下数フィートの機体を引き裂いた。

その航跡に赤味がかったオレンジの残留物の跡を残しながら、模擬弾頭ミサイルが一枚の紙のように巨大な飛行機を薄く切って通過した時、瞬時に爆発はしなかった。それは胴体を通って轟音を発し、飛行機の左側、左翼のちょうど前方を通過して去り、その結果、人が通れるほどの大きな穴が残された……[*44]。

この理論をサポートする証拠として、前方キャビンにおけるきれいな進入と出口の穴、三四の公認の目撃証言およびTWAフライト800に向かう発射物をとらえた「連邦航空局」レーダーテープ、そしてその夜にそのエリアで海軍実験が行われたことを確認した米国政府文書がある。飛行機から回収された座席にミサイル燃料からのものであることを示す赤オレンジ着色剤のついた写真をサンダースの本で見ることができる。不運な飛行機の中には二一二人の乗客と一八人の乗務員がいた。生存者はいなかった。

この物語はスーパーコンピュータによって処理された未来戦争で起こりうる恐ろしい光景を私たちに提供してくれる。さらに、たとえ戦争が起こらないとしても、兵器開発の実際の過程は人と環境に有害な影響を与えうる。次章では、グローバルな気候変動と異常気象がこの軍事的な行き過ぎの徴候であり得ることを見ていきたい。

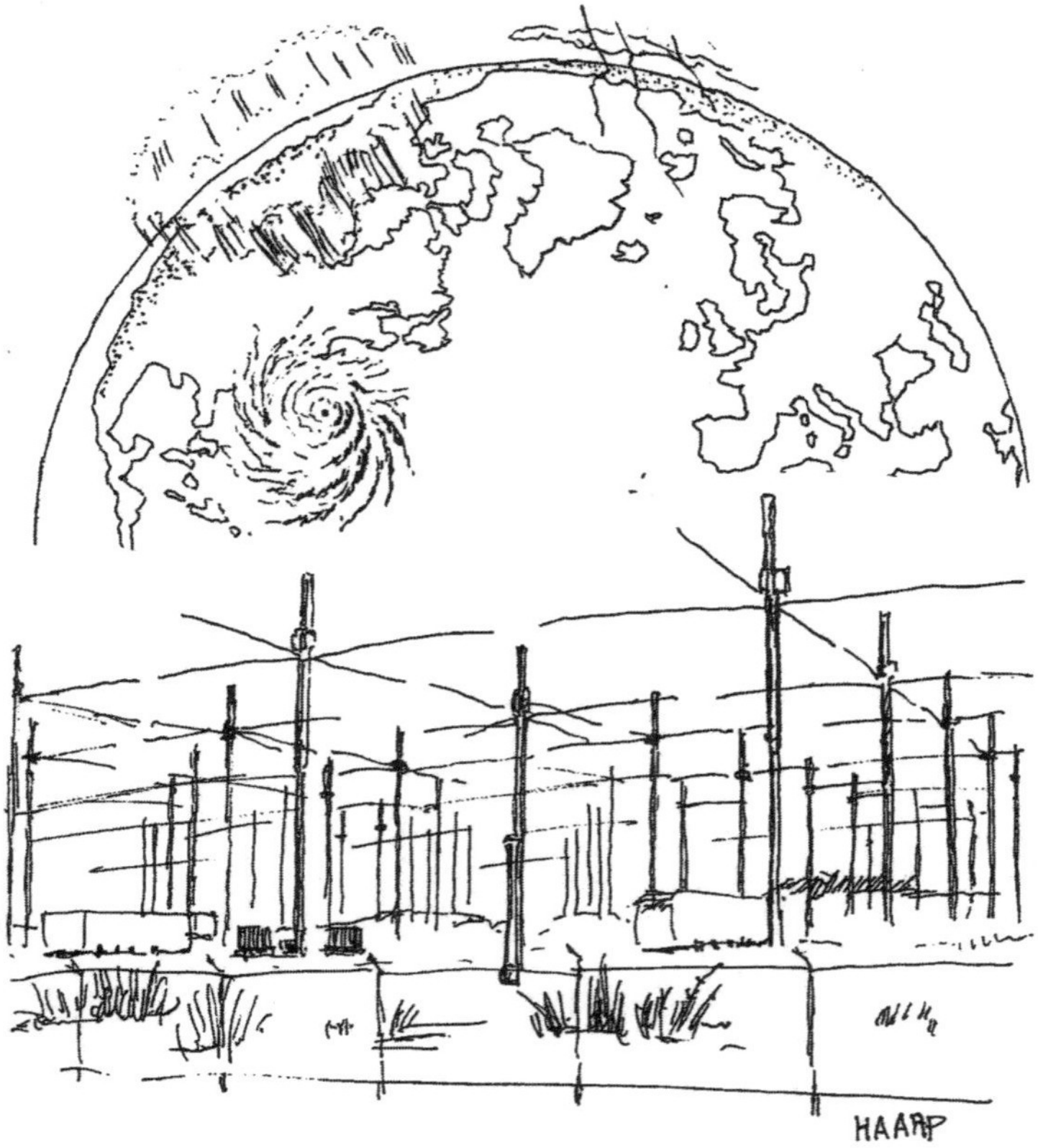
HAARP

第4章　スターウォーズが地球に与える諸問題

　科学者は、いつも、宇宙および自然の地球システムと地球大気外層の間の相互依存に興味を持ってきた。とくに、科学者は気象と気候を制御するプロセスに魅了される。実際、気象は私たちの生存能力にたいして途方もなく根本的な影響を与えるので、自然のプロセスに対する関心の歴史は最も早い時期に始まっている。気象パターンが予測可能なことは、どの種類の農作物が適切であるか、それらを植えるのに最も良い時期はいつか、いつ収穫すべきかを、私たちが決定できることを意味する。気象予測は私たちがハリケーン、洪水、干ばつのような極端な気象条件によって生じる危険に直面する時を告げて、予防措置をとることを可能にする。気候の理解は建築規則や都市計画のような事柄にも影響を与える。大気プロセスを理解することはまた航海や航空にたいしても非常に貴重であった。

　大気の条件を測定するための機器が一七世紀に利用できるようになって以降、組織的な気象記録が保存されてきた。米国では、陸軍通信隊が一八七〇年に全国気象サービスを最初に提供した。ここでも、軍と初期の大気調査とが結びついていた。二〇世紀には、貿易業者や投資家が危険地域か成長可能な地域かを評価する必要から、天気予報は世界市場における必需品となった。例えば、一九七七年には、冷凍の濃縮オレンジジュースの価格がフロリダでの厳しい寒波の後、何日かの間に二倍になっていた。

今までに考察してきた宇宙活動はすべて、地球大気諸層の構成とそれらがどんな機能を果たすかの初期研究を必要としてきた。例えば、第三章で議論した攻撃レーザーの正確さを保証するために、兵器設計者はビームが大気プロセスによってどんなふうにゆがめられるかを理解しなければならなかった。レーダーは目標を自動的にとらえて正確に追跡できなければならない。そこで、研究者たちは大気の条件がどのように電波を妨げるかを理解しなければならなかった。

民間と軍の利害がこのように重なり合うとき、研究活動の混合がみられる。民間の研究者は軍事的研究を注視するし、軍は民間の発見にたいして鋭い関心を維持する。しかし、このように民間と軍を分離することは必ずしも容易ではない。軍と民間の宇宙活動の間には、大学研究への軍の資金提供や、友好諸国からの参加と資金供給が保証された国際宇宙計画など、あいまいな領域がある。たとえ、研究活動が全体として民間主導のプログラムであるとしても、それらは軍の活動を正当化し、活動への協力を得ることができるような建て前を提供する。

民間の宇宙プログラム

民間の宇宙活動は主として「リモート感知」というカテゴリーに分類される。これは一九六〇年代後期に語彙として登録された比較的新しい用語である。それは地球表面の高解像度の写真撮影と大気の圧力や温度の測定に注意を向け、気象学者が天気を予測することを可能にした。一九七三年には、「地球資源技術衛星1号」（ＥＲＴＳ1）が遠方を感知するための応用分野を切り開き、地球に関する私たちの知識や、人間活動が地球にどのように影響するかに関する知識を促進するのに役立った。一九七八年まで、このプログラムは「高エネルギー天文学観測所」（ＨＥＡＯ）と呼ばれた。このプログラムの下で、一九七八年には、アインシュタイン観測所とさらに最近ではハッブル望遠鏡が軌道に乗せられた。

一九八六年の終わりまで、「欧州宇宙機関」（ＥＳＡ）およびインド、日本、ソ連、米国の国家プログラムが環境人工衛星を運転していた。その後、「世界気象機関」（ＷＭＯ）が「世界気象監視計画」（ＷＷＷ）を掲げる「グローバル大気研究プログラム」を確立した。静止軌道の人工衛星が今日、雲の動き、海面温度、雲とより上空の対流圏の湿度分析についての情報を提供している。このデータは、天気予報やはげしい嵐、大気前線の識別、大惨事の警告、船舶の航路のモニタリングおよび航空機のナビゲーションに広く使われている。衛星画像は大洋、海、大きい湖、他の大水域上にある氷の調査に貢献する。また、化石燃料の燃焼や雨林破壊のような地球を脅かす活動の、自然のバランスに関する重要な情報源でもある。将来、人工衛星センサーが完全なオゾン濃度の時空分布や地球大気への太陽の輻射エネルギーの寄与に関する補足的データを提供することが期待される。これはいわゆる「温室」効果をモニターしている研究者にとってかけがえのないものとなるだろう。

米国では、地球の八〇％のデータが極軌道周回衛星［訳注　軌道面と地球の赤道の角度が九〇度の軌道を周回し、地球の北極・南極上を通過する衛星］によって集められる。これらは、大気の温度と湿度、表面温度、雲や雪、水と氷の境界線、オゾンと地球近くの陽子・電子の流れを測定する。人工衛星の捜索・救助能力とは、それらが風船、ブイ、船および地球を回る遠く離れた自動ステーションを正確に示すことができることを意味している。それらは太陽で起こっている事や極地オーロラをモニターして予測することができる。[*1]

ロシアと米国は、民間も軍も、なお宇宙のリーダーだと考えられるけれども、他の多くの国が単独であるいは他国と協力して参加し始めている。ポーランド、旧東ドイツ、ハンガリー、ベトナム、キューバ、モンゴル、ルーマニア、ブルガリア、シリア、アフガニスタンはすべてロシアの「ゲスト宇宙飛行士プログラム」に参加した。アルゼンチンとブラジルは小さい調査ロケットを開発しており、国内の通信衛星システムを提案した。メキシコも関心を持っていて、すでに通信衛星の主要なユーザーである。スウェーデンは極地の電離層研究のために自国の調査ロケットと人工衛星を開発している。チェコスロバキアは宇宙機器の分野で重要な仕事をしてきた。イスラエルは自国の宇宙プログラムを持っており、サウジアラビアはアラブサット（ARABSAT）通信衛星組織の指導メンバーである。オーストラリアは自国の追跡施設と人工衛星を所有している。[*2]

一四のヨーロッパ諸国がESAに所属している。ESAは、アーリアン系列のロケットや「宇宙実験モジュール」、ハレー彗星へのジオット宇宙探査用ロケットを開発した。一九六八年に、日本は東京大学が運営する「宇宙開発事業団」（NASDA）を組織した。これは文部省の下で自主的政府機関として認知された。中国は一九七〇年、自前の人工衛星を発射する五番目の国になった。中国は、それ以前には米国と西独しか実現していなかった、ロケットのための第三世代低温水素燃料を一九七四年までに開発していた。インドは航空宇宙技術と直接の経済的応用に集中するアクティブな宇宙プログラムを持っている。カナダは、通信衛星、プラズマ物理に関する研究のための電離層衛星、宇宙で物体を操りまた回収できることで有名なカナダ腕〔訳注　宇宙でステーションを組み立てる時に使用するカナダの開発した腕のロボット〕を含むロボット工学とコントロールシステムに関する先駆的な仕事をした。

このような世界的関心は、それ自身の正当性において重要であるが、おそらくはまた、将来の軍事力のために人員とハードウェアを準備してもいる。私は、一九五四年のアイゼンハワー大統領の国連への提起に由来する「平和のための原子力」プログラムを想起する。国連は世界全体で原子力の平和利用を促進するために「国際原子力機関」（ＩＡＥＡ）を創設することでアイゼンハワー演説に応えた。これによって、次に、大学が核物理学と核工学をどんどん教えるようになり、また核廃棄物と輸送に対するいっそう寛大な態度が進展した。みなが自分の仕事は核兵器技術と関係を持たないと信じ、良心に恥じることなく、平和的な原子力のために働くことができた。[*3]

もちろん、気候変動と人間活動の影響を研究するための人工衛星の使用は、研究の積極的可能性の例であり、惑星の最も緊急の問題を扱い、その被害を修復しようと試みている。問題は、指導者たちがまだ「戦争中毒」にかかっているので、いかなる研究も軍事利用から自由であると保証できないことなのだ。

民間の地球物理研究の軍事利用

地球大気とその気象との緊密な結びつきのために、軍の活動が局部的かつ地域的な気象パターンに影響を与えてきたことに気付いても驚くにはあたらない。一九四六年にさかのぼって、米軍の主要な契約者の一つ、ゼネラル・エレクトリック株式会社（GE）は、冷たい部屋にドライアイスを落とすと、雲で発見されたのとまったく同じ氷の結晶が作れることを発見した。それから数ヵ月以内に、ドライアイスを飛行機から積乱雲へ落とす実験が行われた。その結果、雲の中の水の小滴は雪の薄片のように落ちる氷の結晶に変わったのである。一九五〇年までに、研究者たちは銀ヨウ化物が類似の効果を持つことに気付いた。その後これは、一九五〇年代後期にアイゼンハワー大統領が開始した気象改変の国家研究プログラムにはずみをつけた。[*4]

環境工学に着手するための、とくに気象を管理するための米軍の意向はきちんと文書化されている。[*5]どうも国防省はベトナム戦争中に「プロジェクト空の火」と「プロジェクト嵐の猛威」で稲光やハリケーンを使って実験したようだ。コロンビア大学に共産主義問題研究所を設立し、また、大統領ジョン・F・ケネディとリンドン・ジョンソンの外交問題アドバイザーであったズビグニュー・ブレジンスキーは、所定のエリアの大気をイオン化させるか、あるいは非イオン化させるためにビームを使う方法を論じた。[*6]『冷却』の著者ローウェル・ポンテによれば、軍はまたレーザーと化学物質が敵の上空のオゾン層に損害を与え、太陽の紫外線の被曝を通して作物や人の健康に損害を起こせるかどうか調査した。[*7]カナダは初めからこの研究任務のパートナーであった。早くも一九六二年には、軍は人工衛星を電離層に向かって発射してプラズマを刺激し始めた。何が起こるかを調べたようだった。[*8]

国連総会はこのような気象の操作に警告を発し始めた。総会は一九七六年一二月一〇日、「環境改変技術の軍事使用その他の敵対的使用の禁止に関する条約」を承認した［訳注　ベトナム戦争の枯葉作戦や降雨作戦を契機に軍縮委員会会議で採択された。一九七二年の「人間環境宣言」を想起し、広範な、長期的なまたは深刻な効果をもたらす環境改変技術の軍事的使用を禁止している」。国連法律委員会の点検の後、この条約は一九七八年一〇月二七日に発効した。[*9] しかしながら、プロジェクトに平和的プログラムであるというラベル――「理論的研究」や「太陽エネルギープロジェクト」や「産業資源開発」――を付けることによって、政府は非難を避けることができた。

大気の改変実験

大気の改変実験は化学または波動関連として分類される。化学実験では、化学物質が大気に導入され、地球上から見ることができる場合もあるし、できないかもしれない反応を起こす。波動実験では、高層大気の通常の波動を遮るか、またはゆがめる若干の熱または電磁力が導入される。両方のタイプの実験がこれまでの四〇年にわたって行われてきた。

空の赤い雲と青い雲

一九九〇年七月二五日、米軍は主にバリウムとリチウムを含む一六個の大きい化学物質キャニスターおよび八個の小さいキャニスターを載せた人工衛星を発射した。[*10] これらはオゾン層のすぐ上の三二キロメートルの高度に、時間間隔をとって放出された。この活動はより大きい規模と違った高さで、一九九一年一月に繰り返された。その時、米国空軍は一億七〇〇〇万ドルを支払った。そして、

NASAは北アメリカ上空に壮大な光のショーを起こすためにさらに八一〇〇万ドルを追加支出した。それは西ヨーロッパや南アメリカの一部のようなはるか遠くからでもみられた[*11]。キャニスターから成層圏中に投棄された化学物質はまたカリブ海のプエルトリコと太平洋のマーシャル諸島から発射されたロケットによって増加した。太陽光線が化学物質をイオン化して、発光性の雲を造り出し、激しい赤と青の光の小さな点として始まったものが、およそ三〇秒で満月の三分の一の大きさにまで広がった。

一九九一年一一月一〇日には、北極オーロラが米国の幾つかの州上に出現し、テキサスからも見ることができた。有史以来初めてのことだった。AP通信は次のように発表した。「近年まれに見る、最も壮観なオーロラがオハイオからユタ、さらにテキサスのような南にまで出現して、空を見つめる人は畏敬の念に打たれた。太陽粒子が夜空に輝くさざなみやカーテンや雲の原料となった」。シカゴの近くに住んでいたジュリア・ペンは生き生きと記述している。「それはクリスマスの色だった！子ども達はサンタクロースがやって来る！　サンタクロースがやって来る！と叫んでいた！」赤い光を火事だと思って緊急電話番号九一一に電話した人たちもいた。いくつかの消防部門が同じように考え応答した。ジョン・A・シンプソン、シカゴ大学物理学教授は太陽閃光が大気をたたきつけ、空気の分子を輝かせたと推測した[*12]。一一月の光のショーは故意に仕掛けられたものではなさそうだったが、もちろん、私たちは確信できない。それが故意であったか否かにかかわらず、たいていの科学者たちは回答を迫られると、電離層が弱められたに違いないと認めた。荷電粒子［訳注　磁気圏から入射してくる高エネルギーの電子や陽子］は大気の上層で捉えられたのではなく、地球の下層大気を撃った。電離層がなぜ弱められたのか、あるいはその現象がなぜ以前より南で起こったのかについて、誰も進んで推測しているとは思われなかった。この疑問と、オーロラの出現の直前に軍が有毒化学物質を電離層中に投棄していたという事実とを関連づけたとしても不合理だとは思えない。

米国とカナダは一九五八年から気象改変実験で協力してきた。ブラックブラントロケットが、マニトバ州ウィニペグで作られて以来何年もの間、「化学物質放出モジュール」(CRM)を高層大気中に打ち上げるために使われてきた。一九八三年二月には、CRMの電離層への放出は、マニトバ州チャーチル上空に北極オーロラを引き起こした。一九八九年三月には、二機のブラックブラントXと二機のナイキオリオンロケットが高高度においてバリウムを放出し、その結果、真赤な人工の雲を作り、それがニューメキシコ州の「ロスアラモス米核兵器研究所」のような遠くからも観察された。

チャーチルCRMプログラムは、アジ化バリウム、塩素酸バリウム、バリウム硝酸塩、バリウム過塩素酸塩、バリウム過酸化水素を含む種々のバリウム化合物を含んでいた。すべてが燃えやすく、ほとんどがオゾン層を破壊する。一九八〇年のプログラムでは、バリウム一〇〇〇キログラムとリチウム一〇〇キログラムを含むおよそ二〇〇〇キログラムの化学物質が大気中に投棄された[*13]。リチウムは、極めて容易に太陽光線によってイオン化される高い反応性を持つ有毒化学物質である。これは低電離層において電子密度を増やして、高い反応性を持ち、さらなる化学変化を起こしうる遊離基を作る[訳注 すべての電子が対になっている状態の原子または分子に電子があたると、一個の電子を付け加えるなどして、例えば活性酸素などの遊離基を作る]。

電離層の荷電粒子のエネルギー量は「地球基準」からすれば巨大である。地球上で造られた最も高いエネルギー粒子は、放射性物質、特に核反応で作られた放射性物質から放出されたものである。その大部分は一・五メガ電子ボルト（メガは一〇〇万）以下のエネルギーを持っている。すべての原子核は、中性子と陽子、およびこの中心を回る軌道電子で構成されている。陽子は正の電荷を持っているが、核の陽子数が核を旋回する電子数に等しいから、原子は電気的に中性である。もちろん、太陽光線が原子を活性化して電子に脱出速度を与えれば、これは荷電粒子に変化する。銀河系宇宙で生じた陽子のエネルギーは一〇〇メガ電子ボルトから天文学的に高いエネルギーにまで及ぶ。これらは地球の高電離層における全荷電粒子のおよそ一〇％を構成する。太陽から生じる陽子がエネルギーの大きい荷電粒子の残りを構成する。それらのエネルギーは一〜二〇メガ電子ボルトであり、これは地球基準からすればまだ非常に高い。これら高エネルギー粒子は地球の磁場によって、そして地磁気緯度（地磁気赤道の上へのあるいは下への距離）によって影響を受ける。大気頂上での低エネルギー陽子の流量密度は、通常赤道より極における方が大きい。しかし、それはまた太陽活動の変化に従って変化し、電離層が変化する。電離層の変化に対応して地球の気象と気候が変化する［訳注　地球と電離層間の電荷の循環が変化して、大気中の雲の変化に影響を与えると考えられている］。

地球大気における化学実験がこの巨大なエネルギー源を利用して気象をコントロールしたいという軍の願望と関連していたことは疑いない。これらの実験が環境に与える影響に関する報告は、それらを必要とする法律が成立する以前に実験が行われたので、実在していない。私は以前、カナダ議会の図書館員に、これらの実験の影響を公式に評価したものがあったかどうかを調べるように話をもちかけた。実験を行った科学者が何も報告しなかったので環境問題はなかったし、大衆の抗議も全くなかったとの答えだった。もちろん、大衆は彼らが観察した美しく着色された空が故意の実験によって引き起こされたかもしれないとは考えもしなかった。

大気圏の探査

二番目のタイプの実験は「波」を利用するものだった。波は「物質ではなくエネルギーを伝達する進行変動」である。[*14] 私たちはおそらく機械的な波に最も親しんでおり、それは、例えば、海の波のように、空気、水、あるいは大地が変動して起こる。波が通過する時、水は上下に動くが、私たちが岸に向かって動いているのを見るのは、水自体ではなく、波のエネルギーを見るのだ。海にブイがあるとすると、ブイは波によって上下に動くが、岸には近付かない。音波も似ている。音波は空気、水あるいは土を通って動き、エネルギーと情報を運ぶが、物質そのものは輸送しない。私たちは、超音波を利用して、人体を検査したり、子宮内の胎児の像を映し出す。地震は地中を通じて機械的な波を送るが、それは油層のような地下の構造を描くために利用できる。

水または空気が波の動く方向と直角に動いたり、変動させられる時、この波は横波として記述される。同時に、エネルギーの流れと同じ方向で物質が前後に動く縦波が存在する。この波の運動は、長いパイプ内にぐるぐるまかれ両端を固定されたスプリングの運動に例えられる。もし、一方の端でスプリングを圧縮すると、それは次の部分を拡げる。放すと、それは順番に圧縮と拡張を繰り返して元の形に戻る。これは物質の局所運動が前後に動く波を起こすが、波それ自身はスプリングの一つの端から他の端に動くように見える。圧縮可能な物質だけが縦波を「運ぶ」ことができる。もちろん、巻かれたスプリングと同じように液体を圧縮したり引き延ばしたりすることはできないものの、すべての物質はある程度圧縮できるというのは本当である。音波は縦波であって、従って、空気、水あるいは土の中を伝搬することができる。完全に閉じこめられた水（例えば、水を満たして、それに栓をしたボトル）は横波を運ぶことはできないが、縦波を運ぶことができる。次に、この単純な事実がどのように地球物理学的研究で使われるかを見ていこう。

波の全周期において、エネルギーは一方向に出され、それからはね返って出発点に戻る。波の振動数は単位時間――通常毎秒――当たり、所定のポイントを通り越す周期の数であり、普通はヘルツで測られる。人間の耳は二〇〜二万ヘルツの音の周波数を聞くことができる。二〇ヘルツ以下は可聴下音響と呼ばれる。大きい建物が振動する時、このタイプの音響を発する。二万ヘルツより上の音が超音波と呼ばれる。水中の物体を見つけたり、物質や顕微鏡検査を分析して医学診断のために使うのはこの振動数である。池の表面の小さいさざなみは一秒間におよそ二〇センチメートル移動する。他方、音は毎秒三四〇メートルで、もっと速く空気中を通って移動する。地震は、毎秒六〇〇〇メートルという速いスピードで地殻を通って動く。

波によって運ばれるエネルギー量は波の強度と呼ばれる。強度は影響をうける表面一平方メートル当たりのワットで測られる。音の大きいロックバンドから四メートル離れた場所の音の強度は一平方メートル当たりおよそ一ワットで、五〇メートルの場所におけるジェット機からの音は一平方メートル当たりおよそ一〇ワット。地球上の太陽輻射強度はまったく一定であり、一平方メートル当たり一三七〇ワットに等しい。電子レンジの中のエネルギーは一平方メートル当たりおよそ六〇〇〇ワットである。そしてリヒタースケールで測ってマグニチュード七・〇の地震の震央から長さ五キロメートル離れている地点における波のエネルギーは一平方メートル当たり四万ワットである。

電波、マイクロ波あるいは可視光線のような電磁波は機械的な波の特性を多く持っている。同じく電磁波は例えば音を運ぶことができるが、それらはより速く進み、真空の空間中を通過できる。非常に低い振動数の電磁波はまた固体の地球や大洋を通過する能力を持っている。この能力は、例えば水中の潜水艦へのメッセージを伝達するなど、軍にとって非常に有用であった。通常、電磁エネルギーは日々太陽から地球にやって来る。しかし、人間はこのプロセスを逆転して、高層大気と地球の内部の構造物の両方を探査するために電磁波を計画的に使った。

一九六六年という大変早い時期に、ペンシルヴェニア州立大学の研究者たちが電離層ヒーターを作り操作して、電離層の底部を刺激しあるいは加熱するために電磁エネルギーを使った。その装置が操縦士に問題を起こしたので、装置はより離れた場所、コロラド州プラッツビルに移された。一九七四年までに類似の研究施設がプエルトリコのアレシボとオーストラリア、ニューサウスウェールズ州のアーミデールに設置された。このように大気実験が進んでいくのに恐れを感じて、米国上院小委員会は一九七五年、米国議会に責任を持つ民間機関によってすべての実験が監督されるよう要請する、気象改変の責任に関する法案を提出しようと試みた。不幸にも法案は通過しなかった。

一九八三年、プラッツビルのヒーターは送信機とアンテナといっしょにアラスカ州ポーカーフラッ

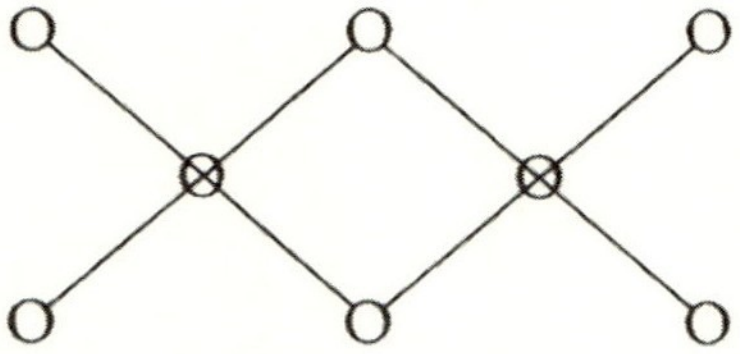

HIPASの配置図

ツのロケット発射サイトに移された。運転契約は、アンソニー・フェラロー博士の下、ペンシルヴェニア州立大学の電気工学部に与えられた。大学は米国海軍のために電離層ヒーターを運転する。もう一つの研究施設はカリフォルニア大学のプラズマ物理研究所によって運営される「高出力オーロラ励起」（HIPAS　High Power Auroral Stimulation）プロジェクトである。アラスカ州トゥーリバーズに位置しており、フェアバンクスの東四〇キロメートルにある。一連の電線と一五メートルのアンテナを通して、この施設は高層大気に高強度の信号を発信し、制御された障害を生み出す。HIPASは四八・六ヘクタール［訳注　甲子園球場が約三三個入る広さ］を占めており、「八つの要素、交差した双極子の円形配列」から成る。[*15] 交差した双極子は五つの送信タワーのセットで、一つが中心に位置している。他の四つは中心の周りに正方形を形成し、この正方形の対角線は中央の送信機で交差する。さらに二つのタワーが長方形（各辺に沿って三つのタワー）を形成するために付け加えられる。そして三番目のものが二つの新しい対角線の交差点で加えられ、二つの交差した双極子を伴う八つの要素からなる施設をつくり出す。

　HIPASは、水中の潜水艦との通信に関する海軍の難問を解決するために、電離層を使う最初の試みであった。一九九〇年、アラスカ州ガコーナで、さらに、きわめて意欲的なヒーター研究が始まった。

高周波活性化オーロラ研究プログラム（ＨＡＡＲＰ）

このプロジェクトの地理的背景は、カナダロッキー山脈の山麓の丘に入る最も美しい車道からわずかに離れたアラスカ州のアンカレッジとフェアバンクスの中間にある。このハイウェーに沿って走ると地球規模の気候変動がよく分かる。というのは、この道路は融け始めているアラスカのツンドラ上につくられており、スポンジ状の感触を持っているからだ。電話用と電気用の柱がいくつか、地面がずれたために、奇妙な角度で傾いているのに私は気づいた。高周波活性化オーロラ研究プログラム（ＨＡＡＲＰ　High - Frequency Active Auroral Research Program）を作り上げている数学的に配置された送信機の優雅な配列がこの大地の動きのもう一つの犠牲になってもおかしくはない。

ＨＡＡＲＰは民間プロジェクトと呼ばれるけれども、「米国空軍研究所」と「米国海軍研究局」が全面的に資金を供給し、指揮している。少額の奨学金が出るので、アラスカ大学と他の米国の大学から学生たちが途切れることなく集まってくる。ということで、このプログラムは通常大学のプロジェクトであると認められている。

ＨＡＡＲＰの目的は、「通信と監視システムの性能を変えるかもしれない電離層のプロセスを理解し、シミュレーションを実施しコントロールする」と述べられている。ＨＡＡＲＰシステムは、（提案された言葉を使えば）、以下のことを行うために電離層に向かって短波エネルギー三・六メガワット（メガ＝一〇〇万）を発信することになる。

・水中の潜水艦と交信するために極低周波（ＥＬＦ）をつくる
・自然の電離層の変化を識別し描写するために地球物理学的調査を行い、それらを和らげあるいはコントロールするための技術を開発できるようにする
・大量の高周波（ＨＦ）エネルギーを焦点に合わせるための電離層レンズをつくり、それで国防省の目的のために潜在的に利用可能な電離層の変化を起こす手段を提供する
・赤外線（ＩＲ）および電波の伝搬特性をコントロールするために使用可能な他の光学的任務のために、電子加速を誘導する
・電波の反射と散乱特性をコントロールするために、地球磁場に沿って整列した電離状態をつくり出す[*16]［訳注　プラズマ状の大気（イオンや電子）を地球磁場に沿って整列させることによって、長波通信の電波障害を避けることを期待している］。

この民間の軍事プロジェクトの目標をリストアップしたのは、読者を「途方にくれさせ」たり当惑させるためではなく、これらの目標が標準的大学研究の目標とどれぐらい無関係であるかを示したかったからだ。ＨＡＡＲＰが、軍事目的を援助するために、大いに複雑な生命維持システムである電離層を改変するだろうということを理解するのに科学のすべてを理解する必要はない。

ＨＡＡＲＰは、雑誌『検閲されたプロジェクト』誌上で、出版ジャーナリストの高名な顔ぶれによって、報告が過小であった一九九四年のニュース記事トップテンの一つに選ばれた。このプロジェクトの発見に関する先駆者の一人は、医者であり熟練した自然療法信奉者のニック・ベギーチ博士であり、

表　電波の分類と用途

電波	周波数	波長	反射層	吸収層	用途
ULF 極々長波	0.03Hz ～ 3Hz	10^7 km～ 10^5 km			
ELF 極長波（極低周波）	3Hz ～ 3kHz	10^5 km～ 100 km			原潜の通信
VLF 超長波（超低周波）	3kHz ～ 30kHz	100 km～ 10 km	D 層		長距離通信、 オメガ航法
LF 長波（低周波）	30kHz ～ 300kHz	10 km～ 1 km	D 層		ロラン C（長距離電波航法）、 長波放送
MF 中波（中周波）	300kHz ～ 3MHz	1 km～ 100 m	E 層	D 層	中波放送 船舶・航空通信
HF 短波（高周波）	3MHz ～ 30MHz	100 m～ 10 m	F1 層	D 層	短波放送 船舶・航空通信
VHF 超短波（超高周波）	30MHz ～ 300MHz	10 m～ 1 m			FM 放送 TV（VHF）放送
UHF 極超短波	300MHz ～ 3GHz	1 m～ 10 cm			TV(UHF)放送、 携帯電話 電子レンジ
SHF センチ波（マイクロ波）	3GHz ～ 30GHz	10 cm～ 1 cm			衛星テレビ
EHF ミリ波	30GHz ～ 300GHz	1 cm～ 1 mm			レーダ、宇宙通信
Sub- MillimeterArray サブミリ波	300GHz ～ 3THz	1 mm～ 100 μm			光通信

＊波長と周波数の関係：波長＝ C ／周波数　光速度 C ＝ 3 × 10^5 km／ sec
周波数 Hz ＝ 1 ／ sec

＊電離層：D 層（分布高度 60 ～ 90 km）；E 層（分布高度 100 ～ 120 km）；F1 層（分布高度 130 ～ 210 km）

彼は故ニック・ベギーチ・シニア下院議員の長男である。ベギーチ博士は、オーストラリアで出版された国際雑誌『ネクサス』に一九九四年一〇月、HAARPに関する最初の主要な物語を公表した。彼とジーン・マニング——従来のものとは異なるエネルギー源の研究に一〇年を費やした経験豊かな科学ジャーナリスト——は、著書『天使はこのHAARP(ハープ)を演奏しない』〔訳注　邦訳は『悪魔の世界管理システム「ハープ」』学研、一九九七年〕を出版し、公的に利用可能な文書からできる限りHAARPに関する情報を掘り出した。それはぞっとする読み物となっている。[*17] また海軍研究局からは基本情報を提供するパンフレットが出ている。しかし軍が自分たちの実験について記述したものを読むには常に注意が必要である。米国防省は産業請負業に向けたマニュアルを出しているが、それには次のように書いてある。「プロジェクトに関するカバーストーリーは信じられそうなものでなければならず、プロジェクトの本質に関する情報は明らかにできない[*18]」。

HAARPプロジェクトの第一段階は一九九五年に完成された。それは一八のアンテナ、すなわち送信タワーが三×六の格子状に建てられていた。このタワーはもともと同期〔訳注　同期(シンクロナイズド)とは、二つ以上の信号の周波数(周期)などのタイミングを合わせること〕電離層ヒーターである。それぞれのタワーのマストの高さは約二〇メートルで、約二四・四メートルの間隔に置かれている。施設はまた電離層の加熱効果を測るための診断道具をもっている。実験は一九九五年九月から一九九六年末にかけて行われるよう計画されていた。一九九八年までに、四八の送信タワーが六×八の格子状に建てられた。これらは、どうも、「HAARPプロジェクトのための核の不拡散努力」というタイトルのプロジェクトの下、米国議会から資金が供給されたようで、助成金は一〇〇〇万ドルという比較的小さなものであった。これはＨＡＡＲＰが宇宙防護概念の一部であることを示す最初の明白なしるしである。ＨＡＡＲＰはいくつかの他の十分な資金によるプロジェクトに接続するように設計されているので、この少ない数字は人をだます可能性が高い。二〇〇二年までに、ＨＡＡＲＰサイトは一八〇の送信タワー（一二×一五）を持ち、一二・四ヘクタールの広さになるだろう。

ＨＡＡＲＰプロジェクトの一つの目的は極低周波（ＥＬＦ）の生成である。基本的に、送信機はビームを電離層中に生じる高層電流に集めることができ、同期光線がそれを直角に撃つと、電磁エネルギーの川を横に広げる。光線が止められると、ジェットは正常に戻る。もし、送られる光線があるリズムで出したり止めたりされるなら、外と内へ向かう動きはパルス状の極低周波を生成する交流電流をつくり出す。これら低周波は地球に向けて反射され、水中の潜水艦との交信や、地球の内部構造を「調査する」などの、「地球深部断面撮影法」のために使用できる。これについては後にこの章で取り上げることにしよう。

ニューヨーク州オールバニー出身のエレクトロニクス研究者は、軍の制限によって束縛されずに、ＨＡＡＲＰ実験が何をすると信じているかを易しい言葉で説明してくれた。

「ＨＡＡＲＰが電離層を燃やして穴をあけることはない」というのはＨＡＡＲＰの巨大なギガワットビームが及ぼすことになる危険性を控えめにしか表現していない。地球は電離層の多層膜の薄い電気的外郭とともに回転している。電離層は太陽から噴出する太陽風の荷電粒子嵐を含む強い放射線を吸収し地球表面を保護している。地球の自転の結果、ＨＡＡＲＰが——数分以上続く爆発により――マイクロ波ナイフのように電離層を薄く切ることになる。これは「穴」ではなく長い裂け目――切り口――を作り出す。[*19]

電離層は太陽活動によって激減させられ、そして当然「修復される」けれども、大気圏がどのようにこれら人工の切り口に反応するかは知られていない。私たちの宇宙空間のすべては動的な均衡にあり、この干渉は何百万年もかけて自身のサイクルを確立し維持してきたシステムを不安定にするかもしれない。たとえてみれば、人は毎日目覚めている時と眠っている時を繰り返すのが普通である。しかし、睡眠と覚醒の両方あるいは片方を人工的に誘発すると、意外な問題と体のリズムの深刻な中断をもたらすことになる。もし、電離層の自然のリズムを対象とする実験が潜在的に有害であるなら、HAARPが戦争の武器として使用された場合、どんな結果になるだろうか?

HAARPは、高い評価を受けている物理学者であり、テキサス州ヒューストンの技術会社社長でもあるバーナード・J・イーストランド博士の取得した一連の米国の特許に基づいている。イーストランドはマサチューセッツ工科大学とコロンビア大学から学位を得た。ARCO[*20]〔訳注　アトランティック・リッチフィールド・カンパニー。一九六六年設立の米国の石油会社。イーストランドは実際にはARCO傘下の企業で働いていた〕で働いている間に彼が得た特許はニコラ・テスラ博士の仕事をほとんど受け継ぐものだった。その特許でイーストランド博士は電離層ヒーターシステムの可能性のある用途を以下のように記述した。

大規模な油田またはガス田の、あるいは原発から利用できる大きなエネルギー源が、RF（ラジオ周波数）領域（この研究では一・五～七メガヘルツ）の電磁波をつくりだす電気を生産するために利用できた。RF波は、当時、相対論的なエネルギーに（電離層の）電子を加速できるほど高い局所場の強さを生み出すために、段階的に調整された大きなフェーズド・アレイアンテナ［訳注　位相配列アンテナ。電子的に放射方向を制御できる多数の電波発射素子からなる複合レーダーアンテナ］によって高度一五〇キロメートル以上の電離層の各ポイントに焦点を合わせる必要があった。[*21]

専門語「相対論的なエネルギー」はこれら電子が光速度に接近して運動していることを意味する。このようにエネルギーの高い電子はプラズマ特性を示すので、これは「宇宙の盾」構想に関連づけられよう。電離層エリアが進入してくる兵器を阻止し破壊するためのエネルギーを与えられるのだ。

イーストランド特許にはまた「肯定的な環境影響が達成できるように……高層大気の風を変えること」が記されている。「例えば、大気中のオゾン、窒素、他の物質の濃度が人工的に高められる」。理論的には、HAARPは干ばつに悩まされるエリアに雨を作り、洪水のときには雨を減少させ、そしてハリケーン、竜巻、モンスーンを人の多いエリアから遠ざけることができるだろう。

HAARPはスターウォーズのシナリオと無関係ではない。テスラは、電磁気兵器の開発に貢献したが、第二次世界大戦が西洋文明を混乱させ脅かしていた一九四〇年には八〇歳代だった。テスラは彼が「遠距離力」と呼ぶものを考案し、それを使えば「飛行機のモーターが約四〇〇メートルの高さで融かされ、その結果、目に見えない万里の長城が国の周囲に築かれる」予定だった。[*22] しかし、テスラは自分の考えを十分に探究できないまま一九四三年に死亡した。

イーストランドによれば、現在のHAARPプロジェクトは考えられた軍事目的をすべて達成するほどには洗練されていない。しかし、軍事的交信の可能性だけでも、HAARPは「スターウォーズ」に必要なプロジェクトリスト上の高い地位にある。その開発の最終段階に達するときに、この施設に何ができるかはまだ未知である。しかしながら、確かにその可能性を熟考する価値はある。

このプロジェクトの主要な目的の一つは高層電流の操作である。もし、高層電流が地球と接触するなら、それは主要な送電網を吹き飛ばし、広い地域から電気を奪うことができる。多分、それはまた、地球のある地点に「エネルギーを蓄える」(爆発を起こすという軍の婉曲的表現)ために利用できる。HAARPが完成したときには、それは電離層の特定エリアを暖めて、電磁エネルギーの著しい量を向け直すことの可能な曲がった形のレンズを生み出すだろう。反射された電磁ビームはマイクロ波あるいは紫外線の範囲にあって、森林あるいは石油備蓄を焼却するためとか、あるいは選択的に生き物を殺すとかの兵器として使用できるかもしれない。

秘密のベールがHAARPを取り巻いているとはいえ、若干の軍事的文書はこの技術に対する軍の異常な没頭ぶりを明らかにしている。例えば、「空軍地球物理学研究所」と「海軍研究局」の共同報告は次のように述べている。

しかしながら、国防総省の見地からすれば、電離層の最もエキサイティングで挑戦的な側面は、C3システム[*23][訳注　指揮、管理、通信システム]の実績を大いに強化する(あるいは敵が接近出来なくする）ように電離層の変化をコントロールする可能性である。このことは、自然の電離層が作戦システムに課す限界を受け入れるよりむしろ、伝達手段のコントロールを獲得したり、望ましいシステム能力の達成を保証するための方向を予見するという点で、革命的な考えである。[*24]

同じく、米軍の「支配」の目的が電離層の加熱に及ぶという証拠がある。

ドイツ連邦共和国のマックスプランク研究所が運転するノルウェーのヒーターは、現在、単一の高周波（ＨＦ）でＥＲＰ（実効放射力 effective radiated power）一ギガワットを供給するために構造を変更中である。ＨＡＡＲＰは、最終的にはＥＲＰ一ギガワット以上のＨＦヒーター――要するに、電離層の改変研究を行うための世界中で最も強力な施設――を持つはずである。[*25]

米国アルゴンヌ国立研究所のキャロライン・ヘルツェンバーグは、一九八八年に、さらに一九九四年に再度、研究者の立場というよりむしろ一民間人として、米国で開発されている革新的タイプの電離層ヒーターが兵器システムとして使用可能なこと、一九七六年の環境改変条約に違反する可能性が高いことを警告する文章を書いた。[*26]

また、二人の率直な研究者、エリザベス・ラウシャー博士と同僚のウィリアム・ヴァン・バイズが共同論文、「重要な地球の励起モードと地球電離層の共鳴空洞」を発表した。論文は地球、地球生命体、太陽からの放射エネルギー、地球の維持システムの振動が調和的に共鳴する枠組みを記述している。[*27] 共鳴とはある振動数を持つ波が他のシステムの自然の振動数と一致して大きな増幅反応を起こすときに与えられる名称である。共鳴の効果はしばしば意外なもので、入力レベルにたいしてまったく不釣り合いに増幅されることもあり得る。雄大なスケールの例としては、共鳴が土星の周りのリングに割れをもたらしたと考えられている。地球システムに種々の周波数の波を持ち込むと、未知のそして意外な共鳴効果を起こすかもしれない。

この大規模な送信機は他の問題を提起する。空軍の提出したHAARPのための「連邦環境影響陳述」は、その送信が「近くの人々の体温を上げ、自動車のトランクに入っている道路用照明を発火させ、電子ヒューズで利用される航空機の武器を爆発させ、航空機の交信、ナビゲーションや航空管制システムを混乱させることができる」と述べている。電磁波の放射が少し増加しただけでも、白内障や白血病のような健康上の問題を引き起こし、また脳の化学伝達、血糖値、血圧と心拍数を変えることが可能である。[*28]

科学者の正当な関心に応じる代わりに、リポーターたちは大衆を恐れさせるために流布された道理の通らない恐怖に関する、未知の情報源から取った物語を送り出す。

アラスカの米空軍の土地で行われている国防総省の物理実験は、UFO宇宙人の死体を掘り起こすという秘密の目的を持っているといううわさが、インターネット上で飛び交っている。もう一つのうわさは、黒いスーツを着た男たちが……プロジェクトに反対するアラスカの人たちをたたきのめすために黒いセダンから飛び出したというものである。[*29]

嘲笑は真剣な物理学者がプロジェクトの詮索から離れるように脅かす良い方法である。彼らは評判を落とすか、あるいは交付金の流れを止められるかもしれないつきあいには用心深いからだ。そして、このようなマスコミ報道があったとしても、誰がとにかくこのような「突拍子もない」告発に耳を傾けるだろうか？　それは非常に効果的な戦術であり、ＨＡＡＲＰを調査してほしいという真剣な要請に協同して取り組もうという努力は起こらなかった。

スーパーDARN

ＨＡＡＲＰプロジェクトは他の研究および軍事施設に関連しているので、孤立して考慮することはできない。実際、軍事プロジェクトは相互に関連して計画されるので、他のすべてのプロジェクトから孤立して理解することはできないのだ。そのような施設の一つがスーパーＤＡＲＮレーダー・ネットワークである。スーパーＤＡＲＮの目的とされているものは、「米国北極研究イニシャティヴの目標に貢献する高緯度ＨＦ（高周波）レーダーのネットワーク」を構築するということである。その目標は「宇宙空間における乱れおよび高高度通信、電気の送電線網、人工衛星の軌道の安定性、防衛システムに対する乱れの効果の予測を改善する」ことである。スーパーＤＡＲＮは「磁気圏、電離層、大気圏の間の電気動力学的および機械的相互作用についてのわれわれの物理的な理解を改善する」ものとされている。[*30]

ＨＡＡＲＰのための公認のウェッブサイトが「電離層から成層圏までの下方への結合は極めて弱く、自然の電離層の可変性と表面気象の間の関連はまったく見い出されていない」と述べているのは興味深い。[*31]それでも、スーパーDARNがHAARP施設と連動するように計画されていることは明らかである。スーパーDARN交付金の提案から引用しよう。「われわれはまた、HAARPとHIPAS施設（これらは「電離層の改変施設」と述べられている）と共同して作動するスーパーDARN実験をすぐに始め、ポーカーフラッツ研究区域でやり始めている実験と提携するつもりである」。もう一つの提案では、スーパーDARNは「……電離層の改変診断」と呼ばれ、その改変はHAARPによって着手されることになっている。[*32]HAARPあるいは他の電離層ヒーターの何かが電離層に変化をもたらす時、あるいは太陽フレアーのような外部要因が地球外層の保護に影響を与える時、スーパーDARNはより低い大気圏で何が起きるかを監視することになる。

各スーパーDARNは一六の送信機と、一つずつの受信機、同調マトリックス、コンピュータを持っている。それらは連続的に一年三六五日、二四時間の間運転し、メリーランド州のジョンズ・ホプキンズ大学から間接的に操作される。[*33]カナダのスーパーDARN施設はラブラドル地方のグース・ベイ、オンタリオ州カプスケーシング、サスカチェワン州サスカトゥーンに位置している。それらはたいした論議もせずに造られ、カナダ国民は一般にその存在に気づいていない。一九九九年、さらに二つのスーパーDARNが建設中であり、一つはブリティッシュ・コロンビア州のプリンス・ジョージに、一つはアラスカ州のコーディアクに建設されている。他のスーパーDARN施設は、アイスランドのストックスエイリとピクロイベール、フィンランドのハンカサルミ、南極大陸のハレー［英国の基地］、サナエ［南アフリカの基地］、昭和［日本の基地］にある。今までのところ、これらの目的あるいは目標についての公開討論はなされてこなかったので、大学の研究論文や交付金の提案書を吟味することによって施設についての情報を収集しなくてはならない。

電離層のもう一つの謎は、アラスカ州アンカレッジ近くに建設されるＳＭＥＳ（超伝導磁気エネルギー貯蔵　Superconducting Magnetic Energy Storage）施設であるように思われる。この施設は指向性エネルギー兵器のための地上のエネルギー貯蔵設備である。それは三万から四万ガウス（地球磁場はおよそ〇・五ガウス）の磁場を持つと予想される。ＨＡＡＲＰ、ＨＩＰＡＳ、ポーカーフラッツ施設の相互作用の可能性を完全に実現するには電気エネルギーの大量のインプットを必要とするだろうから、この貯蔵場所は計画の一部であるかもしれない。

これら幾つかのプロジェクトはじかに軍事に利用されるが、他のものはより正当な研究プロジェクトであるようだ。しかし、それらは、早急さ、制御されない好奇心、および私たちの生命維持システムを使って実験して、それが何をするか、それがどのように機能するかの調査を推し進めたいという意志によって特徴づけられる。人と生物圏にとって、潜在的に逆転不可能な損失を及ぼすリスクがないとはいえない。

地球内部を探るための波動の利用

地球探査断層撮影法

地球システム全体の軍事調査を完成するためには、固体の地球自体を探査することが必要であった。

そこで、再び波動技術が使用されることになる。

閉じこめられた液体は横波——地質学者はS波あるいは地震で放出されるような地震波と呼ぶ——を伝えることができないが、固体はできることが分かっているので、地質学者は地球内部を調査することができる。液体はS波を伝えないので、S波は帯水層、油層、ガス鉱床が見い出される所に影を残す［訳注　横波（S波）は地殻内部に閉じこめられた液体中を伝搬しないので、この部分だけが周囲と異なった影となる］。地震波は地球の液体コアを貫通しないから、大きな地震から出るS波は地震の震央にたいして地球の反対側に影の区域を残す［訳注　より正確には、地震波には、地球の中を伝わるP波とS波がある。地震波の縦波は最も速く伝わるから、英語の"primary"の頭文字をとってP波と呼ばれる。横波は次に速く伝わるから"secondary"の頭文字をとってS波と呼ばれる。さらに地球表面を伝わる表面波がある］。小規模ダイナマイト爆発および特別な機械の「人工起震装置」が地球の比較的浅い場所にS波を送るので、地質学者は岩密度の変化を測ってガスの場所あるいは油層を発見する。

地下核爆発はSとPの両波（P波は波を指す地質学用語）を作って全方向にエネルギー波を送る。地球の液体の芯を貫通できるP波を調査することによって科学者は溶けた中心の中にもう一つ固体の芯があることを発見した。これらの波の反響の時間を計ればこの固体内部の芯の大きさを非常に正確に計算できる。

地球内部の内側と外側の両方の芯には、鉄が非常に豊富に含まれる。物理学者は変化の過程を十分に解明していないが、地球の回転とマグマの接続した運動（温度の違いによって引き起こされる運動）のために電流が液体コア中に作り出され、これらが地球を囲む磁場を作る。また今日、何らかの理由でこの磁場が周期的におよそ百万年ごとに逆転していることを私たちは知っている。そして反転はおよそ千年の間続いてきた。地球磁場はヴァン・アレン帯と相互作用しており、磁場の逆転を通して地球を保護している外層が著しく減少させられる。これは地球表面が太陽や宇宙空間からの粒子放射線にさらされることが際立って増えるということである。放射線が誘発した突然変異のために、これらの時期に種の進化論的変化が加速したかもしれないと推測する科学者もいる。

太陽磁場はまた太陽活動サイクルと太陽黒点の変化を起こしながら一一年毎に逆転する。太陽系磁場の複雑な相互作用はまだ十分に理解されていないが、それでもなお、私たちは現象の豊かな多様さがこれらのダイナミックな変化と関係があると想定することはできる。この深遠な変化を引き起こすものが何なのかを私たちはまだ知らないので、地球磁場と関係する実験は思いがけない結果を引き起こしているかもしれない。

この技術の軍事利用

一九六三年に大気圏核爆発実験が部分的に禁止されたけれども、研究者たちが地下爆発を行うのを止めたわけではなかった。ソ連の人たちは、例えば、ウラル山系に沿って注意深く間隔を置いた一連の地下核実験を行った。その結果、ソ連の地理的領域内の石油とガス埋蔵を含むすべての地下構造物を地図に表わすのに成功した。米国の環境法によっていくぶん束縛されている米軍は、地下の核爆発が強い民間の反対なしに行われたことに驚いた。

けれども、地球の表面上の実験と地下の実験との間には同じく関係がある。ＨＡＡＲＰのような電離層ヒーターは極低周波（ＥＬＦ）を引き起こし、それは電離層によって反射されて地球に戻ってくる。これらのビームは深層地球断層撮影法と呼ばれる方法で地球を通る方向に向けることが可能である。直流電流を交流に変換するために発信される高周波（ＨＦ）は振動させなければならないので、それがつくり出すＥＬＦもまた振動するだろうとの想定は合理的である。振動させられたＥＬＦは、機械的な効果、すなわち地球を通って振動を遠距離に伝えるために使われる。それらの「影」――すなわち、振動が中断させられるところ――を調査することによって、地下の構造物の寸法を理解し再構成することが可能である。この技術のための資金は一九九五年、米国の国防権限法に含められた。一九九六年に米国議会は保健福祉のための予算をカットする一方で、地球貫通断層撮影法を開発するために一五〇〇万ドルを用意した。

キツツキ

シーラ・オストランダーとリン・シュレーダーの本で[*34]、ソ連の人たちが一〇ヘルツの周波数――通常人の脳活動で発見される種類――のパルスＥＬＦを使って実験していたことが報告された[*35]。これらの振動波は世界的に検出された。プロジェクトには、電波受信機で聞こえる音とキツツキが木の幹をたたく音とが類似しているので「キツツキ」というニックネームがつけられた。ロシア人のパルスＥＬＦシグナルが故意であったのか、それとも電離層活動の副作用であったのかは知られていない。

ニコラ・テスラは電磁力が地震のような効果を誘発するために使用できるだろうという理論を立てていた（一六四頁参照）。ロシアのキツツキは、一九三五年七月一一日に初めてテストされたテスラ拡大送信機の現代形であると思われる。当時の『ニューヨーク・アメリカン』の見出しは「テスラが地震をコントロールした」というものであり、論文はテスラが地球を貫いて機械振動を伝えることに成功したと説明した。ロシアバージョンは一九七六年七月四日（米国の第二〇〇回独立記念日）に始まった。[*36]

ＥＬＦを使った初期の実験はソ連と米国の間に驚くほど多くの協力をもたらした。一九七七年六月二一日の『ニューヨーク・タイムズ』によれば、米国はソ連に（その時世界中で最も大きいと考えられていた）四〇トンの磁石を送った。米国の科学者チームが磁石を持って行ったが、それは地球自体の磁場の二五万倍も大きい磁場を生成することが可能であると言われていた。それはいっそう効率的な電磁流体力学ジェネレーターの一部として設計され、ソ連のキツツキ送信機の出力を増やすために使われた。

一〇ヘルツのＥＬＦは容易に人体を通過することができ、脳波の周波数に対応するので、人間の思考を混乱させるかもしれないという懸念がある。[*37] 人が偶然ＥＬＦにさらされないように、ハワイにある太平洋地域の潜水艦通信センターのようなＥＬＦの生成場所は、今日、立入禁止区域となっている。しかしながら、魚や野生動物は、撹乱されていないエネルギー場に頼って移動のやり方を見い出すので、このような波はまた、動物の移動パターンに深刻な影響を与えるかもしれない。さらに、深層地球断層撮影法のより広い影響についてはまだ知られていない。確かに、それは火山や構造プレートの乱れを起こす能力を持っており、次いで気象にも影響を与える。例えば、地震は、電離層と相互作用することが知られている。「地球物理学的戦争にとってのカギは、環境の不安定性を識別することである。小量のエネルギーを付加すれば、はるかに大量のエネルギーを解放するからである」[*38]。このことによって私たちは、地球環境が互いに深く「結びついている」ことを想起する。

一九七六年七月二八日、六五万人の死者を出した中国の唐山地震はソビエトの電離層ヒーターによって起こされたと言われている大気光〔訳注　熱圏や電離層で、原子や分子が発する微弱な光〕に続いて起こった[*39]。一九七七年九月二三日、『ワシントン・ポスト』は光の奇妙な星状のボールがペトロザヴォスク上にみられたと報告した。悲惨な洪水が起こった一九九三年九月二三日に米国の中西部一帯で類似の大気光効果が報告された。同時に、雲の頂きから大気中に上昇する稲光の閃光が報告された。これは地球物理学的な新しい現象──二つの雲の間の、あるいは雲から地球までの通常の稲光の流れ──として承認された[*40]。

一九八九年九月一二日に、磁力計がコラリトス（カリフォルニア州モンテレー湾の近く）で〇・〇一ヘルツと一〇ヘルツの間の異常な超低周波を検知した。これは最も低い範囲のＥＬＦである。これらの波は最初の強度を約三〇倍まで増やして、一九八九年一〇月五日に最終的に低下した。一〇月一七日の現地時間午後二時に、計測器を外れるほど強力な波が再び突然に現れた。三時間後にサンフランシスコ地震が起きた。一九九二年三月二九日に、『ワシントン・タイムズ』は「人工衛星と地上のセンサーが一九八六〜八七年の間に南カリフォルニアで、一九八八年にアルメニアで、一九八九年に日本と北カリフォルニアで大地震の前に、不可思議な電波あるいは関連した電気的・磁気的活動を発見した」と報告した。一九九四年一月一七日のロサンゼルス地震の前にも同じく異常な電波と二つの衝撃波があった。これらの奇妙な「偶然の一致」はこれまでのところ完全には説明されていない。

マグニチュード6以上の地震[*43]

マグニチュード（リヒター目盛り）	1900～1949年	平均／年	1950～1988年	平均／年	1989～2004年	平均／年
6.0～6.9	2274	45	4309	110	2032	127
7.0～7.9	1044	21	669	17	216	14
8.0以上	101	2	30	1	10	1
合　計	3419	68	5008	128	2258	141

注：これらの地震の幾つかは地下の核爆発の後、2～3日以内に起こった。しかしすべてが地下の攪乱に原因があるわけではない。[*44]

幾つかの最近の地震はいわゆる「典型的」地震と際立って異なっていた。通常、地震は海面下およそ二〇～二五キロメートルで起こる。[*41]しかしながら、一九九四年六月八日には、ボリビアで、地球表面から六〇〇キロメートル下で破壊的な地震が起こった。

地震は地球上で常に周期的に起きるものだが、近年その数が増加してきた［訳注　表のマグニチュード六・〇～六・九の地震の年平均回数の増加は観測・調査体制の整備による可能性も考えられる］。世界の多くの地域には必要とされる感度のよい測定装置が備わっていないので、各地震について私たちが欲しいと思うデータのすべてを入手できるわけではない。しかし、これらの地震の幾つかが、自然力ではなく人間の活動の結果によるものであろうことは大いにありうる。一九九七年四月二八日に、報道関係者への説明会で、ウィリアム・コーエン米国防長官はテロリスト組織がおそらく保持する新しい脅威についてコメントした。「電磁波の間接的な使用を通して気候を変え、地震を起こし、火山を噴火させることが可能な手段でエコタイプのテロリズムに携わっている者もある」と。[*42]軍には、自分たちがすでに持っているものを、他の人たちが保持する能力を持っているとして非難する習癖があるのだ！

深層地球探査は地球の自然な活動過程をコントロールし、操ろうとする軍の目的の不可欠な一部であるように見える。珍しい気象を伴う地球の動きをつくり出すＥＬＦの可能性が恐怖心を起こさせる一方で、ＥＬＦ生成と伝達の間に起きる地球と電離層との間の相互作用がより直接的な気象効果を誘発する可能性がありうることもまた明らかである。

ＧＷＥＮ（地上波緊急時ネットワーク）

今日の戦争は交信のためだけではなく、敵の送信および目標を捜し、武器を誘導するための対空防衛を妨害し、ハイテク電子回路を無力化する強烈なレベルの電磁放射をつくり出すために、高出力の電波送信機を必要とする。ＧＷＥＮ（地上波緊急時ネットワーク　Ground Wave Emergency Network）システムは、もともと、核戦争中に交信するための緊急施設として考え出された。ＧＷＥＮは七二～八〇ヘルツのＥＬＦ放射を使って作動することになっていた。電磁スペクトルのこの区域は、四〇〇〇キロメートルという非常に長い波長を持ち、このために核爆弾の電磁パルスによって起こされる交信断絶にたいして抵抗力が強いと考えられた。同じく、最近の装置では、ＥＬＦ受信は海面下四〇〇メートルでも可能である。七二ヘルツ以下のＶＬＦ（超低周波　very low frequency）放射は現在、一〇～一五メートルまでしか海面を貫通しない。

一九八七年三月に空軍のＧＷＥＮプログラム部長ポール・ハンソン大佐は「長引く衝突で破壊さ

れるだろうから、GWENのタワーは核戦争の遂行には役立たないだろう」と語った。[*45] それではなぜ、一〇〇〇万ドルの費用をかけて、さらに二九のユニットを作ることを米国政府は計画しているのか？　システムの他の性能についての若干の手がかりを、その長い歴史から拾い出すことができる。

米国海軍は一九六八年、潜水艦交信システム開発を覆っていた秘密のベールをはいで、核攻撃に生き残ることが可能な施設をウィスコンシンに築こうとしていると発表した。このプロジェクトはケーブルの巨大な格子を約一・二一～一・八メートル地下に埋め、およそ一万六八二八平方キロメートルの土地を占めていた。職員を置かない一〇〇以上の送信機カプセルが設置されることになっていた。この意欲的なプロジェクトは民間の反対のために完了しなかった。しかし、海軍はウィスコンシン州クラム湖の南方のイクワーミガン国有林にELF実験施設を築き、地上ポールに四五キロメートルのアンテナケーブルを張った。一九七七年、ロシアのキツツキが始まったおよそ一年後に、政府が北ウィスコンシンの六つの郡でELF実験を行い、それが巨大な暴風雨を引き起こしたと地元民が苦情を出した。地域の小さい町フィリップスは完全に打ちのめされ、三五〇ヘクタールの森林が破壊された。嵐の損害は五〇〇〇万ドルと見積もられた。[*46]

ニュースレターの論文が事件を詳細に記述している。大規模嵐の間に――

アンテナは一三時ちょうどに送信を始め、二五ヘルツから七二あるいは八〇ヘルツまでシフトした（原注　ELF信号は単純な〇―一コードを持っていて、ただ二つの周波数、〇を表現する一つの周波数と一を表現する他の周波数だけを必要とするので、これは正しいだろう）。送信は一秒間に一六回の割合で振動した。ＥＬＦアンテナループは、内側に伝導体を持った地球表面で構成される球形コンデンサー（内側は周辺の地表より多くの電気ポテンシャルを蓄積している）の外側のシェル〔訳注　殻。地球を取り囲む球殻伝導体〕としては電離層を使用した。この回路は雷と稲妻の嵐の間に生じる過程とうり二つである。[*47]

この論文で引用された地球物理学者は大気調査に基づいて嵐の分析を行っていた。分析は嵐に二五も局所的中心があることを明らかにした。「直線的な風が、それぞれ暴風の形をとって、局所的な中心から外に向かって猛烈に吹き出した」。まるで限られたエリア上で二五の嵐が起こったかのようだった。同じく、これらの「中心」とＥＬＦ送信機の位置とが直接に関係する証拠があった。

このプロジェクトから出る電磁放射の人体と環境への影響に対する大衆の不安が大きかったので、海軍はこれを放棄せざるをえなかった。海軍はプロジェクトの名前を「サンクィン」から「シーフェアラー（船乗り）」（遠く離れて展開する受信機に送信する地表面ＥＬＦアンテナ　Surface ELF Antenna for Addressing Remotely-deployed Receivers）に変えた。プロジェクトは核戦争を生き延びるだろうという主張をおろし、ミシガンのアパー半島に場所を移して環境影響研究を展開した。ミシガン州には一万二一六八平方キロメートルの非常に大きい格子が設置されるはずだった。しかし、一九七七年三月一八日にミシガン州知事ウィリアム・Ｇ・ミリカンがプロジェクトを拒否した。彼は「ミシガンの人々はシーフェアラーを望んでいないし、私もまた同じ思いだ」と言ったと伝えられている。[*48]

これを受けて、カーター大統領は一九七八年二月一六日に、シーフェアラーを終結し、さらなる検討を要求した。プログラムはレーガン大統領によって復活させられた。一九八一年一〇月八日、国防総省はウィスコンシン州とミシガン州にそれぞれ一つずつ送信機を持つ、縮小されたバージョンを公表した。二つはより弱い信号を発して、「安全なデータリンク」によって結ばれ、それぞれが独立して働くが、この後からの計画は一九九〇年代に使用可能になり、すべての潜水艦にELFレシーバーが装備された。これがGWENとして言及されるシステムである。

GWENは当初主張されたようには核攻撃から安全でないために、それが未来の戦争で果たすはずの役割は今日明確ではない。しかし、その嵐を作る能力がGWENを維持する一つの理由ではないかと思う。『ブレティン・オブ・アトミック・サイエンティスト』はGWENユニットが一九九三年に生じた巨大洪水の高い雨量エリアのまさに真ん中にあったと指摘した。ジェット気流の異常な移行が寒冷前線に対する障壁としてふるまい、標準より一五〇倍から二〇〇倍多くの雨をもたらした。[*49] 一九九三年七月一〇日、『ニューヨーク・タイムズ』は六週間以上の間、豪雨がミシシッピ地域上に閉じこめられているように思われたと報告した。八月までに、一〇〇〇以上の堤防が洪水で決壊し、家が破壊され、収穫被害は救いようのないことが明らかになった。

「電子ダム」はELF発生器を使って組み立て可能と推測された。つまり、気象前線を立ち往生させるかふさぐかするので、エリア上に豪雨を起こす磁場を作るのだ。これについては、この活動を守るために秘密が守られているので、確認するのも否定するのも難しい。けれども気象の操作は確かに可能である。一九九二年、『ウォール・ストリート・ジャーナル』はロシアの技術会社ELATEについての論文を掲載した。宣伝部長イーゴル・ピロゴフはＥＬＡＴＥが約三二〇キロメートルの範囲で気象パターンを調整できると述べた。ピロゴフによれば、「会社はスモッグ・エリアを片付け、台風の流れを変え、酸性雨を追い払うことができる」[*50]。米国の空軍防衛は一九九四年、気象改変についての研究が今日非常に進んでいるので、空軍作戦の常設の一部になっていると宣言した[*51]。空軍は気象制御の詳細は機密扱いなので公開されることはないだろうと述べた。

もちろん、このように秘密にされているので、大気圏の部分的改造にたいして軍が実際どの程度の潜在能力をもっているかに関して、私たちは推測できるだけである。しかしながら、「異常」気象の発生が増加していることは明らかだ。

気候変動

多くの異常気象はエルニーニョに責任があるとされ、一九九七～九八年には「エルニーニョ」ということばが家庭用語となった。エルニーニョは南アメリカの西海岸にわき上がる太平洋の海流を周期的に暖めることによって生じる。この加熱は水中火山の活動と関係があると考えられている。しかし、これらの火山がなぜ、近年いっそう活発化したかは分かっていない［訳注　エルニーニョは熱帯太平洋の大気と海洋が相互に影響を及ぼしあって発生するとみられるが、原因はよくわかっていない］。一九九七～九八年のエルニーニョは、英国気象庁の言葉では「記録上最も極端なもの」であり、私たちの最も精巧な気候モデルでさえ、対策の用意を整えていなかった。それは、北アメリカのいたる所で、そしてヨーロッパのように離れた所にまで深刻な影響を及ぼした。海洋プランクトンを破壊して、ペルー沖の魚群の規模を劇的に減少させた。猛烈な豪雨と地滑りを引き起こした。ハリケーンや広範囲にわたる収穫不足、干ばつ、大規模な山火事を生みだした。

二〇年前までは、エルニーニョはおよそ四年から七年ごとに起こって約一年間続いた。その後、対立する気候、ラニーニャ［訳注　エルニーニョ現象と反対に、太平洋の赤道域の日付変更線付近の海水温度が異常に低下する］に道を譲るのが常だった。エルニーニョが雨をもたらしたところでは、ラニーニャは干ばつをもたらした。普通の気候パターンはこれら両極端の間に広がっていた。このパターンは、一九七〇年代半ばに急変し、エルニーニョがいっそうしばしば現れて、次第にいっそうひどくなった。これはもしかすると、地球温暖化現象が大気中に蓄積された水蒸気の量を増やしたという事実に関連づけられるかもしれない。地球温度が上昇するにつれて、大気はより多くの水蒸気を吸収することが可能となるが、それは嵐や関連する気象前線を発達させるためのさらに大量のエネルギーがあることを示す。米国では、空気中の水蒸気が一九七三年から一〇年間で五％増加した。北半球の温暖な地域では、水蒸気は一九〇〇年から全体として一〇％増加した。[*52]

しかしながら、すべての激しい気象がエルニーニョ効果に関連づけられるわけではない。一九九七～九八年に観察された劇的気象以前でさえ、標準的気候状態がひどく中断されていたという兆候があった。例えば、一九九六年に、カナダは非常に極端な気象に悩まされた。一九九六年七月一八日に、グレープフルーツ大のあられが、ヴァンクーヴァーからオタワまで大陸横断ルートを飛んでいるカナダ航空のジェット機のフロントガラスを割り、先端をへこませた。一九九六年の晩春と初夏を通して豪雨がサガネー川流域を氾濫させ、ケベックで一〇人を死亡させて一万二〇〇〇人以上を家から追い出した。洪水は一〇三五平方キロメートル以上の農地を覆った。それより前の四月には、一対の大竜巻がオンタリオ州の南・中央部を突き抜け、家と家畜小屋を破壊し、水力発電の送電線をつぶし、家畜を殺して、多くの人々にひどい怪我をさせた。六月中旬には一六〇キロメートルの風速を伴った竜巻がサスカチェワン州を通過、送電線を押し倒し、郵便局の玄関をはぎ取った。七月中旬には、あれと雷雨がエドモントン市外でトレーラーハウス用駐車場を破壊した。もう一つの大竜巻がアルバータ州メディスンハットやオンタリオ州サーニアを荒らし、稲光がサンコール製油装置の屋根を吹き飛ばし、内部のガソリン添加物に火をつけて七時間の火災を起こした。環境カナダ[訳注　カナダの環境省]の気候学者デイビッド・フィリップスは「私たちは普通のことが起きるのを待って、少し待ちくたびれている！」と語った。[*53]

同様に地球上の他のどこでも、気象は似たり寄ったりだった。一九九六年にひどい洪水がネパール、東インド、バングラデシュで起こった。三〇〇万人のインド人がホームレスになり、一〇〇万人以上のバングラデシュ人が洪水によって閉じ込められた。およそ六〇〇万の人々が揚子江に沿った堤防と洪水壁を維持しようとしたが、中国の中央部と南部を荒らした洪水による弔いの鐘は一四〇〇回以上鳴った。中国の民間防衛隊員は、電気のない人が五万六〇〇〇人、水のない人が九万人と推定した。

南アフリカでは、三五年以上もの間、雪を見てこなかった地域に大雪が降った。山が多いレソト王国の村人たちは雪のために食物を手に入れることができなかった。低体温症にかかった人がたくさん出たし、また暖をとるために使っていた石炭ヒーターから出る蒸気で死んだ人もいた。七月一九日の週末には、二つの強い地震が強風と激しい雨を伴ってフランス・アルプスを揺り動かした。震動はオーストリア、南イタリア、インド北東部、日本の新島地域、中央日本、インドネシアのスラウェシ島、カムチャッカ半島、南メキシコで感じられた。ニュージーランドのローペ火山は空中に灰と蒸気の柱を六〇〇〇メートル上げた。マグニチュード六・六の地震がインドネシアのスラウェシ島で起こった。震動は、ケニア、ドイツ、ギリシャの諸島、西トルコ、北スマトラ、バリ、中央フィリピン、ニュージーランドの北島、東日本、中央チリ、エルサルバドル、アリューシャン列島ですべて七月二六日の週末に報告された。また、シシリーのエトナ山がこの週の間中噴火し、溶けた溶岩と火は数マイル圏内で見ることができた。

一九九六年七月九日、世界中の科学者が、「国連気候管理条約」(国連気象変動枠組条約)の目標の強化を促進するために国連当局者と一緒にジュネーヴに集まった。その時、ロンドン発のロイターは「科学者たちが『温室効果ガス』と地球温暖化が気候をゆがめるかもしれないと警告したその時に、異常気象状態が最近数日間に世界中で何百という生命を奪い大混乱を巻き起こしていた」と伝えた。[*54]

科学者たちが今日、「地球温暖化」のメッセージを「グローバルな気候変動」と変えたことに注目すべきである。この壊れやすい惑星のあちこちで起こるその影響は一様ではないからだ。地球のある地域が今日、平均気温が摂氏四度もの増加をきたしている一方で、寒冷化した地域もある。極地地域は赤道地域より速く温暖化し、大陸は海水が深く循環する海洋地域より速く温暖化するだろう。南極と北極の両方が一貫した温暖化パターンを示してきた。実際、ロードアイランド州と同じくらいの大きさの南極の氷河の大きな塊が、一九九五年三月のベルリン気候変動会議[訳注　COP1　第一回気象変動枠組条約締約国会議〕の直前に南大西洋の海中に崩落した。[*55] 氷河の大量の氷が陸から海に移動すれば、水位が上昇して低い位置の沿岸地域が結局は水没することになるから、氷河の氷の喪失は重大だ。また、氷が広域に流れ出して大洋を冷却すれば、還流の方向が変わって、また氷河期が起こる可能性があると信じている科学者もいる。

地球温度の変動が生命に都合の良い通常の状態であれば、水は、ガス、液体、氷という三つの状態で存在することになる。あまりに寒冷化すると、地球は氷河期になる。あまりに温暖化するなら、水は蒸発して、惑星は生命を支えることが不可能となるだろう。地球のバランスは暑すぎもしないし寒すぎもしない温度を維持している。[*56] 温度がコントロールされた状態を必要とするのは生物圏だけではない。科学者たちは地球大気圏の外層が五年ごとに一キロメートルの割合で縮んでいることを発見した。より多くの熱が地球表面の近くで捕えられるので、より少ししか、外側の大気圏に移されないからだと思われる。生命へのこの変化の影響はまだ不明である。

地球表面近くに閉じ込められた熱は「温室効果ガス」――二酸化炭素、メタン、硫黄、窒素酸化物誘導体、フロンガス――の放出によると考えられる。次の表は人間の活動がどのように大気中の温室効果ガス濃度を変えてきたか、また、どんな特定の活動によるものと考えられるかを示す。環境危機が起こったときに、バランスを改めるよう要求されるのは通常民間経済に過ぎず、軍のプログラムは、ほとんど咎められない。

地球温度の上昇傾向はこれまで一三〇年にわたって記録されてきた〔訳注　ＩＰＣＣの第三次報告（二

温室効果ガスの増加——工業化以前の時代から1990年代まで[*57]

温室効果ガス	大気濃度の変化	大気中に存続する時間の長さ	蓄積を起こす人間活動
二酸化炭素（CO_2）	280ppm → 365ppm	約200年*	化石燃料の燃焼（石炭、石油、ガス）
メタン	700ppb → 1720ppb（CO_2の約20倍の効果）	約12年	森林伐採 イネの成育や牛の飼育 天然ガスラインの漏れ
窒素酸化物	275ppb → 310ppb（CO_2の約200倍の効果）	約120年	現代農業と化学肥料の過度の利用 自動車の使用
フロン	0 → CFC11 280ppt CFC12 484ppt （CO_2の何千倍の効果）	数千年	冷蔵や空調（飛行機や宇宙船を含む）

*CO_2の放出と気候への影響との間には50年から80年という長い時間がある。

記号：ppm=100万分の1、ppb=10億分の1、ppt=1兆分の1

〇〇一年）によると、二〇世紀に地球の平均気温は〇・六度Ｃ上昇し、最近五〇年間の温暖化のほとんどは温室効果ガスの増加という人間活動によるものである」。それは、明らかに、工業で生成された硫酸塩のエーロゾルが太陽光線を上方に反射して地球を冷やすことによって修正される、いくぶん気まぐれな傾向であった。硫酸塩エーロゾルはせいぜい二週間大気中に残っているだけなので、その放出分布は産業と硫酸塩の生産活動の場所に依存している。第一次世界大戦と第二次世界大戦中、硫酸塩の生産は測定できるほどに上昇して、地球温暖化の効果は打ち消された。大恐慌の間には硫酸塩の排出は著しく減少して、温室効果ガスの効果が増加した。私たちは産業的な硫酸塩の排出を除くために工場の煙突に除去装置を設けているので、温室効果ガスの猛攻にさらされることだろう。[*58]

しかしながら、硫酸塩は生物圏に影響を与えてきた他の特性を持っている。ハロルド・ハービー博士は、カナダの湖に対する二酸化硫黄と窒素酸化物の効果を研究して、その酸化の影響を表すために「酸性雨」という用語を造り出した。空中の水蒸気と相互作用することによって、硫酸塩は硫酸を形成し、窒素酸化物は硝酸を形成する。この酸性化は生態系の多くを破壊する。酸性雨は、北アメリカ、ヨーロッパ、中国、およびより低い程度でブラジル、南アフリカ、ベネズエラとオーストラリアで重大な問題をもたらした。それは通常、工業生産の副産物、特に化石燃料を燃やす発電タービンのせいだとされてきた。その一方で、大気圏の核実験[*59]や核燃料の再処理を通して放出される窒素酸化物の投入は公式には評価されてこなかった。

硫酸塩についてのこの議論は、熱くなり過ぎている私たちの地球を冷却するためにさらに汚染を増やせというアピールではない。むしろ、破滅的な銅針実験や他の軍事的宇宙実験によって軌道を回り続けている残骸のように、宇宙に微粒子が増加することに対する警告である。[*60] 現在、地球軌道には四センチメートルより大きい物体が一万から五万あると推定されている。残骸の合計の数はもっとずっと多い。この残骸は極めて高速度で動いており、大きい人工衛星にかなりの損害を与えたり、あるいは破壊することさえできる。[*61] 気候と気象を全体的に分析しようとすれば、これらの旋回している粒子を含めなければならないだろう。

地球の多少の加熱と温暖化のサイクルは、もちろん、自然なものである。例えば、地球軌道は一〇万年かかって円から楕円に移行する。その軸の傾きは四万年の期間にわたって、二一・八度から二四・四度まで変動する。傾きが大きくなればなるほど、それだけ季節が極端になる。北半球あるいは南半球のどちらが夏あるいは冬の間に太陽に最も近づくかは二万五〇〇〇年のサイクルで転換する。北半球は今日、冬の間太陽に最も近づき、夏の間に最も離れる。これは、今受けている夏の日光は一万二〇〇〇年前に受けたよりおよそ五％少ないということである。何人かのアナリストによれば、これらは一万年を残して、すでに九万年続いているように思われるので、私たちは次の氷河期に入りつつある。

これらの矛盾するシグナルに困惑を感じる読者もおられるだろうが、それは、地球への人間活動の影響を満足に予測できるほど、地球の自然のサイクルや、人間活動がこのサイクルを妨げる時に何が生じるかについて、私たちが知ってはいないからである。[*62] さらにこのような予測は、私たちの惑星の自然史に基づいているものであり、高層大気と惑星内部という主要な地球システム上で、でたらめな実験をしていては無意味である。

どんな自然の均衡状態も、二つの反対傾向とそれぞれへの誘因を持つことによって維持される。例えば、人間の血液中の糖のレベルは、低い時にはアドレナリンが肝臓に作用して蓄えた糖分を放出させるので増加する。血糖レベルがあまりにも高い時には、膵臓から放たれたインシュリンの作用によって減少する。これらは「あまりにも高い」かあるいは「あまりにも低い」血糖値を認識して調整行為を始める生理学的誘因である。よく均衡のとれた地球システムで、このように対立するが補い合う力を見い出すことは少しも異常ではない。一つの例が温帯気候の成長サイクルである。夏には、緑色植物と葉による大気からの二酸化炭素の吸収が最大となり、太陽熱をわずかに冷却する。冬には、緑の葉はなくなって植物は休眠状態となり、二酸化炭素の蓄積を可能にしてわずかに温暖化の効果を引き起こす。明らかに、人間活動がこの助けになるサイクルを大事にしなくなり、森林破壊と過剰の二酸化炭素発生という二重の活動によってメカニズムをめちゃくちゃにしてきたのだ。

不可抗力？

異常気象を偶然起こすことと、望む時にいつでもまたどこでもそれを起こせることとの間には、長い学習曲線がある。けれども、私たちが地球の危険な健康状態を考慮に入れる時、いずれをも受け入れることはできない。一九九六年の出来事の幾つかは「不可抗力」だったかもしれないが、全体としての数の多さと凶暴さは確かに普通どころではなかった。一九六〇年代と九〇年代の間で、大きな自然災害の割合は一〇倍増加したと推定されている。保険をかけていない災害が七倍だけ増加して、保険をかけた災害は一五倍となった。これは保険ビジネスに不安を拡げた。一九八九〜九五年の間の気象災害で、一三件は経費が三〇億ドルを超えた。[*63] 世界最大の保険業の一つミュンヘン保険会社によれば、一九九六年〜九八年の気象災害への世界の損害請求は一八〇〇億ドルとなった。[*64]

気候変動に関する『エコロジスト』の宣言ははっきりと述べている。

気温上昇に対応して干ばつ、熱波、および病気を運ぶ昆虫や害虫の広がりが増大し、私たちの健康および食糧供給は劇的な影響を受けることになるだろう。また、海面上昇と洪水や猛烈な嵐の増加は、住宅や暮らしを破壊して、産業や普通の人々に莫大なコストを強い、農地や私たちの町や市に相当な損害を与えることになるだろう。……世界の気温は過去一万年間より速い割合で上昇しており、歴史上記録に残された中で最も暑い年が一九八〇年から一二回も起こっている。[*65]

世界で最も高名な科学者の集まりであるこのグループは、生き方を変更しなければ、私たちは破局的な、暴走する気候の不安定化状況の中に投げ込まれることになるだろうと予測している。

第5章　戦争行為の引き起こす環境危機

私たちは戦争の直接的影響や、実験によって軍の活動がどのように私たちの環境を危険にさらすかを見てきた。しかしこの問題のもう一つの側面は、すでに供給不足になっている天然資源、人的資源および財政資源の軍による濫用である。地球上の最も重要な自然財の一つが人間の持つ能力である。しかし、戦争は富の獲得や保護を生命維持の上位に置く価値システムを反映している。私たちが、軍国主義のもとで資源を浪費するたびに、より多くの人々が死ぬことになる。国連難民高等弁務官によれば、地球社会は「栄養失調と発育不全が原因で次世代の人的資本の巨大な損失」を経験することになる。それは一〇億もの子ども達の損失を意味する。[*1] 国連食糧農業機関（ＦＡＯ）の栄養に関する委員会は報告「二〇二〇年までに栄養失調に終止符」を提出した。報告は飢えを終わらせるために女性に重点を置く劇的に新しいアプローチを呼びかけた。しかしながら、国家的優先課題を同様に劇的に転換することなしには、それを現実のものにできる女性はほとんどいない。

また、軍事研究が軍事製品と民間製品の開発につながり、この製品が土地を汚染して何千もの人々に病気や死をもたらしてきたという事実がある。例えば、殺虫剤によって生じた土壌劣化と軍事兵器の開発との結びつきは大衆に知られていないが、実は大いに関連がある。これらは長期にわたる問題である。

金銭コストが常に「決定的な契機」となる直線的思考の世界では、私たちの地球にとって自然なもの――大気、水、土地、野生生物、食物、人間の福祉――が持続的に犠牲にされることになる。しかし、もし、すべての生物が依存するまさにその支持システムを破壊してしまったら、富は何の役にもたたない。もし、地球自体の再生力を傷つけてしまうなら、「自分たちの資産を守る」ために戦争を行っても利点はまったくない。したがって、急速に発展している世界経済において、私たちは若干難しい質問を自分自身に問いかけなくてはならない――生命を維持するために国や世界の資源は本当のところどの程度必要なのか？　私たちの地球社会は持っている資源をどのくらい使っているのか、また、どれくらい効率的に管理しているのか？　地球は一年でどれくらいの自然資本を再生することができるのか？　私たちは次世代のためにどれくらいの持続可能な大気、土地および水を残せるのか？

これらの問いかけは地球上の生命の存続にとって根源的なものである。

環境危機を議論するための大きな世界会議がこれまで開かれてきたけれども、軍事生産によって、あるいは軍事研究から生まれた民間企業によって生じる資源枯渇にはほとんど注意が払われてこなかった。しかしながら、個々のレベルでは、軍事的浪費が個人的決定への動機を与えることが多い。例えば、時の英国政府は米国の研究資金を申請するように奨励したけれども、多くの英国の科学者は米国のスターウォーズ研究に関係することを公に拒否した［訳注　一九九五年から九六年には、米・欧・日でスターウォーズ研究への協力を拒否する科学者の広範な運動が展開された］。一九九五年一一月三〇日、英国学士院会長マイケル・アーティヤ卿は次のように述べた。

武器貿易への貢献を批判することは、世間知らずで、非愛国的で、無責任だとみなされるかもしれない。他方、一人の科学者として、私は、世界のより貧しい地域に潜在的な死と破壊を輸出するために科学的能力を使うような政策を、沈黙によって許すことはできない。その政策を止めさせれば、その地域の乏しい資源が食べ物や健康の方にまわされることになるだろう。[*2]

武器輸出国が、「死と破壊」を輸出しているその相手の国から一般に原材料を輸入していることを知ると、状況はさらにいっそう不穏なものとなる。この章では、軍の資源の利用に関して、その資源の量が莫大であることと、他にもっと切実な使用順位があることに言及しながら、軍の活動を厳密に検討していくことにする。

人間として必要な財政は世界規模で不足している

軍と民間とどちらを優先させるべきか、この関係は、しばしばバターと爆弾の選択を巡るお金の配分競争として描写される。現実はこれよりいっそう複雑である。戦争の経費はいつも地域的あるいは直接的というわけではない。今では、一つの国の軍事的活動がまったく暴力に従事していない国にたいしても影響を与えるようになってきた。

発展途上諸国に対する湾岸戦争の影響に関するメモを検討すれば、地球規模の見方を得ることができる。[*3] この戦争は、湾岸石油を「第一世界」が確保することを非公式の目的にしていた。しかし、発展途上の世界では、燃料価格が倍増し、公共輸送機関がはなはだしく削減され、ランプに必要な灯油コストが上昇し、中央アフリカ地域への食糧空輸コストが倍増し、湾岸の季節労働者への給与送金がなくなり、「海外」季節労働者の突然の帰還によって経済危機が生じ、発展途上諸国（とくにクウェートとイラク）への輸出が減少し、旅行が減少し、外国援助資金が戦争に振り向けられたために喪失し、運賃と保険費用が派生的に増加した。上記のコストは少なくとも低所得と中所得の四〇ヵ国のＧＤＰ（国内総生産）の一％以上に上った。この数字は自然災害を定義するための国連基準の金額に匹敵する。国連によって後発途上国（最貧国）として分類されたイエメンにとってこのコストはＧＤＰの一〇％以上、ヨルダンにおける戦争経費はＧＤＰの二五％以上になった。

国連憲章第五〇条は、安全保障理事会決定によって影響を受けた加盟諸国に対する賠償を規定している。それなのに、世界銀行は当時、最高の正味所得を報告していたにもかかわらず、戦争で最も影響を受けたアフリカの四〇ヵ国に十分な支援を提供できなかった。さらに、米国は、戦争準備のために五三〇億ドル、サウジアラビアから得た一四〇億ドル、クウェートの支払い約二二〇億ドルを集めて戦争で利益を得たと言われた。[*4]

私たちが戦争の財政的意味を考察する時には包括的な見地をとることが必要である。たとえ、純粋に「爆弾対バター」のレベルに焦点を合わせたとしても、数字は驚くべきものとなる。国連によれば、世界の軍事支出は一九八六年から八七年にかけて、史上最高の一兆ドルとなった。その後、一年当たりおよそ七〇〇〇億ドルに下落した。そのうち、米国の予算だけでおよそ二六〇〇億ドルを占めると推定されている。ストックホルム国際平和研究所（ＳＩＰＲＩ）によれば、冷戦終了以降、軍事支出で著しい増加を見せている唯一の国は中国である。しかしながら、中国やロシアのような国の軍事予算を正確に計算するのはその秘密性からして困難である。また、資金が民間の研究プログラムを通してつぎ込まれていること、そして大学が防衛の見積もりに含まれていないことを心に留めておく必要がある。

不正確ではあるが、これらの数字は世界的優先事項が歪んでいることに焦点をあてる助けとなる。現在、世界の子どものほとんど三分の一が貧しい生活を送っていると言われている。「世界子どもサミット」が一九九〇年九月ニューヨークの国連で開かれ、世界のリーダーが多数参加した。その目的は、一九八九年一一月二〇日に国連総会に提出され一九一の国が批准した「子どもの権利条約」の発効を公表することであった（興味を引くのは、条約が暴力犯罪を犯す子ども達を処刑する選択肢を持つよう望むとの理由で米国が署名しなかったことである）。サミットでは、世界の子ども達の健康と安全を維持するために必要な最小額は年間二五〇億ドルになると評価された。この額は以下のことに必要なおよその費用と考えられる。

- 安全な飲み水と適切な下水設備
- 母体と子どもの死亡を減少させること、家族計画に関する教育
- 読み書き能力プログラム

• 補充食糧の供給プログラムと良好な栄養
• 共同体の健康施策、すべての子どもを対象とした予防接種、ワクチン保存のための冷蔵庫、地元のクリニックや移動福祉活動ユニットのための人員確保

対照的に、米国の弾道ミサイル防衛（ＢＭＤ）プロジェクトだけでも二〇〇一年の国防省予算申請は三〇二億ドルであった。[*5] ＢＭＤプログラムに対する最新の予算が議論されており、四〇〇億ドルに増加するかもしれない。技術は発展するので、このコストでさえ変化する可能性が高い。防衛計画は五年間に限ったコストが見積られているだけなので、計画全体の最終的コストの正確な見込みを得るのは難しいが、五〇〇〇億ドルと一兆ドルの間にあると推定されてきた。これにはエネルギー省によって支払われる他の兵器の核弾頭は含まれないし、[*6] また大学の資金、退役軍人の医療や障害手当は含まれない。湾岸戦争の退役軍人の二五％が今日、障害手当を受けており、この割合はどんな戦争と比べても最高である。

ルース・セヴァードは世界の軍事予算から五〇〇億ドルを除くだけで次のことを十分に行えると推定した。

• 深刻に汚染されている核生産工場を除染する
• 世界の人口の三分の一に安全な水を提供する
• 世界の九億人の栄養不良の人々に補充の食物を提供する

• 世界の最も貧しい人々一〇億人にたいして地域共同体の健康ケアを提供する[*7]

兵器産業は仕事を創り出すではないかという議論によって、莫大な軍事費が常に正当化されてきた。これほど真実からかけ離れた話はない。例えば、英国には、政府によって助成金を支給される都市再生プログラムがあり、そのために作られた各仕事にたいして平均二万一六〇〇ポンドの費用がかかる。ところが、英国の欧州戦闘プログラムはといえば、仕事毎に二五万ポンドである。一九九一年にバーカー、ダン、スミス［いずれもファーストネーム］によって着手された重要な分析では、もし、英国が軍事費を半分に削減したなら、失業者数を五二万人のレベルにまで下げてGDPを二％増やすことができるだろうと評価した。[*8] ストックホルム国際平和研究所（SIPRI）は、英国の軍事生産者が一九九〇年と九二年の間に三二億六七〇〇万ドルを儲ける一方で、仕事数を八万九八六九だけ減らしたことを指摘した。[*9] すべての国が年間の軍事予算のほんの二〇％を再配分すると、世界的なスケールで何が達成できるかを考えてみよう。

米国の労働統計局は一〇億ドルで次の雇用が創出できると推定した。

• 七万六〇〇〇人の軍事関連の雇用、または
• 九万人の輸送における雇用、または
• 一〇万人の建設の雇用、または

• 一三万九〇〇〇人の健康サービスの雇用、または
• 一八万七〇〇〇人の教育における雇用[*10]

これは私たちが何を優先するべきかについて再び難しい問題を提起する。

軍需生産から民需生産への転換に伴う主要な困難は、社会と経済の混乱を避けるために真剣な計画を必要とするということだ。資源効率を最大にして浪費を最小にする、より効率的な民間産業に向かうには、最良の知性を必要とする。不幸にも、最も聡明な若い大学出身者は、政府の補助金の付いた給料と利益のために、ハイテク宇宙研究に誘惑されることが多い。卒業する前にハーバード大学をやめたビル・ゲイツは、このパターンから逃れて、その優れた才能を一般大衆のためにコンピュータを使いやすくかつ取得可能にすることに捧げて、マイクロソフト・コンピュータ帝国の建設へと進んだ。最近、独占的営業についての申し立てがソフトウェア互換性の問題から生じてはいるが、暴力的なあるいは悪意ある目的のために研究を使ったと言って、彼を非難した人はいない。

天然資源

人間は一生を通して次の基本的必需品の安定した供給を必要とする——質の高い食物ときれいな水、住宅、居住空間の冷暖房と輸送・製造のためのエネルギー、衣類のための繊維、家具と紙製品、そして効率的な廃棄物処理システム。持続可能性の概念は誰にとっても十分な資源の存在が保証され

ていることを意味しており、それは国境を越えて共有されるべきだと、私たちは直感的に理解している。このことは、消費を自然の回復力の枠内にとどめ、次世代のために十分な資源を維持する、責任ある資源管理を必要とする。天然資源が不十分で、適切で均等な生活水準に達しないと、水や土地、食物、鉱物あるいは石油が不足して奪い合いが生じる。紛争それぞれが利用可能なものをさらに劣化させるから、これは悪循環である。

地球は五一〇億ヘクタールの表面積を持ち、その七一％が海、二九％が陸地である。ほんの八三億ヘクタールが肥沃な土地となっている。他方、残りは氷で覆われているか、砂漠であるか、あるいは人間が利用するには不適当な土壌である。汚染や表土の損失、森林伐採と砂漠化が生産のために利用可能な土地を減少させる怖れがある。また、魚を獲りすぎたり、廃棄物を海に投棄すると、海の生産力は減少する。

この「利用可能な土地」の使用は次のように細分できる――石油・ガス・石炭・鉱物の埋蔵地、耕地、牧草地、二酸化炭素吸収・材木・浸食防止・気候の安定性・水循環の維持・生物多様性のための天然林、人間の定住地、採鉱資源そして海（海は太陽エネルギーを捉えて食物を供給し、大気とのガスの交換をしてくれる）。

もし私たちが今日生存する人々の数によってこの「利用可能な」土地を分割するなら、次の要素で構成される一人当たりの「配給量」を割り当てることができる。[*11]

- ○・二五ヘクタール　耕地

●〇・六ヘクタール　牧草地
●〇・六ヘクタール　森林
●〇・〇三ヘクタール　建物が密集した定住地
●〇・五ヘクタール　海
合計　一・九八ヘクタール

しかしながら、私たち人間はこの惑星を三〇〇〇万の他の種と共有しているので、本当はすべての土地を自分たちの消費のために利用できるわけではない。地球生命は複雑で相互に依存する生物網によって維持される。私たちはほとんど考えないけれども、人の命は藻類に依存している。藻類を魚が食べ、魚を鳥が食べ、鳥を野生生物が食べ、野生生物を家畜が食べ、家畜は肥料と私たちがテーブルに出す食物を作り出す［訳注　実際は、人の生命は光合成を行う水中の藻類と陸上の植物に依存しており、陸上植物を出発点とする食物連鎖も存在する。家畜が関係する食物連鎖は陸上植物を出発点とするものがほとんどであり、原文の食物連鎖は極めてまれである］。火山噴火あるいは劇的な気候変動のようなエコロジー災害で、網の目の完全性にとって不可欠な人目につかない生物が絶滅することもあるだろう。したがって、一つの要素が排除されたり、崩壊させられた場合に代わりの要素の存在を保証するため、可能な限り多くの生物多様性を維持することが賢明となる。

「環境と開発に関する世界委員会」は、生物多様性を維持するために地球資源の少なくとも一二％をとっておくべきだと勧告した。[*12] これは、いくらよく見ても、一年に一人当たり、ほんの一・七ヘクタールの資源だけが利用可能なことを意味している。明らかに、これらの資源は地球上の様々な国に一様に広がっていないし、また、国境内でも均等に分布してはいない。

資源の軍事利用

地球規模で、軍はかなりの量の土地を取りあげて、基地、実験場、毒性廃棄物の投棄場、モーター修理場、環境を汚染するその他の活動に使っている。廃棄物の多くは容易にリサイクルされず、環境汚染の影響は何千年もの間続く。さらに、軍は、燃料、アルミニウム、銅、鉛、ニッケル、鉄鉱などの供給が限られている金属の相当量を使う。一九八〇年以来、米国、日本、ロシア、ドイツ、英国、フランスはこれらの金属を輸入する主要一〇ヵ国に入っていた。[*13] 戦車のような重い兵器は土地の圧縮を引き起こす。第一次世界大戦で使われた化学物質から開発された殺虫剤を広範囲に使用したので、土地と水が汚染されている。一九九〇年に発表された国連の研究によれば、第二次世界大戦以来、世界中の植物が茂った地域のほとんど六分の一が土壌の侵食にあい、そして、この土地の劣化の二五％は農業によるものではなかった。ＮＡＴＯ委員会は環境問題のなかには自分たちの活動が引き起こしたものもあると認めた。

- 軍の材料輸送中に有毒物質を漏洩
- 沿岸地域を越える大気汚染
- 船のエンジンからの大気と水の汚染

- デルタ河口を経由して、川沿いに汚染物質を輸送
- 放射性廃棄物の投棄
- 騒音汚染
- 化学事故[*14]

このすべての軍事活動の最終的な到達点は、さらに大きな被害――「敵」が造り出した建物、橋、産業と装置の破壊である。モーターの作り出すエネルギーの約一〇％だけを動かすために使う（残りは熱と汚染として空中に放出）、自動車のエネルギー効率の低さにものを考える人は驚く。可能な限り破壊するために、そしてその中で自らも破壊されるために造られたMXミサイルは、さらになんと非効率なことだろう！

軍事産業を含む会社はコストを環境に外化することが上手い。彼らは自然が提供するただの資源をとってくるが、その生産プロセスにおいてその資源を補充するコストは計算に入れない。例えば、会社は冷却のために水を使い、その結果、この水は他の目的に使えなくなるかもしれない。しかし、会社は浄水設備のための負担金を払いそうにもない。同じく、産業が空気や水を汚染しても、人の健康経費は、一般に、個人かあるいは国家の健康プログラムに請求され、その責任を負う産業にたいしては請求されない。専門誌『ネイチャー』はこのような「無料の」サービスの世界的コストを年間三三兆ドルと見積っている。[*15]資源が「無料」と考えられているから、資源は浪費されるのだ。

このことを念頭に置くと、一九九二年にリオで開かれた「環境と開発に関する国連会議」（地球サミッ

ト）において、環境に対する軍の影響が主要なトピックになったと人は思ったことだろう。しかしながら、この問題は明らかに米国からの圧力を受けて「アジェンダ21」から除外された。国連会議の公式文書において、米国代表団は「軍」という言葉のついた言及をすべて丸で囲み、それぞれの言及が撤回されるまで異議を唱えた。[*16] 女性の問題に関する文書は軍の破壊行為に言及することに成功した唯一のものである。それも、女性に対する影響に関してだけであった。同様に、核科学技術の言及にもかんぬきがかけられた。その一つの例外は先進国から発展途上国への核廃棄物の輸出に関する輸送規則であった。国際原子力機関（IAEA）の議長ハンス・ブリックスを基調演説者として招待することによって、核は問題であるというよりは「解決」だとの印象が与えられた（IAEAは、核エネルギーのあらゆる平和利用を推進するために国連から権限を与えられている）。

リオにおけるNGO（非政府組織）の併行会議［訳注　グローバル・フォーラム］は非常に異なっていた。そこでは軍や核の問題が前線、中心であった。[*17] 生存の知恵は人々にかかっている。そして、リオで明らかとなった反対の激流は、一九九九年の世界貿易機関のシアトル会議における支配的諸国の経済優先を徹底して拒絶するまでに高まった。

「リオ＋5会議」一九九七年三月

人は、ふつう日常の問題および地域の現場・課題に集中し、時たま「長期計画」を持つにすぎない。計り知れない時間や地理的な広がりを伴う環境問題を扱うときには、人の進歩や損失時間をはかるサイズと対照的なサイズを作ることが重要である。一九九七年三月の「リオ＋5会議」［訳注　リオ地球サミットから五年目に、国際NGO「地球評議会」が主催して開かれた国際会議。この後、六月に「リオ＋5」の国連会議が開かれた」の準備として、「エコロジカル・フットプリント」が一九九二年以降の国の進歩を評価するために開発された。「国別のフットプリント」報告は、使用した方法論と調査結果の両方を説明して、この会議で最初に発表された。[*18] この報告は世界経済の「大」プレーヤー——世界の住民の八〇％を含み、世界の国内生産の九五％を創り出す五二の大国——について資源管理を検討した。

それぞれの国で利用可能な生物学的資源と物理学的資源を調べ、次にこれらの資源とその国の平均消費とを比較することによって、エコロジカル・フットプリントが導かれた。利用可能な資源というのは持続可能な方法で自然によって補充できる資源を表すために採用された。従って、国民の資源の黒字（過剰）あるいは赤字（損失）は、国の平均の消費、利用可能な国家の全エコロジー資源と人口の大きさに依存する。「フットプリント（足跡）」［訳注　各国が地球を踏みつけている度合いが分かるようにこの名称がつけられた］を計算することで、それぞれの国に対する一〇〇行×一二欄で構成された表が開発された。国の輸出はさし引かれ、輸入は国内消費に加えられた。[*19]

いいニュースは、五二ヵ国中七ヵ国が、公平な世界的配給量を超えているかもしれないが、国のエコロジー資源を超えてはいないということである。余剰を持っている国はニュージーランド、フィンランド、スウェーデン、アイルランド、オーストラリア、カナダ、チリである。さらに七つの国は国の天然資源の限界近くで生活している。バングラデシュ、ブラジル、中国、コロンビア、エチオピア、インド、パキスタンである。

悪いニュースは、他のすべての主要国——多くは大規模な武器プログラムを持っている——は、資源の消費が自国のエコロジー容量を超えるという状態にあり、年毎にエコロジー的損失を増やしていることだ。一つのひどい調査結果がある。人類全体は一九九二年に、一年当たり、地球が取り戻すことのできる資源より二五％も多く資源を消費していたのだ。一九九七年には、その数字は三三％になった。環境危機、生物圏を救うための主要プログラム、世界会議や条約についての討論が二五年間続けられたにもかかわらず、過剰消費は止まらなかった。年々ひどくなる地球規模の資源不足は世界の財政不足よりはるかに重大であり、未来の世代にとっていっそう破壊的である。[*20]

エコロジー資源のおよそ四億二二〇〇万ヘクタールが米国、ロシア、中国、英国、フランス、ドイツ、日本で、毎年、兵器製造のために使われる。世界平均に基づくと、これだけあれば、およそ二億五〇〇〇万の人々にたいして持続可能な生活支援を提供できるだろう。日本は、主として人口が多く資源が不足しているために、最大の資源赤字国となっている。米国は一人当たり八・四ヘクタールと、日本以上に一人当たりで多くを消費しているが、ずっと豊富で利用可能な天然資源を有しているから、資源赤字は第二位であった。地球レベルで、米国はその公平な割り当てより一億八〇〇〇万ヘクタール多く消費している。世界の軍隊によって使われた天然資源を民間目的のために開放すれば、この莫大な米国の赤字でさえ軽減できるだろう。

資源の消費は必ずしも生活水準と連動しているわけではない。日本、英国、フランス、ドイツはすべて非常に高い生活水準を持つと考えられる。にもかかわらず、これらの国々は米国より資源消費を少なくすることに成功している。日本で一人当たりの消費は六・三ヘクタール、英国で四・六ヘクタール、フランスで五・七ヘクタール、ドイツで四・六ヘクタールである。[*21]違いの一つは、これらの国が米国より小さいために輸送機関の必要が少なくてすむということである。電子通信が進歩しているのだから、移動の必要は減少するはずで、自動車と飛行機からの排気ガスを減らすことができる。また、電子通信の利用により、森林の減少を緩和するために紙の消費も減らすことができる。

最も大きい赤字を伴っている諸国——米国、日本、ロシア、ドイツ、英国、フランスとインドネシア——はまたアルミニウム、銅、鉛、ニッケル、亜鉛、鉄鉱石のような金属を輸入する国であり、大きな産業の製造プログラムを実行している。[*22] インドネシアを例外として、これらの国は温室効果の主な原因の一つ、二酸化炭素の主要排出国である。中国とインド亜大陸もまた二酸化炭素の排出の大きい国々である。[*23] エコロジカル・フットプリントは、どれくらいが消費され、どれくらいを自然が補充できるかというバランスに基づいている。しかし、それぞれの項目についての毒性は考慮に入れていない。例えば、フットプリント方法論は獲得され（採掘され、あるいは輸入され）、そして「使われる」ウランは見るが、その使用によって破壊された資源は計算に入れない。同じように、フットプリント方法論では、二酸化炭素の高い排出が引き起こした環境破壊は表示されない。

一九九七年の世界の平均消費は一人当たり二・三ヘクタールであり、一人につき〇・六ヘクタールの損失であった。軍事生産だけでこのエコロジー不足のおよそ一三％を説明できる。もし、現在開発されている兵器がいつか戦争で使われると、利用可能な資源の縮小は破局的となる可能性がある。比較的短期の、局地的に制限された戦闘であった湾岸戦争の長期にわたる影響について考えてみると、拮抗する二大国間の全面戦争の結果はどんなものになることだろう？

地球社会の未来の生活状態は主として次世代の健康と創意にかかっている。彼らは今日の世代の活動で生じた問題を解決しなければならない。過去には、私たちは財政上の基準だけで大規模プロジェクトのコストを評価したにすぎなかったが、将来は資源コストが中心的関心となるにちがいない。このことは思考の変革を必要とする。もし、私たちがこの考えを応用することができたなら、例えば、前に議論した米国の太陽光発電人工衛星プロジェクトにたいして、私たちは、地上の六〇の整流アンテナ、宇宙空間の六〇の光電池配列やマンハッタンサイズの六〇の宇宙基地に関する資源「コスト」を調べるだろう。これらは、予想を超える多量のアルミニウムや鉄を必要とすることは言うまでもなく、サファイヤ、銀、ガリウム、ヒ素の米国の供給量を使い尽くすだろう。宇宙空間に太陽電池を展開すると、地上に比べて、原料の構成要素が回収しにくくなり、その結果、リサイクルが不可能となる。あらゆる人工衛星はプラチナやモリブデンのような稀少資源を多量に使うのだ。

電離層ヒーターのようなプロジェクトに必要な大発電機は送電線ネットワークを必要とする。このネットワークは、今度は、銅あるいは光ファイバーの巨大な量を消費して、既存の農場、森林、公園の土地を整地して取りあげることになる。大発電機によって発電して財政を節約しても、資源の赤字を補うに値しないかもしれないし、地元の小さな発電機の方がエコロジー的に優しい選択であるかもしれない。明らかに、大気の質の利益と損失を、この複雑な環境アセスメントについても、考慮しなければならない。

資源生産性と行動様式の変化

労働者の話を例にとると生産性の原則がよく分かる。ある労働者は他の労働者より休憩時間が短く、より速くより正確に仕事をすることによって、より生産的でより効率的となる。とはいえ、私たちは同じ概念を資源にも適用できる。金属が最初に使用され、二番目、三番目に使用されて終わりとなったときに、また新しい生産品にリサイクルされると、その金属はより生産的となる。それは埋立て地に捨てられなくてもいいのだから！ ウランは、いったん原子炉で使われると永久に生物圏から遠ざけねばならぬ「高レベル核廃棄物」になることから、生産性等級の「最悪の」末尾に位置するだろう。

私たちの生産方法には同じく多くの浪費がある。ドイツの科学者は、例えば、生産方法を再考すれば、わずか四分の一の天然資源を使って、今日と同じライフスタイルを維持できるだろうと主張している。[*24] スタンダード・ミラー社の社長であった私の父親は、およそ六八％まで自分の会社の鏡の裏張りに要する銀の量を減らす方法を発見した。古い方法では、鏡の裏を塗るときに、銀の三二％がはねたり、不注意のために鏡よりはむしろ周囲の壁に残されていたのである。

私たちは追加資源の利用効率と生産性の両方を要求する必要がある。産業は再利用やリサイクルできる製品を生産しなければならないし、同時に生産方法を改善して資源の利用を減らさなければならない。もちろん、この考えは使い捨てあるいは短寿命の製品を作って需要の創出を望む会社には評判がよくない。

公平な世界にするためには、主要な消費国がエコロジー資源［訳注 利用可能な大気、土地、食物、淡水、海洋など生態系に関連する資源］の消費を少なくとも四分の一のレベルにまで下げる必要があり、あるいはまずまずの生活水準を維持するためにはその代わりにエコロジー資源の生産性を四倍まで増やさなければならない。明らかに、健全な進路は、資源効率の増加、資源生産性の増加、消費の減少の組み合わせの中にある。さらに、利用可能な大気、土地、食物、海洋資源を減少させる汚染によってこの見取り図は複雑になる。汚染は無数の動植物の生命を脅かす。私たちは惑星地球をこの無数の動植物と共有し、これらのものが生命の網の目の基本的部分を形作っているのだ。

環境の軍事汚染

コソボと湾岸戦争における劣化ウラン（DU）兵器の使用は、その後何年もの間、広い土地を汚染してきた。しかし、軍事汚染は、戦場でだけ起こるのではない。その最も顕著な例の一つが一九七〇年代に起こったラブカナルの大惨事であった。

フッカー化学物質社の子会社――ベトナム戦争で使用するためにオレンジ剤と他の除草剤や殺虫剤を生産した会社の一つ――が、ニューヨーク州のナイアガラ滝の放棄された運河の近くに設立された。この会社は毒性廃棄物の容器の処分のために運河の河床を使用し、それらを埋め立てた。次に、この土地を地元の教育委員会に一ドルで売った。この同じ用地には第二次世界大戦のマンハッタン計画の核爆弾を生産するときに出たウラン廃棄物も捨てられていた。[*25]

土地が毒性廃棄物を含んでいると記載した条項が権利書の中にはあったけれども、教育委員会はこの土地の上に建物を建てることは可能であると口頭でお墨付きを貰った。新しい学校は近くに住みたくなるほどに若い家族にとって魅力的だった。しかし、雨が降り容器がさびついてくると、有毒な残留液が地下室や裏庭にしみ出し始めた。近くの小川で遊んでいる子ども達が化学日焼けを起こし、土地の上に住むすべての家庭で少なくとも一人が重病で苦しんだ。特に強烈な物語は、ベトナム戦争の帰還兵士が自分の家の裏庭で交戦地帯に残してきたと思ったのと同じオレンジ剤を発見したことである。毒性廃棄物の最も近くで生活している家族が先ず避難させられた。次の年、退避を命じられた地域のすぐ近くに住んでいる家族に一〇人の妊婦がいた。この一〇人のうち健康で障害のない赤ん坊を生んだのはたった一人であり、このことが他の一〇〇〇家族の退去に拍車をかけた。

ベトナムで従軍した二六〇万人の米国人の多くが帰還して病気で苦しんでいると報告した。かなりの数の子ども達が健康上の問題を持って生まれた。二万人の退役軍人が、自分たちの子どもの前立腺ガンと呼吸器ガン、ホジキン病と脊椎障害にたいして、枯葉剤を生産した二つの会社、ダウ・ケミカル社とモンサント社から補償を獲得した。[*26] それでも、政府は問題があったことを否定し続け、研究から得られた製品は農業、ゴルフコース、市立公園で広く使われた。

ベトナムの医療専門家たちは、一〇〇万人のベトナム人が——戦闘員、民間人、またはその子ども達のいかんにかかわらず——オレンジ剤によって汚染されたと主張する。二〇〇〇万ガロンがベトナムの一〇%に散布され、密集するジャングルとマングローブの森林を減少させて、不毛の荒れ地にした。汚染地域の多くの子ども達が学習困難あるいはひどい障害を持って生まれた。米国政府は皮膚発疹を例外として、ベトナム人と自国の退役軍人に対するオレンジ剤被害にたいして責任をとるのを拒否した。ベトナム政府は、観光事業と農業輸出を害する可能性があるので、汚染を重大視するのをためらっている。[*27]

ラブカナル事件の時、私は近くに住み地元のガン研究センターで働いていた。この事件を回想すると、驚くべきことに、だれも地元の問題とより広範な戦争の問題とを結びつけはしなかった。ラブカナルはベトナムの退役軍人の闘いとは無関係な、産業上の化学惨事であると考えられたのだ。

ラブカナルの活動家たちは、米国のいたる所で市民が家のそばの毒性廃棄物投棄について情報を入手するのを手伝うクリアリングハウスの設立を続けた。その後、米国政府はこのような汚染用地を浄化するための大型基金を設立した。[*28] 何千という用地が見つかり、そのほとんどが漏れやすい埋立て地であるか、あるいは軍事基地に隣接する土地であるか、あるいは兵器生産施設だった。しかし軍の汚染と民間の汚染とを切り離して大衆に意識させようとの試みがあったように思われる。大型基金の主要な目標の一つは、ペンシルヴェニア州のキャナンズバーグ加工工場敷地であった。この工場はマンハッタン計画のためにベルギー領コンゴからのウランを加工した。米国政府は、すべての核とウラン研究・生産サイトが大型基金リストに入っているのを発見して、これらをエネルギー省の特別扱いへと移管した。それ以後、大型基金リストには化学廃棄物のごみ捨て場だけしか含まれていない。

米国の市民は環境法や浄化事業、効果的補償を得ることができたが、発展途上の世界でウランを採鉱している人たちはそうではなかった。肥沃な土地が破壊されて貴重な資源がわずかの金銭的利益のために輸出されるので、武器製造のための原材料はしばしば労働者の健康や地域環境を犠牲にして抽出される。このようなやり方で、ハイテクの軍事プログラムのニーズが発展途上の世界に侵入する。

マレーシアのイポーの近くにある人口一万五〇〇〇人の町ブキ・メラーの人々はこれが大変なことだと知った。

エイジャン・レア・アース社

一九七九年一一月二三日、エイジャン・レア・アース（ARE）社は電子産業のためにレア・アース（希土類元素）製品を生産する目的でマレーシアに設立された。[*29] ARE社は、日本の三菱化成（三五％）、マレーシアのベー鉱業（三五％）、マレーシアのタブン・ハジ（二〇％）、およびマレーシアのブミプテラス（一〇％）による共同所有であった。

ARE社はモナザイト、ゼノタイムからイットリウムを、モナザイトから希土類元素の塩化物を抽出するために化学的プロセスを使用した。ゼノタイムとモナザイトはマレーシアの錫の採鉱関連の廃鉱石である。マレーシアの会社が原材料を供給して三菱は最終製品を買った。この製品はコンピュータやテレビの画面のような電子装置とレーザー技術に使われる。すべてが米国、オーストラリア、日本に輸出された。これは毎年一六〇〇万ドルをもたらしたが、経費が高いとして、ARE社は税金を支払わず、また利益も明らかにしなかった。そのために、マレーシアの経済は新しい産業から大した経済的利益は得られなかった。

ARE社の生み出した廃棄物、およそ二二五〇トン／年は、危険なので特別な取り扱いが国際的に認められているレベルの六倍もの濃度の放射性のトリウムとラジウムを含んでいた。このような廃棄物は少なくとも五〇万年間生物圏から隔離されるべきであって、連続的に放射性ガスのトロンとラドンを放出する。しかしながら、ＡＲＥ社はこの危険な物質をビニールの袋に入れてプラントの後ろの深い溝に捨てていた。犬が袋を破って開け、子ども達が遊ぶ場所も含まれる広大な土地に汚染物質をまき散らした。

工場で清掃人として働いた二人の妊婦がひどい障害を持った子どもを出産したので、地元の人々はこの工場の危険性を理解し始めた。人々が苦情を持ち込んだので、ＡＲＥ社は廃棄物を入れるのに樽を使用し始め、またマレーシア政府は国際原子力機関（ＩＡＥＡ）による査察を求めた。前に述べたとおり、ＩＡＥＡは国際連合によって核エネルギーの平和利用関連の活動を促進するよう命じられているのだが、ＩＡＥＡが送った三人の専門家でさえＡＲＥ社の工場で廃棄物の取り扱いがずさんであると懸念を表明した。その報告は次のように勧告している。

ドラム缶が適切に閉じられない、雨と洪水から守れない、また外部放射線に対する防護のための防護遮蔽や立ち入り禁止区域がないので、現在貯蔵されているトリウム水酸化物の廃棄物は、即刻除去すること。[*30]

一二の他の安全対策がＩＡＥＡによって命じられた。

トリウム廃棄物は、国の核研究センター、タン・イスマイール原子力研究センターで使用することもあるだろうから貯蔵するべきだと、マレーシア政府は決定した。一九八二年に、貯蔵場所をペラクの小さい町パリットに立地することを提案した。しかし、その町の住民たちが抗議運動を組織したので政府は計画を断念した。一九八四年四月には、パパンからおよそ一キロメートルの、一五〇〇人が住む町を別の貯蔵用地として選択した。この町は食糧生産のために使用される土地の近くにあり淡水保護区に近かった。排水が下方の肥沃な土地に流れ出す丘の頂上に廃棄物トレンチが建設された。このトレンチは、IAEAから放射性廃棄物用として安全でないと烙印を押されただけではなく、危険ではない廃棄物用の標準的な土木工学上の基準にも従っていなかった。一九八五年一〇月にイポー高等裁判所がすべての操業を止めるようにARE社に禁止命令を出した。永久貯蔵所ができるまで、会社は一時的な廃棄物貯蔵場所を建設して放射性堆積物を一掃しなければならなかった。

ARE社は一九八七年二月六日、法廷の許可を求めもせずに、法廷の裁定を受諾し生産を再開したと宣言した。問題は一九八七年九月に再び法廷で審議され、審議は二年間不規則に続いた。[*31]国際的に注目を集めた審理を通して、三菱が以前、日本のプラントで同じ問題を抱え、地元住民に病気を引き起こした汚染のために日本から追い出され、プラントがマレーシアに移転されていたことが明らかになった。

マレーシアの人々は法廷で証言した――約五一人の子どもがひどい障害を持ち（マレーシアの人口から予測されるよりずっと高い数）、流産率が異常に高く、四人の子どもがガンにかかった（標準的な発生率よりおよそ二〇倍高い）と。彼らはまた、依然として工場から発生している放射能を測定して、人々への健康被害を評価してもらうために、高名な放射線遺伝学者である日本の市川定夫博士と私を呼んだ。IAEA、国際放射線防護委員会（ICRP）と三菱の親会社のメンバーは、二年間にわたってこの裁判のすべてのセッションに出席して、ARE社を支援するための証言を提供した。それにもかかわらず、法廷は会社を敗訴として、会社にたいして廃棄物を一掃し、マレーシアから出て行くように言い渡した。被曝による病気が明白になるのには多くの場合年数を要するので、一九八七年の時点で私たちは健康影響を実証することはできなかったけれども、このプラントから放射能が排出され続けていること、そして工場は放射能の排出なしには操業できないことを証明した。法廷はこれらが「無害であった」、あるいは自然放射能の方が大きかったという会社側の主張を拒否した。

この事件は軍の必要とするものが民間社会にガン性の転移をしたようなものだ。軍の製品を生産すると、多国籍企業は損をするように見えるが、研究の「最先端」にとどまるためにそれを続ける。民間需要を創出する副産物の製品を開発することで、彼らは金儲けをする。私の考えでは、市民生活へのこのような油断のならない侵入が、軍の地球汚染と、それが行きつく先の戦争の被害の重要な側面をなしているのだ。

軍によって起こされる死と破壊を取り除くための論拠を述べるのは難しくないが、軍事科学のいわゆる利益は何なのか？　人類の歴史は軍事的勝利と、それに対応する文明の進歩によって特徴づけられているのではないのか？　第一次世界大戦の後、豊かになり生活水準が上がったのは自由を確保した結果ではないのか？　軍事科学の恩恵の一つは、例えば、何百万という生命を救った塩素の使用による飲料水の清浄化ではないのか？　このような議論には詳細な検討が必要だ。

平和の塩素プログラム

過去において、ほとんどの軍事プログラムは、その製品あるいは技術が社会にとって「必要」だと認められる医学上の応用をすばやく見い出した。私が宇宙計画を知りたくなった理由の一つは、宇宙空間での薬の製造に製薬会社を巻き込むために軍が後押しをしていたからだった。前々から私はこのパターンに気付いていた。クロロホルム麻酔は、第一次世界大戦で使われた塩素ガスから開発された。第二次世界大戦後に続く核科学技術は核医学を作り出した。今日、核兵器と生物兵器を作り出した技術がまた放射線照射食品と遺伝子操作食品を作り出しているので、それとよく似た状況になっている。

塩化ナトリウム、海の塩はこれまで常に環境の自然な一部であった。しかし、高い反応性を持ったガス状の元素として分離された塩素は自然には存在せず、第一次世界大戦で最初に広範囲に使われた。第一次大戦後、米国は、一般に受け入れられた国際的な「戦争の規則」である「ジュネーヴ議定書」に有毒ガスと細菌兵器の使用禁止条項を導入した。第二次世界大戦の勃発時、米国と日本を除くほとんどの国がジュネーヴ議定書に署名していた。一九七〇年、ついに日本が署名し、米国は一九七五年に署名した。しかし米国は「暴動の管理、化学除草剤や枯葉剤」に使われるガスを除外した。米国は新しい製品を開発し、その選択肢を開いておくことを望んだのである。

科学界は塩素に魅せられて塩素の新しい使用法を開発しようとした。種々の新しい製品――塩化メチル〔訳注　別名クロロメタン、発泡剤として使用〕、塩化メチレン〔訳注　化学名ジクロロメタン、溶剤として使用〕、クロロホルム、四塩化炭素――を作り上げるために、科学者たちは、塩素が生命の構成体の一つである炭素と結合可能なことをまもなく発見した。クロロホルムはもはや麻酔薬としては使われていない。というのは、今日私たちは、それが、体内で酸化してホスゲン――もう一つの非常に有毒でしばしば致死性のガス――を形成することを知っているからである。クロロホルムは肝臓と腎臓の両方に有毒なことが判明した。四塩化炭素は、ひどい肝臓障害、肝臓ガンとリンパ性白血病を起こすことが発見されるまで、何年もの間ドライクリーニング液剤として使われた。今日では多くの国で使用が禁止され、他の国でも厳しく制限されている。

一九四〇年代初期までに塩素化学はすでに大ビジネスになっており、塩素化学者であることは一生を賭けるに値する仕事であった。何万という新しい化合物がこの元素を使って合成されたと見積もられる。毒性について徹底的に調べられる前に、すべてが生物圏に広くまき散らされた。私たちの循環する地球にとってすべてが人為的で不自然なものだった。

塩素は今日、パルプ・製紙産業、製薬産業、プラスチック産業、殺虫剤産業に十分に取り込まれている。塩素は飲料水の浄化のためにそのまま使われたし、いまだに使われている。それは、消費財の製品、織物、写真用フィルム、冷蔵庫、エーロゾル、ゴムと農場用の化学物質に取り入れられてきた。それは、私たちの惑星に最も損害を与え、しかもよく使われる四八の化学物質の約半分の不可欠な成分となっている。

塩素が飲料水の浄化、あるいは紙の漂白に使われる時、最終的には、廃棄物として近くの川あるいは湖に捨てられる。川や海の水は腐食した有機物であふれている。この物質は塩素と化学結合を起こして有機塩素化合物を作る。その大部分は高い毒性を持っている。これら有機塩素の最も恐ろしい影響の一つが、(人を含む)動物の女性ホルモン効果をまねる擬似エストロゲン［訳注　環境ホルモン］と呼ばれる新しい化合物の創造である。これは、子孫の先天性欠陥、生殖異常、生存率の低下、雄の雌化をもたらす。環境ホルモンは人間の乳ガンと前立腺ガン、子宮内膜症の劇的増加、子どもの神経や発育の問題と関係している。

もう一つの塩素技術の発展はフロンガス（CFCs）の開発であった。フロンは塩素に「翼」を与え、いっそう容易に成層圏に上昇させることができる。フロンは大気汚染と温室効果の原因となっている。

同じ目的を満たすことができるはずの多くの選択肢があるにもかかわらず、塩素から得られる商品が今日、消費市場にびっしりとはめ込まれている。ひとたび、はめ込まれると、代替が賢明かもしれない時でさえ、代替品にたいして強い社会的・経済的圧力がかかる。塩素技術の最も先行的かつ致命的な側面の一つが人や動物の健康や環境にダメージを与えてきた一連の殺虫剤の開発であった。

クロルジメフォルム［訳注　日本ではクロルフェナミジンという名称で一九六六年に登録され、一九八二年に登録失効した。日本での商品名はスパノン、ガルエクロン］と呼ばれる殺虫剤が、「ファンダル」という商品名でシェリングＡＧ社（ドイツ）によって、および「ガルエクロン」という商品名でチバ・ガイギー社（スイス）によって、一九六六年に商業生産に入った。一九六八年に、この製品はリンゴ、西洋ナシ、桃、ネクタリン、プラム、プルーン、クルミ、キャベツ、ブロッコリー、カリフラワー、芽キャベツの害虫に使用するために登録された。一九七二年に、製品はさらに、綿のさや虫とタバコの芽喰い虫への使用のために登録された。これらが認可された後、クロルジメフォルムは二〇の異なった商品名で国際的に売られた。[*32]

一九七六〜七八年の間に、チバ・ガイギー社は殺虫剤のヒトの健康への影響に関する研究を行った。エジプトで、一〇〜一八歳の六人の子どもの「ボランティア」が製品を吹きつけられた。彼らは防護服も防毒マスクも与えられておらず、下痢、めまい、頭痛、腹痛、その他のクロルジメフォルム中毒の症状に罹った。[*33] 殺虫剤はまたそれに曝された動物の七〇~八〇%に血管の悪性腫瘍を起こした。

一九七六年にチバ・ガイギー社とシェリングＡＧ社は自発的にクロルジメフォルムの製造と販売をしばらく見合わせ、綿花栽培への使用を制限するよう勧告した。彼らは研究を公表しなかったけれども、この製品の使用が勧められていたタバコを含む他の農作物すべてが人間の曝露に至る経路をとりうることは明らかである。一九八五年六月になって初めて、民間の行動グループ「殺虫剤行動ネットワーク」(ＰＡＮ)がクロルジメフォルムを取りあげてそれが健康に危険であると宣言した。その時まではこの製品は世界的規模で生産されていた。

一九九〇年までに、クロルジメフォルムは、オーストラリア、キプロス、デンマーク、エクアドル、ニュージーランド、パキスタン、ソ連、タイ、ユーゴスラビアで禁止された。この殺虫剤はコロンビア、東ドイツ、グアテマラと米国で厳しく制限された。これは何千もの類似製品の一つにすぎず、最も毒性が強いなどというものではない。

ボパール大惨事はまさに殺虫剤の生産がどれほど死につながるものかを示した。一九八四年一二月、インド、ボパールのユニオン・カーバイド殺虫剤プラントは、人口密集地域の眠っている人々の中に有毒なイソシアン酸メチル(ＭＩＣ)と他の二六の有毒ガスを放出した。一万人以上が即死した。二〇万人以上の人たちがその後一二年にわたって死亡するか、あるいは一生治らない障害にかかった。放出された化学物質は殺虫剤セビンの製品に含まれていたか、あるいは工程の副産物であった。ユニオン・カーバイドは、米国の施設では認めなかったのに、インドのプラントにおける危険業務を許可した。そして、失敗したプラントで以前に起きた事故や労働者からの警告を無視していたのだった。[*34]

この惨事が殺虫剤問題を突然表面化させたけれども、すでに何百万人もの人々がこのような製品によって殺されたり、不具になったりしてきた。人々は、土地の手入れをするとき、農産物を処理するとき、あるいはものを食べるときに汚染されてきた。ロンドン食品委員会（LFC）による一四〇ページにわたる報告は、英国で使用を許可された四九の殺虫剤がガンと、三一が動物の先天性障害と関連づけられていたこと、および六一が遺伝子の突然変異を起こすと主張されていることを認めた。農業省は、店で売られている食品中の残留殺虫剤にたいして系統的なテストを行わなかったことを認めた。LFCの部長ティム・ラング博士は、農業省の実験室のテストのレベルが非常に低かったので、すでに許可証を与えていた四二六種類の殺虫剤のうち一一〇種にしか残留を発見できなかったと述べた。[*35]

発展途上諸国の人々の状態は先進諸国よりずっと悪い。「食糧農業機関」（FAO）によれば、発展途上諸国では毎年九〇〇〇人が殺虫剤中毒で死亡する。デリーでは、普通の人々の体脂肪は最高二〇ppm［ppm＝一〇〇万分の一］のDDTを蓄積しているが、これは世界中で他のどこよりも高い。「世界保健機関」（WHO）は一・二ppmが最大許容レベルであると考えている。[*36]

私たち人間は当然ながら自分たちの種の健康状態に夢中になっているけれども、この技術は環境にたいして巨大な意味を持ってきた。土壌は殺虫剤、溶剤、除草剤や他の有毒化学物質の貯蔵所になってきた。そして、長い時間をかけてゆっくりとこれらの物質を生物圏に戻している。ある物質が禁止されてから二〇年たっても、その物質はケーキミックス、穀物加工食品、穀物、綿、住宅、飲料水中で見つかる。コネティカット農業実験ステーションのジョー・ピーニャーテロによれば、「土地から有機汚染物質を除去する唯一の確かな方法は地面全体を掘り出してセ氏八一六度のオーブンに入れて熱した土を地中に戻すことである」。一立方メートルの土にこれを行えば、五〇〇〜一〇〇〇ドルの費用がかかるだろう。コネティカットでは、これらの化学毒物はまた、地下水に侵入して、州の「安全」ガイドラインの二〇〇倍のレベルで地下水を汚染した。[*37] この非理性的行動がもたらす結果についての知識は増えたが、化学物質を使用する農業は相も変わらず続いている。

レイチェル・カーソンは『沈黙の春』で、害虫を殺すというような一つの効果に熱心な狭隘な専門性こそが、自らの製品の広範な使用にさらされる生態系に起こりうる多くの問題を、研究者が認識しない原因なのだと指摘した。[*38] ロバート・ラッドはカーソンの本についてのコメントで、「『沈黙の春』は生物学的な警鐘、社会的な論評であり、道義を喚起するものだ。レイチェル・カーソンは、技術に携わる人間にたいして、立ち止まって再検討するように根気強く訴える」と記している。[*39]

ベトナム戦争で使用するために軍が造った塩素ベースの殺虫剤、除草剤、枯葉剤は、テストも法律による散布の管理も最小限の状態で商業市場に投げ売りされた。これらの製品は有毒であると証明されるまでは、「無害」だと思われていた。このような状況は社会にとって今まで有益であっただろうか？　水を浄化するだけでもこの化学物質（塩素）には存在価値があったと主張する者もいる。しかし、飲み水を浄化するには他にもっと良い方法がある。例えば、過酸化水素や紫外線の使用である。戦争においても、国内的な目的においても、確かに塩素製品の使用を問題にしなければならない。それらは環境にたいして有毒であり、突然変異原、かつ発ガン物質である。塩素製品は地球のエコロジー資源を破壊し、その使用は優れた資源管理の正反対に位置している。

未来に向かって

私たちの過去への探索は明らかに憂うつなものだった。悲しいことに、化学肥料の土地への無差別使用がかつて肥沃であった表土の大規模な浸食を起こし、魚の乱獲が何十万年もの間生命を維持してきた豊かな魚の蓄えを使い果たしてしまった。

軍は天然資源の使用と誤用で破壊的であるだけではなく、二一世紀の最もやっかいな生存の諸問題に関係している。慎重な計画によれば生物の多様性、自然保護区のために、そして緊急事態のために、若干の土地を取っておく必要がある。戦争によって出現する私たちの社会的失敗、つまり、失業、不完全雇用、悲惨な貧乏、同じく非識字や適切な教育の不足も、人間資源の生産性を減らす。私たちの科学研究は、これら緊急の問題の解決に向かうのではなく、主として破壊兵器または金儲けに向かってきた。必要のない製品を生産し積極的に市場に出すことで、私たちはしばしば資源を浪費する。使う金を持っている人々のための贅沢品を設計し、他方、貧困レベル以下で生きている人々の大きな市場を無視する。ビデオゲームの戦争は、どんなエコロジーのペナルティーも受けずに勝利するから、本当のハイテク戦闘が優しいものだという誤った感覚を与えてしまう。子ども達の多くが注意力不足の障害で苦しみ、驚くべき頻度でお互いを殺している。これらは健全なサインではない。

人口と資源のグローバルな安定化に向かって二つの進路があるように思われる。第一は人口を減らし、消費を制限するために力と暴力を使う道。第二は、基本的生存条件を充足させ、暴力からの安全を提供し、資源生産性を増加させて、人口を増やそうとする風潮を減らすよう提案する道。この第二の進路には多くの支援者がいる。二〇〇〇年四月四日、コフィ・アナン国連事務総長は、豊かな諸国にたいして「貧困の最悪のケースを終わらせるために大胆に活動する」よう強く要望した。彼は、一日一ドル以下でしか生きられない一二億の人々への緊急支援を呼びかけた。すべての人にきれいな水を提供し、エイズの流行を減少させ、すべての人が読み書きできるようにし、福祉への無料のアクセスを貧しい人たちに提供し、軽兵器［訳注　重機関銃や迫撃砲など数人の人間が一組となって携行、使用できるもの］の売買を制限し、国連安全保障理事会を再構成する二一世紀の課題を展開した。それは、地球資源の生産能力を増やし、資源の消費を減らし、破壊的活動を逆転させることを必要とする意欲的な指針である。私たちは環境的により効率よく、環境的により充足し、平和で、法の支配する世界を実現する方法を見い出すことができるだろうか？　国内でも諸国間でも商品やサービスの公平な分配を達成することができるだろうか？

取るべき手段ははっきりしていると私は信じている。最も重い病気のように、救急治療をしなければならず、その後に、自然の治癒力を当てにする長い回復の期間が続く。私の見解では、先ずとりかからなければならない緊急の行動は軍を廃止することだ。軍の廃止と自分たちの行動様式を改変する長いプロセス――この二つは、変更しようとする人間の能力にかかっている。

第Ⅲ部　安全保障を再考する

第6章　新しい世紀における軍事的安全保障

私たちが二一世紀の初めに直面する諸問題は、軍国主義、経済問題、社会政策、環境が緊密に結びついたものである。資源の世界的消費は地球の回復能力を少なくとも三三％超えている。戦争と戦争準備が資源の蓄えをさらに劇的に減少させ、原材料のための競争が更なる紛争をもたらすというどこまでも続くサイクルができてしまう。地球規模の生き残りのためには、戦争の破壊力を決して認めない政策が必要なのだ。

しかしながら、今日の軍の浪費を明らかにし資源危機のあらましを示しても、安全保障の問題に取り組まないとわずかな変化しか起こせないと思う。大衆が軍を支持するのは恐怖心があるからだ。その恐怖心は書き記された何百年もの歴史に基づいている。私たちは、敵の武器から自分を守るために武器を持たねばならぬと感じている。この恐れによって新しい武器の開発と貯蔵が合法化され、暴力を使うのをためらわない政府が選出される。それがまた武力を好む者を政府の方に引き寄せ、軍事力が安全のための最善の保証だという個々人の信念を強める。現実的で実行可能な、戦争でないやり方があると国民に確信させることができたなら、武器に頼る政府や人々の権限を失わせることになるだろう。

それゆえ、地球とそこに住むものを第一に考える安全保障の新しい概念をつくりだすことが重要である。安全保障の古いパラダイムは、脅迫と暴力によって富や金融投資、特権を守る。新しい概念は、より平等主義的なビジョンを持っていて、人々や人権や健全な環境を優先させる。安全保障ということを無視するわけではない。安全保障は地球の保全と管理を通してのみ達成される。私はこの元気の出る新しいビジョンを「生態学的安全保障」と呼びたい。このように焦点を移すには、資源の保護と分配、紛争の解決と自然界の管理にたいして複雑で多面的なアプローチを行わなければならない。これらの目標を達成するために取るべき方向を第7章で概説したい。けれども、それを行うためには、最初に軍事力が必要悪だという信念に異議を唱えなくてはならない。

変化のために働く

核心となる信念を変える

社会の変化はいつも、核心となる信念がみとめられ、そしてそれが拒絶されてから起こる。新しい思考法についての支持と自覚が成長するにつれて、政治情勢は変化し物事を行う古いやり方はもはや受け入れられなくなる。私たちが歴史から学ぶ教訓は正にこれである。例えば、それぞれの人が社会的に決められた行動パターンに従うべきだという考えに異議を唱え始めたときに、一九五〇年代と六〇年代の極めて大きな社会的変化が起こったと私は信じている。この移行は個人の自由を中心に、人種的、宗教的、性的な多様性を認めることによって、人権と市民権についての新しい理解をもたらすものであった。

核心的信念がくつがえされた途端に、関連した変化がそれ自身の勢いで広がる。一九五〇年代と六〇年代に、私たちは市民権、女性の権利、黒人と同性愛者の権利のための運動が成長するのを見た。意識の高まりは、今度は法律、社会的行動、政策、言語さえも変化させる。もっと最近では、私たちは子どもの権利の承認、少年兵に反対する運動、および動物の権利を守るグループを目撃してきた。

変化に抵抗する人たちは常にいるだろう――一九六〇年代には、社会的に課された行動を拒否すれば社会的大混乱を招くだろうとの不安が生じた。けれども、私たちはものごとが「あまりにも遠くに行ってしまう」ときには、素早くモニターし、それに応じて自らの信念を調整する。したがって、例えば、個人の自由を認めても、このことは、他人の権利の蹂躙を大目に見ることにはならない。社会の核心となっている信念に対する拒絶の後に続く自己修正と調整は、社会変化の過程で極めて重要な部分である。

今日、異議を申し立てられている核心的な信念は、軍事力が安全保障を与える、ということだ。この信念が偽りであることを示す証拠は十分すぎるほど存在する。

中世のころ西洋の軍隊と東洋の軍隊との間に位置して侵略の通り道になっていた、素晴らしい都市ウィーンについての物語がある。この都市はいつも包囲攻撃にさらされていた。そこで、戦士たちは、高くて堅固な壁を築くことに決めた。壁は時が経つにつれて増強された。しかし、ある時点で住民たちは街が込み合っていると感じはじめ、壁の境界を越えて都市を拡大してほしいと望んだ。彼らには二つの選択肢があった。攻撃を受ける危険はあるが、壁を取り壊して市域を拡大するか、あるいは最初の壁の外により高く、もっと強い壁を築くか。その後どれほどの激論が戦わされ、破滅の予言が出てきたかは想像に難くない。結局、住民投票で壁を取り壊すのを望む人たちが勝利した。市街地の周りに環状道路の基礎が造られているので、今日でもその遺跡を見ることができる。壁が取り壊された時、ウィーンはもはや侵略軍の攻撃目標でもなく、獲得すべき栄誉でもなくなって、絶え間ない包囲攻撃はなくなったのだ。これは歴史を単純化し過ぎているかもしれないが、ある時点でよく知られた知識に疑問を持つ必要を強調していると、私には思われる。

変化のためのロビー活動

変化の最初のステップは変化が必要だとの信念である。これは観察と再評価に基づいた理論的段階であると言える。次のステップは実践であり、人々が考えや情報を交換するために、また、社会を変えることを目指して議会でロビー活動をするために集まる。私たちが実際に見るときには、これら二つの過程が同時に起こっている——議論が信念を同じくする人々のグループを大きくし、もっと突っ込んだ分析を進めていく。

この本で概説された多面的問題が多面的解決を必要とすることは明らかである。どんな人もどんな組織も、処理されなければならない問題のすべてを取り扱うのに必要な知恵は持っていないだろう。平和、経済的公正、社会的公平と健全な環境のために働く人たちはすべて、考えと洞察を共有し、結合されていなければならない。このような壮大なプロジェクトにおいて「結合されている」ことは、決して、すべてに関して完全な一致を意味するのではなく、コミュニケーション、行動、フィードバックと再評価の恒常的な循環を意味している。成功と失敗について率直に対話していると、今のものとはちがう新しい政策を作りあげていくときに、大きな誤ちを犯さないですむことになる。

このような複雑な領域からなる諸問題の良い点は、多種多様な才能を引き込めるということにある。どんな人でも役に立って評価される快適な場所を見つけることができるはずだ。例えば、科学者とエンジニアには文書を解釈する必要があり、また、一般大衆にその結果を伝えることのできる人たちが必要である。核兵器の危険性についてのメッセージは、芸術、演劇、詩作を通して、またテレビ、新聞、雑誌を通して、広められてきた。[*1]

ある人が自分の持つ技能ととり組みたい問題を自覚したときには、いっしょに働き支持してくれる同じ信念を持つ適当なグループを見い出す必要がある。平和を促進し、食品の安全性を強調し、社会的平等に向かって働き、環境を守ろうとする運動がすでに存在する。また、「古い信念」と闘い続ける組織――（核軍備撤廃のための）「アボリション２０００」、「軍備競争反対連合」、「武器貿易に反対するキャンペーン」――も存在している。その人が自覚した問題のための組織あるいは運動が全く存在しないときには、自分で作る必要があるかもしれない。共同の活動には、「世界自然保護基金」（ＷＷＦ）、「グリーンピース」、「ユニセフ」のような国際組織もあれば、教育委員会、専門的団体、教会やサービスクラブのような地域グループもある。最も重要なことはこれらの努力は協力的でなければならず、競争的であってはならないということである。改革のためにグループを作るという方法は現状を治す一つの道である。しかし、もし対決と競争によってひどい貪欲や暴力が生じてしまったのであれば、不均衡を正すために全く別のやり方が必要となる。[*2]

軍から脱却する

私たちは軍を廃止するために実際にどのように取り組んだらいいのだろうか？　最初の、最も重要な必要条件は軍隊が文民統制下に置かれるということである。次に、私たちは効果的な軍備の撤廃、および人的資源を含む軍の資源をより人道主義的な目的に振り当てる道を考えなければならない。最終的に、紛争を解決する新しい別の手段を探さなければならない。軍備撤廃が長期にわたって持続するように、私たちはまたこの計画の中に研究団体を組み込む必要がある。

軍のコントロール

ＮＡＴＯが自身の権威にかけてコソボへの爆弾投下を決めた時、多くの人々はショックを受けた。国連以外の、ＮＡＴＯとか、何か他の連合が軍事的政策を指令できるとなると、いかなる危機にたいしても、平和的解決を促進するチャンスはひどく害される。国際的行動が文民の権威による決定に基づき、法に裏付けられている方が、公衆に保障される安全は大きい。

一九九九年七月八日にニューヨーク市で開催された昼食会で、軍縮のための国連事務次長ジャヤンタ・ダナパラは、軍需産業の急速なグローバリゼーションは「金、情報、統制を逃れた商品が政府による有効なコントロールなしに、国々やグローバルな系列会社の間を流通する」ことを意味すると警告した。[*3] この武器貿易の自由は、国あるいは組織が武器の貯蔵を密かに増強することができ、またいかなる文民の監督またはコントロールもなしに大量破壊兵器を開発できるということを意味している。しかし、国連管理下の国際警察なら戦争に向けたこの秘密の増強を不可能にするだろう。国際警察は、すべての国に等しく責任を負っており、したがって諸国間に存在する競争の外にあるので、その火力の不断の増加を必要としない。もちろん、国連総会がその活動と決定の責任を負うだろう。そして一つの機関や部局にあまりに多くの力を集中しないことが重要となるだろう。力が分散されれば、濫用される可能性はそれほど高くはないのである。

しかし、文民による軍の監督ではなく軍の解体が変化の目標であることは明確だ。この変化は容易ではないだろう。他の国々も歩調を合わせていると完全に確認できないなら、どの国も軍隊を廃止しようとはしないだろう——攻撃にたいして無防備であることへの恐れはあまりにも強すぎるものだから。

軍を解散する

国連は、SIPRI［ストックホルム国際平和研究所］のようなNGOの援助を受けて、何年もの間、軍事費と武器貿易の額を表にしてきた。今では軍事支出の凍結をうまく監視するのに十分なデータを入手することができる。凍結が実行されると、それぞれの国の予算の二〇%を、この目的のために作られた国連通貨の購入という形で国連が毎年取り立てることもできる。そうなれば、この国連の資金は人間の必要に合い、十分にエコロジカルで惑星地球を健全に保つのに必要な仕事を作ることにだけ使うことができるだろう。

- すべての生産は惑星地球の真の必要を満たさなければならない
- 何かを生産する前に持続可能な生産、分配、消費、そして廃棄物の処理方法が整っていなければならない
- なによりも、創り出された仕事は健康、教育、社会福祉、あるいは環境の回復という経済分野に直接貢献しなければならない

このようにして軍事費が段階的に縮小され、軍人のためには仕事が提供され、最も緊急な幾つかの惑星地球の要請が実行される。軍事予算がすべての加盟国にとってゼロになるまでこの財政的移行は五年間継続するだろう、一〇年になるかもしれないが。計画は高年齢軍人の引退と常設の「国連平和維持軍」への若い新兵の移行をもたらすだろう。この計画の持つ一つの困難は、伝統的に技術レベルが低いとみられる分野にハイテク労働者が移行することかもしれない。しかし、複雑なシステムで作業することに慣れている科学者たちは、今日焦眉の急となっている巨大な環境・健康・社会上の問題の解決を求められることだろう。伝統的に物理学者や数学者を引き付けなかった生命科学が、物理や数学の学者たちの流入によって利益を得るだろう。[*4]

新しい別の提案によって軍の職務内容が再定義されるはずだ。結局、軍人たちは、私たちのために、

私たちの名において働くことになる。提案の中には、洪水あるいは火山噴火のような生態学的危機の際に民間援助のために軍人を使うことも含まれる。彼らはまた新しい非暴力の訓練プログラムと紛争解決技能をみがくことによって本当の平和維持を実行することができるだろう。外交手腕を仕込まれた、武装していない平和維持者を想像してみてほしい！　戦争という選択肢を使えない時、できるはずだが試みられていない多くの対応の仕方について人々は考えざるをえなくなる。*5 国連における現在の提案の一つは、安全保障委員会の権威の下で働くことになる新しい平和維持軍、「緊急展開部隊」の創設である。国連憲章の四三条に、このような部隊のための条項がある。しかしながら、米国はこの試みに真っ向から反対している。

米国は国連におよそ一六億ドルの借りがある。一九九九年一一月末、投票権を失うと脅された時、米国はその負債のうち九億二六〇〇万ドルを支払うことに同意した。しかし、合意には二二の一方的なものを含む付帯条件が付けられた。その条件の一つが国連常備軍の禁止だった。残金は米国の条件が満たされるまで保留されるという状態で、これまでのところ負債のたった六億五〇〇〇万ドルが実際に払い込まれたにすぎない。無条件に加盟費を支払うように米国に圧力をかけるべきである。*6

すべての核兵器の廃棄を強く主張してきた「核戦争反対退役将軍」のような、現役のあるいは退役した何人かの軍人たちが、軍の活動の妥当性を問題にし始めた。女性や子どもの保護者としての軍の役割を信じていた人たちも、現実は全くちがうものだとわかった。ルワンダでの大虐殺［訳注　政府側のフツ族がツチ族を大量虐殺。これにたいしてツチ族のRPF（ルワンダ愛国戦線）が反撃しウガンダ全土を制圧した。虐殺と反攻による死者は一〇〇万人を超える」はその例であった。

多くの同僚のように、背の低いがっしりした人たちが背の高い細い人たちを攻撃しようと単純に決めたのだと信じて（いつもそうであったから）、私は「ルワンダ」をドライブした。あれから二年経った今日……答えは非常に異なったものだと思う。ルワンダで起きたことは、強力な政治的・軍事的リーダーによる冷静な操作の結果であった。[反政府側の]「ルワンダ愛国戦線」（RPF）と富や権力を分け合わなければならなくなったとき、彼らは愛国戦線の主な支援グループであるツチ族を中傷することにした……。ツチ族は社会の屑であるとされた。キンヤルワンダ語でイニェンジ――情け容赦なしに踏みつけねばならないゴキブリであると。ナチがドイツで潜在的な反ユダヤ主義を利用したのと同じように、フツ族の過激派の軍は、ツチ族に対する歴史的不平等感をかき立て、扇動して殺人の狂乱のうずを巻き起こした……。これは種族主義によって起こったことではなく、エリートの手中に富や権力を集中させておくために起こったことであった。[*7]

もちろん、軍の誰もがこのような啓発的な見解をとるわけではない。安全保障の新しい概念に反対する軍の抵抗も確かにある。私はNATOがヨーロッパと北アメリカにおける全般的軍備撤廃に対する最も大きい障害の一つであると見なしている。

ヨーロッパの安全保障

ＮＡＴＯは冷戦後の時代にあって仕事を開拓しようとやっきになっている。そのことは、軍事力が安全保障を意味するという考えに固執する人たちの間では重視されているけれども、ビジョンを転換した人たちの間ではいっそう時代錯誤なものになりつつある。ＮＡＴＯは、国連あるいは世界政府というものと法律的にも、司法的にも結びついていない同盟である。「真に倫理的な政策」に関する『ガーディアン』論文で、リチャード・ノートン＝テイラーとサイモン・ティズデルは次のように述べた。「英国はＮＡＴＯの廃止を求めるべきだ。この組織は冷戦の遺物である。つまり、ＮＡＴＯは目的を果したが、有用性がなくなった後も生き残ったのである」[*8]。論文はまた、武器貿易への英国産業の依存を縮小すること、およびヨーロッパ抗争の解決に「全欧安保協力機構」（ＯＳＣＥ）がいっそう大きく関わるべきであると主張した。もちろん、これは「ＮＡＴＯを足下から崩すヨーロッパ単独の安全保障の取り決めの出現を妨げ」たいという米軍の願望と真っ向から対立するだろう[*9]。

実際、第1章で記したように、ＮＡＴＯはＯＳＣＥと競合しているように思われるやり方でヨーロッパと旧東ブロック諸国で拡大している。一九九七年五月三〇日、ポルトガルのシントラでの同盟・パートナー国の外務大臣会合でＮＡＴＯは「ユーロ・大西洋パートナーシップ評議会」（ＥＡＰＣ）を組織した。『ＮＡＴＯレヴュー』によれば、「『ユーロ・大西洋パートナーシップ評議会』と『平和のためのパートナーシップ』への積極的参加は諸国の（ＮＡＴＯ）同盟との政治的、軍事的関わりあいを深めるであろう[*10]」とされている。「平和のためのパートナーシップ・メンバー」の地位はＮＡＴＯメンバーの地位の一つ前の段階ということである。

安全保障に関する軍事構想がＮＡＴＯの基本的主張を構成する。新しい加盟国にはその国内で必要な支出あるいは優先事項を無視して、最新の軍のハードウェアやソフトウェアを購入するようにとの圧力がかかっている。

新しいメンバー承認のＮＡＴＯの手続きは、全欧州のための安全保障強化に関する同盟全体としての目標の達成を確実にする。新しいメンバーはメンバーとしての責任と義務を徹底的に準備させられることになる。ＮＡＴＯに加入することで、新メンバーは協力関係に忠実であるだけでなく、欧州共通の安全保障と安定を追求可能で、また、追求を希求する別の民主主義国家にも開かれている同盟に加わることになるのである。[*11]

新しいメンバーは、「安全保障と安定」についての限定的な解釈を補強するＮＡＴＯの核政策を受け入れなければならなくなる。このような状況において、「共同」は主に軍事的互換性ということになる。ＮＡＴＯ事務総長代理セルジオ・バランツィーノによれば、「平和のためのパートナーシップ」の軍事的範囲は以下のものを含むことになる。

「いっそう複雑で強固な」軍事協力と共同軍事演習、軍備での協力、危機管理の共同演習、民間の危機管理、また「いっそう複雑な必要条件を持つより広い範囲」をカバーする、一般に同意されたプログラム目標。[12]

一九九九年一二月一五日の会合で、NATO外務大臣は包括的かつ統合的アプローチが保証されるように、「信頼と安全保障の構築措置、検証、拡散防止、軍備管理、軍備撤廃を支持して同盟政策の選択肢を再検討する」という約束を公表した。大多数の観察者は、「あいまいな言語で外交上の装いを施されている」けれども、これは正しい方向への動きであると見なしている。[13] もし私たちが「安全保障」のより広い解釈について合意して効果的にNATOの目標を変えることができるなら、それはまさに真に肯定的な動きとなる。

紛争を終わらせる

紛争解決への非暴力的なアプローチが今日、化学・生物兵器や大気圏外の宇宙空間に展開する核兵器のような特定のタイプの兵器を禁止するということで、勢いと正当性を増している。しかし、この努力は戦争を除去するというよりむしろその範囲を狭めるにすぎない。これらの本質的に積極的な条約はまた、明確で、合法的に拘束力ある定義に欠けることがこれまでにままあった。例えば、一九七二年に旧ソ連との間に結ばれた「対弾道弾ミサイル条約」（ABM条約）のあいまい性によって、はてしない法律上の論争と、宇宙空間のシールドや戦域弾道弾迎撃ミサイルの開発がおこった。それは条約に違反するかもしれないし、違反しないかもしれないが、必ずや、世界的軍備競争のエスカレーションに至ることになる。国連は「核爆発」と「大気圏外の宇宙空間」を正確に定義することに失敗した。もし、ある国がハイテク兵器を開発しようとすれば、そうできる法の抜け穴を残している。

戦争それ自体を禁止する必要がある。今日、法廷によって命じられた定期的再審査で少なくとも一時的に解決できないような国家間の争いはない。国際法における最近の発展には、「国際刑事裁判所」の開始や、「国際環境保護法廷」の十分に先進的な計画がある。平和維持軍を効果的に発展させたり、仲裁・調停技能に投資したりして、私たちは現実外交の活気ある新しい時代に向かって進むべきだろう。実際に、戦争後でさえ、「平和」が確立されるまで交渉は必要である。暴力の主な仕上げは交渉のテーブルにおいて譲歩を強制することにある。しかし、戦争が敗者の「自由」に影響を与えるので、戦後の交渉が不公平であることは周知の事実である。それゆえ、戦後交渉がしばしば次の戦争の準備となってしまう――多分、これは第二次世界大戦が第一次大戦に続いてあんなに早く起こった理由の一つに挙げられる。一九九七年四月二九日に発効した化学戦争を禁止する「化学兵器条約」、二〇〇〇年四月一四日の「戦略兵器削減条約」（ＳＴＡＲＴⅡ）のロシア議会批准、そして同年の国連アジェンダに基づく核兵器削減の見直し［訳注　ＮＰＴ再検討会議の最終文書に一三項目の核軍縮措置を盛り込む］が出てきたのだから、この非暴力のアジェンダを押し進めるのは今が好機であるように思える。

二つの成功物語

地雷

最近の歴史で最も効果的に市民がイニシャティヴをとったものに世界的な地雷禁止がある。地雷禁止の国際的連繋の先頭に立ったジョディー・ウィリアムズはその努力によってノーベル平和賞を受賞した。

地雷は小さく比較的安い爆弾である。概して、踏んづけられたりあるいは誰かが仕掛け線内に踏み込むと爆発する。地雷は人を殺すよりむしろ足または腕を破壊するよう意図されている。なぜなら、「敵」にたいしてより大きな心理上の効果を持つと思われるからである。実際には、地雷は戦争が終わってずっとしてから、自給自足の農業に携わる女性や子どもが爆発させている。世界の多くの場所で、このような装置の危険にさらされながら、家族のために薪や水を集めているのは子ども達である。

現在使用中の地雷は三種類ある。第一のものは破砕地雷と呼ばれ、「方向性を持つもの」と「方向性を持たないもの」がある。方向性を持つ破砕地雷は通常地上に据え付けられ、金属球または金属破片で満たされて爆発物の前に置かれる。それは仕掛け線あるいはリモートコントロールによって爆発し、六〇度の弧の範囲内の五〇メートル程度前方に破片をまき散らす。非方向性の破砕地雷は同じくふつう地上に置かれる。誰かが仕掛け線内を歩くと、爆発して半径二〇メートルの周囲に破片を排出する。二番目のタイプの地雷は「爆発地雷」と呼ばれる。それは一般に、地表面のすぐ下に置かれ、踏みつけられると爆発するように設計されている。通常、大人の脚を吹き飛ばし、子どもなら殺す。三番目のタイプは「はずみ地雷」であり、同じく埋設される。この地雷の頂上のヒューズを踏みつけたり、あるいは仕掛け線内を歩くと、爆発した地点では、一メートルかそれ以上の高さに地雷が放出されて、子どもの頭部を爆破するか、あるいは成人の上半身にひどい損害を与える。これらの地雷を取り去ることは、危険で時間がかかるが可能である。しかし、あるタイプの爆発地雷は、ゴムによって覆われたPMA―3と呼ばれる地雷で、さわることができない。この地雷は地中でカバーが劣化して極めて不安定かつ敏感になるので、その場所で爆破させなければならない。

地雷が毎年およそ二万五〇〇〇人の人々を殺したり、不具にしたりしていると国連は推定する。世界中に推定六〇〇〇万から七〇〇〇万の地雷が配置されているのだから、その問題は巨大なものである。

アフリカが最も多く、一八ヵ国におよそ三〇〇〇万の装置が埋められている。[*14]

地雷の除去は難しく、ゆっくりとした、神経をすり減らす仕事である。カナダのエドモントン出身のグレッグ・エインリー（二一歳）は、除去がどのように行われるかを次のように説明する――

草の丈が伸びていると、私たちはとてもゆっくりと時間をかけることになる。通常はほぼ一〇分毎に約一メートル進む。私たちは腹這いになり、手を前に伸ばして指で正確にゆっくりと触れていく。そうすると、地雷かもしれないどんな異常も見分けることができる。地雷が発見されたら、最初のステップは、安全な場所（例えば装甲車両の背後）から伸びているロープを使ってそれを地面から引っぱり出す。私たちは下に仕掛け爆弾があるといけないのでロープを引っ張る。もし仕掛け爆弾がついていれば、地雷は明らかに爆発するだろう。爆発しなければ、私たちはそこに戻って仕事を続ける。[*15]

一九九三年に、この骨の折れるやり方で八万の地雷が除去された。地雷の除去は困難だが満足のゆく仕事である。ところが、その同じ年に新たに二五〇万の地雷が仕掛けられた。八万の地雷の撤去には一億ドルの費用がかかり、装置の生産に使われた資源はすべてリサイクル不可能な廃棄物になった。

国別の地雷数

アフガニスタン	1000万	モザンビーク	200万
アンゴラ	1000万〜1500万	ナミビア	5万
ボスニア・ヘルツェゴビナ	60万〜100万	ニカラグア	11万6000
カンボジア	400万〜600万	ソマリア	100万
エリトリア	50万〜100万	スーダン	50万〜200万
イラク	1000万	その他	2000万

平和運動は、主として女性たちの努力によって、一九九〇年代初期から今日まで地雷を禁止するために働いて来た。一九九四年には、国際赤十字が抗議の声に加わった。キャンペーンは、ダイアナ皇太子妃の助けを得た。皇太子妃は、自身の名声を使って問題の人道主義的側面を大衆にアピールし、殺された子ども達や、生涯にわたる傷害を負った子ども達の割合が極端に高いことを強調した。一九九六年一〇月、カナダ政府は対人地雷の完全禁止に好意的な五〇ヵ国の政府をオタワの会合に召集した。そして一九九七年一二月におよそ一二〇の国がオスロで立案された特別条約に署名した。地雷の主要な輸出国、英国とフランスは禁止令に同意した。しかし、朝鮮の非武装地帯で地雷を使いたいので、米国は署名しないことに決めた。[*16] 他の非調印の地雷生産国はロシア、中国、インド、パキスタン、イスラエルであった。

地雷は設置する人たちだけに責任があるのではなく、供給する人たちにも責任があることを覚えておかなければならない。もしすべての国がこのような武器の製造をやめるなら、供給ラインは絶たれるだろう。しかし、地雷を生産して販売する国のある限り、この「飢餓」戦術は使えないだろう。対人地雷禁止条約はすでに仕掛けられてしまった八〇〇〇万の地雷の問題には取り組んでいない。同様に、条約は車両を爆破しまた戦車を壊すように意図された地雷を禁止しない。にもかかわらず、条約は、戦争の暴力を段階的に排除することに向かう、一つの小さいステップである。条約は、明らかに一人一人の生命、特に女性と子どもの生命に大きな価値を置いている。また、それは爆弾をまき散らされて利用されなくなっている農地を守るという付加的な利点も持っている。地雷禁止は、広範囲にわたる草の根の支持で非政府組織と政府組織の間の協力のモデルを提供し、将来のイニシャティヴに力を与える。

核兵器

国際司法裁判所プロジェクト

成功した二番目のイニシャティヴは「国際司法裁判所プロジェクト」である。これは退職した英国の海軍士官ロバート・グリーン海軍中佐が強力に促進したアイディアであった。グリーンによれば、大量破壊兵器に対する禁止はあるが、軍人たちに核兵器は決して不法とされてこなかったと告げられている。米軍のマニュアルから引用すると、「使用を制限するいかなる慣習法も条約もない下で、核兵器の使用は国際法違反と見なすことはできない」。核弾頭搭載船の指揮官として、グリーンは常にこの件で悩んできた。米英両軍のマニュアルは戦争に関連する国際法の原則に忠実であるように兵員に要求しているので、グリーンは「国際司法裁判所」の（核使用を不法とする）宣言が核兵器を排除すること、およびその使用を拒否した軍人を支援することに大いに役立つだろうと論じた。

グリーン海軍中佐は「世界保健機関」（ＷＨＯ）の活動から得られる影響力をはっきりと知った。そこで彼は、バヌアツ共和国の保健相ヒルダ・リニやジュネーヴのＷＨＯ代表に接近した。リニ大臣は戦争における核兵器使用の合法性についてＷＨＯが「国際司法裁判所」の意見を求めるという申請を導入することに同意した。二二ヵ国がこの申請を支持して概要報告を提出した。しかし、このような問題について裁決を下す国際法廷の権威に異議を唱えた米国、英国、フランス、ロシア、オーストラリア、オランダ、ドイツはこの申請に反対した。にもかかわらず申請は通過して、一九九三年「国際司法裁判所」に提出された。

別の動きとして、国連総会は戦争自体と同様に戦争を仕掛けるぞと威嚇することが合法かどうかを含むように問題を広げた。

国連総会は……、憲章三六条一項に従って、「国際司法裁判所」に次の提案に関する助言者の意見を提出するよう要請することを決めた――「核兵器の威嚇あるいは使用はいかなる状況にあっても国際法の下で許されるのか[*17]」

要請を阻止する試みにもかかわらず、決議は七八対四三票、棄権三八で総会を通過した［一九九四年］。核保有国が貿易と援助に関わる制裁を警告していたので、このような決議を上程するための非同盟諸国（共産主義あるいは資本主義の投票ブロックと同盟を結んだことのない諸国）による試みは以前失敗していた。しかし、ＷＨＯの要請がすでに「国際司法裁判所」に提出されていたから、今回、決議は成功したのである。

国連の要請が提出された時、核戦争は戦争後でなければ「健康」問題にはならないとの理由から、「国際司法裁判所」は国連総会の要請を受け入れたが、ＷＨＯの要請は受け入れなかった。核兵器の生産から展開までのすべての段階が一般公衆の健康にたいして危険をもたらすので、核使用の後でなければ「健康」は問題にならないとするのは、もちろんやや近視眼的な見解である。しかしながら、裁定において、裁判官は核兵器生産の潜在的危険性を説明する概要報告を受け取っていなかった。どうやら、法律にもまた、予防医学の分野を尊重するという先例がないようだ。

グリーン退職海軍中佐は、「国際司法裁判所」での検討を支持してヨーロッパと北アメリカで公式に発言した。核兵器を廃止することに賛成して米空軍スペース・コマンドの司令官チャールズ・ホーマー大将が同じく発言した。これらの人々や国際法の専門家のリチャード・フォークのような人たちもイニシャティヴへの大衆の支持を促進した。実際、「国際司法裁判所」の動きは、「国際平和ビューロー」、「戦争と平和財団」、「核戦争防止のための国際医師の会」、「婦人国際平和自由連盟」、「核兵器廃止のための国際法律家協会」のような国際平和グループの連繋を通して、熱烈な民間の運動と手を結んでいた。この連繋した活動は、以前には一度も使われたことのなかった「国際司法裁判所」の憲法条項に焦点を合わせた。この条項によれば、裁判官は「公衆の良心の命令」を考慮に入れなければならない。この理由で、一億人以上の人々が以下のような良心宣言を提出した。

核兵器が嫌悪すべきもので道徳的に間違っているというのは、私の良心に基づく強い信念である。したがって、私は核兵器の合法性について「国際司法裁判所」に助言を求めるイニシャティヴを支持する。

様々な政府からの概要報告とこれら公衆の良心表明を受け取った後で、「国際司法裁判所」は一九九六年七月に次のようなコミュニケを公表した。[*18]

法廷は、国連憲章第二条四項に違反し、かつ五一条のすべての要請を満たさない核兵器手段による威嚇や軍事力の行使が**違法**であると全会一致で**決定**する。……

全会一致で**決定**する——核兵器の威嚇あるいは使用は、武力紛争に適用されるべき国際法、とくに国際人道法の原則や規則の諸要件、さらに核兵器を特別に取り扱う条約やその他の約束に基づく特別の義務と矛盾してはならない。

上記に続く七票対七票による要請——**核兵器の威嚇あるいは使用は**、一般的に、武力紛争に適用可能な**国際法の規則**、とくに人道法の原則や規則に反する。しかしながら、国際法の現状や利用できる事実から見て、**法廷は**、**国家の存亡そのものがかかっている自衛の極限状況において**、**核兵器の脅迫や使用が合法か非合法か**、**確定的に結論出来ない**。[*19]［強調は著者］

全会一致で決定した――厳重かつ効果的な国際管理の下、あらゆる局面において、核軍縮に導くように、誠意をもって追求して交渉に結論をもたらす義務が存在する。[*20]

法廷の核軍縮への支持が全会一致である一方で、「極限状況」を取り扱った項では見解が分かれたことは興味深い。実際に法廷に出席していたオブザーバーは、この錯綜した声明は実際に、法廷が決議のそれぞれの部分を別々に取り扱わなくてもよくするための核兵器推進側の政治的策略であったと言う。[*21] 例えば、「核兵器の威嚇あるいは使用は、一般的に、武力紛争に適用可能な国際法の規則、とくに人道法の原則や規則に反する」の部分に反対なので「ノー」に投票した裁判官がいた。また、「自衛の極限状況」に対する免除が嫌悪すべきであると考えて「ノー」に投票した裁判官もいた。そのために「ノー」票は二つの非常に異なった意味を持っていた。もしこの決定の二つの部分が別々に投票されたら、最初が通過して第二が拒絶されていたこともありうる。

しかしながら、全体として、結果は励みとなるものだった。暴力にたいして制限を与えることにたいして、特に核兵器を禁止することにたいして、軍の中にも支持者がいることを示した。さらに一般市民が「国際司法裁判所」のような国際組織に関与できることを示した。政府と大衆の両方が戦争兵器を制限するためにこの法律上の仲裁を尊重したのを見ると励まされる。この二番目の成功物語は、第一のものと同じように、個人、政府、国際組織の協力があったからできたことである。

キャンベラ委員会

キャンベラ委員会は、一九九五年一一月にオーストラリア政府によって設立された、戦争と平和の専門家一七人から成る独立した国際委員会であった。その目標は核のない世界に向かって実際的ステップを明確にすることであった。委員会は一年の期間内に四回の会合を開いて一九九六年八月に最初の報告を公表した。それはこの惑星から系統的に核兵器を取り除く実務的な計画を策定していた。

カナダの前軍縮国連大使であるダグラス・ロウチ上院議員が同じくいわゆる中間パワーイニシャティヴを提出していた。それによって、カナダまたはスウェーデンのような中規模国が、主要な核保有国あるいはＮＡＴＯがかかわっている争いを調停するように呼びかけた。

これら二つの努力は「国際司法裁判所」の決定から生まれてこの決定を強化している。これらの努力は、古い世界秩序を打破すると同時に、いっそう大きな地球規模の安全保障の方向に弾みをつける新しいエネルギーが創造されたことを示している。

国際司法裁判所のアドバイザーの意見に対する国連の回答

「国際司法裁判所」の歴史的決定はもう一度、核軍縮を要求するために必要な法的支持を国連加盟国に与えた。援助制裁の威嚇によって制限されてきた多くの発展途上諸国は今や本当に前進することができるだろう。特に、判決は核保有国に軍縮を進めるよう義務づけた一九六八年の「核不拡散条約」（ＮＰＴ）〔訳注　軍縮の義務を定めたのは第六条。一九九五年ＮＰＴの無期限延長に際してその履行が確認された〕に注意を喚起した。

ブラジルは非核地帯（NFZ）を国際的に拡大・強化するために「核兵器のない南半球・隣接地域に関する決議」を国連に提出した。長年、非核地帯は核侵略から身を守る一つの試みとして地方自治体、国や地域が宣言してきたものである。非核地帯のうち最もよく知られているのは南アメリカとニュージーランドである。ブラジルの決議は、「核兵器災害から地球の半分がすでに解放されているというイメージを公衆の良心に印象づける」ために計画された。[*22] 一つの決議は南アジアを含めるようパキスタンによって修正された。これは一一一対四票、棄権三六で可決された。この投票の後、インドとパキスタンの核実験が行われたことは二重に残念である。

マレーシアは「国際法廷の勧告」を歓迎し、核兵器条約の導入に向けて「一九九七年に多国間の交渉を開始することによって」、すべての国が義務を遂行するよう求める決議案を一九九六年秋の第五一回国連総会の第一委員会に提出した。一九九六年一一月二六日、マレーシアの決議は賛成票九四、反対二二と棄権二九で採択された。中国は「賛成」に投票した。他方、米国、英国、フランス、ロシアは「反対」に投票した。他の「反対」票は、アイルランドとスウェーデンを除くカナダと他のヨーロッパ諸国を含んでいる。オーストラリアと日本は棄権した。それから、「非同盟運動」が、時間を限った枠組みで全面的軍備撤廃を目標とした軍備削減のための段階的計画を提案した。この決議は、西側の核保有国と欧州諸国が反対して八七対三八で採択された。

国連と「非政府軍縮委員会」［訳注　著者によればアボリション2000をはじめ、パックス・クリスティ、和解のための連帯、クエーカー教徒など多くの団体によって構成されている］は今、核兵器の生産、実験、開発、貯蔵、輸送、威嚇、使用を禁止する「核兵器条約」交渉に着手した。条約は「核兵器廃絶を究極目標にして、世界的規模で核兵器を減らす組織的かつ前進的な努力」をするよう、核保有国（米国、英国、フランス、ロシア、中国）に求めている。交渉は継続され、核兵器が二〇二〇年までに禁止される見込みはありそうだ。[*23]

一九四五年以来よく眠れなかった人たちにとっては遅いと思われるかもしれないが、これは軍国主義にたいして大きな打撃である。「カーネギー国際平和基金」は、一九九五年に、核保有五ヵ国が三万六八一六個の核兵器を所有していると報告した。冷戦は終わったが、核兵器は安全保障にたいして重大な脅威を与え続けている。

学界を仲間に入れる

現在の兵器の解体が主な目的であるとはいっても、長期の非武装化は科学研究への資金供給方法の変更を必要とする。軍事研究のためのお金は政府あるいは財界から来ている。軍にとって利害関係のある分野で研究する大学または学生には助成金が与えられる。多国籍企業がハイテク研究にお金をつぎ込むと、税を「免除」される。これが実情である限り、軍から国の必要に向かって資金移転することは難しくなる。もし、私たちが新しいタイプの地球規模の安全保障を追求するなら、国家の研究上のすべての優先権は文民統制下に置かれなければならない。そして、研究は国民の精査を受けねばならない。このようにして、学問の自由が守られ、同時に破壊目的あるいは暴力目的のために利用する開発からも解放される。

研究をコントロールしその方向を直すために、以下の実行可能なメカニズムが考えられる。

- 五万ドルを超える資金を必要とするすべての研究提案を再評価する「国際研究評議会」（ＩＲＣ）
- 五万ドルを超えるすべての研究助成金に対処するために、ＩＲＣの一部としての各主要分野の国際的大学再評価パネル（メンバーは一年毎に変更）
- 大きな研究助成金の提案それぞれが、発見された成果の軍事利用を阻止するために固有のメカニズム――すべての結果の公開発表を含む――を提供する
- 五万ドル以上の研究提案はすべて学際的であって、倫理科学と社会科学から少なくとも一人のパートナーを、また二ヵ国以上の研究チームメンバーを含む
- 現在ガン研究プロジェクトが毎年刊行している出版物と同様の、資金を提供された研究すべての国際的出版物
- 北半球と南半球の大学間の共同研究

武器や人権の管理と同様、このような地球規模の研究規定を尊重しているかどうかを監視し、強制的に守らせる能力のあるNGOが今後出てくることだろう。さらにまたここでもっとも重要なのは、目的の透明性と協力と学際的な取り組みである。

草の根活動の重要性

普通の人たちは「国際司法裁判所」や国連総会に直接出入りすることはできない。といっても、大変意味深いやり方で二つの国際機関に効果的に影響を与えている。「国際司法裁判所」の決定を考察して、「国際平和ビューロー」のフレドリック・ヘファメイルは述べている。「このケースは、自国の政府だけではなく、世界の人々に奉仕するとされる『国際司法裁判所』のような国際制度を利用するために人々を組織化することができるという力強い例である」と。[*24]

核兵器に反対する世界的世論の一致は注目に値する。国際的な支持と多くの草の根の積極行動が、全面的な核軍備の撤廃に向かって精力的に機能している。民主主義世界のリーダーであると主張する国で、政府があまりに世論を知らないことには驚くばかりである。

八〇以上の国から一万人の草の根活動家が一九九九年、国際的資金援助もなしに「ハーグ平和会議」に結集したが、この時、非政府の国際的協同の力が再び証明された［訳注　一八九九年、ロシア皇帝ニコライ二世の呼びかけで開かれた第一回のハーグ平和会議の一〇〇周年を記念して開かれた。一九〇七年の

第二回会議で非人道的戦闘行為を制限するハーグ条約が締結された」。もしその場にいる一人一人がオランダまで足を運べなかった一〇〇人の他の活動家を代表したとすると、控えめに見て世界的連合の大きさは一〇〇万人となるだろう。同様に多数の活動家が、一九九九年一一月には、「世界貿易機関」(WTO)の政策に反対するキャンペーンのためにシアトルの街路に結集した。二〇〇〇年の四月には、世界の貧しい人々の必要を満たすことができない「国際通貨基金」(IMF)と「世界銀行」に抗議するためにワシントンDCに集まった。シアトルでは、路上での抗議は会議に参加した発展途上諸国の代表たちの反対意見に共鳴した。ワシントンの会議は七つの指導的先進国だけの参加であったから、この相乗作用は観察できなかった。

変化のためのエネルギーが大きくなりつつあり、先進国の非政府組織と発展途上諸国の意義深い連合がこのエネルギーをどんどん大きくしていると信じることは、間違いなく正しい。建設的なやり方でこのエネルギーに方向性を与えることが重要となる。本書の第Ⅱ部で指摘したように、好戦的な国家がすでにほとんどのタイプの核兵器をやめて種々の電磁ビーム・パルス兵器の使用に近付いたという証拠がある。初期の平和運動の多くが解散し、他の人たちが核兵器の解体に注意を向けた。私は一部の軍事戦略家がこの状況に非常に満足していても不思議ではないと想像する。

現在、地球の高層大気における戦争を阻止するための組織は反核運動と同じようには組織化されていない。しかしながら、電磁兵器、プラズマ障壁およびレーザービーム兵器の問題は類似のイニシャティヴに従うことができる。宇宙にプルトニウムを送ったカッシーニロケットがこれまでのところ最も多く大衆の注意を引き付けた。二〇〇〇年四月一四~一七日には、ワシントンDCで「平和のために宇宙を守ろう」と呼ばれる大集会があった。[*25]

人間と環境の安全保障の必要、およびその必要を支持するために普及しなくてはならない条件についてのフェミニスト批評にとっても、時は同じく熟している。フェミニストの見解は長い間、国際的観点に欠けていた。それでもなおフェミニストの見地は平和の修復と外交にとって重要である。軍の描く絵を刷り込まれた人たちには、軍人は女性を守り、女性は何かお返しをしなければならないとするあからさまな思いこみがある。フェミニスト研究者ベティー・リアダンは軍国主義に対する女性たちの抵抗を高めた職権濫用を五つのカテゴリーに分けた——市民社会への軍の濫用、軍内での濫用、軍事大国の濫用、公共的な責任の怠慢、女性たちへの軍の暴力。「軍国主義化は軍の過度の特権化、政治的な出版物や諸問題への軍の権威の適用を伴う」とリアダンは書いた。そして、軍ベースから人間ベースへのパラダイムの転換を主張している。[*26] 私はさらに先へと進んで生態学的安全保障を要求したい。

フェミニスト批評はまた文化的に容認された暴力の問題を探究するだろう。若い人たちに対する軍と宇宙空間の強硬な売りこみはあらゆる形態のメディアでよく目につく。テレビやビデオゲームを通して暴力が私たちの家庭に押し入ってくる。ゲームをしていると、プレーヤーは命令によって「敵を攻撃する」ために素早くかつ考えなしに行動しなければならない。これは、もちろん、戦争の現実から遠くかけ離れている。しかし、それは武力紛争が容認できるという考えを強めるし、子どもの知的発達にも役立たない。

普通の人たちが軍の存在にたいして必要な二つの重要なもの、合法性と資源を提供している。資源は天然資源、人間の知性、お金、若い新兵を含む。もし私たちが、紛争を解決する不法な手段であり、私たちの資源を吸い上げるものとして戦争を見始めるなら、強力なメッセージを政策の策定者たちに送ることになる。私たちの社会団体や政治組織は、また、変革のためのこの動きの一部を構成することができる。教会は非暴力の論争を促進できるし、軍の牧師は軍人の間で意識を高めることができる。学校は歴史の最もダイナミックな力として戦争よりむしろ平和を教えなければならない。そうすれば、子どもと大人が同じように暴力に訴えないで問題を解決する方法を学ぶことができる。私たち一人ひとりがこの過程において重要であり、それぞれが平和のために協力の仕方を見い出すことができる。

非暴力のための一〇年――二〇〇〇年から二〇一〇年

一九九七年九月、「和解のための国際連帯」〔訳注　社会などの転換の手段として積極的非暴力主義を誓約する人々の国際的運動〕が、二〇人のノーベル平和賞受賞者と共に、新世紀の最初の一〇年を「非暴力文化のための一〇年」と宣言するよう国連総会のすべてのメンバーに訴えた。この一〇年は身体への暴力、心理的暴力、社会・経済的暴力、および全世界の子ども達に犠牲を強いる環境への暴力を排除することに焦点をあてようとするものだ。[*27] 子ども達は、学校で、路上で、家庭で、そして共同体で攻撃的な事柄が起こるのを見て残忍になる。ルワンダ、イラク、バルト諸国で紛争にさらされる子ども達が何を目撃したかを思い浮かべてほしい。子ども達はその経験によって深く傷つけられ、そして、しばしば大人になって同じことを繰り返す。

このような考えにとって機は熟しているように思える。戦争と暴力は、これまであまりにも長い間、認められた不正行為、そして権力、資産、富への規制されることのない欲望に応えるものとされてきた。私たちは、古いパラダイムを乗り越えて考え、また別の選択肢を想像する必要がある。非暴力文化の一〇年は核不拡散条約の国連による再検討で幕を開ける——核の不拡散をすべての戦争と大量破壊兵器の不拡散へと拡大するための機会を失ってはならない。

★The Earth Charter 地球憲章
持続可能な開発を!!

第7章　生態学的安全保障

ブトロス・ブトロス＝ガリは、一九九五年、コペンハーゲンの「社会開発サミット」〔訳注　一九九五年三月デンマークのコペンハーゲンで開催され、世界各国の指導者一一七人が、貧困の克服、完全雇用、安定した安全かつ公平な社会の実現を各国の最重要目標にすると宣言した。同時に開かれたNGOフォーラムは、サミットの宣言は「開放的自由主義的経済の力」に依存しすぎているとして、もう一つのコペンハーゲン宣言を発表した〕において、国連がよって立つ安全保障の概念、すなわちある国の他国への文字通りの侵略攻撃を阻止するというようなことは、今日ほとんど存在しないと主張した。[*1]彼は、増加する国内紛争、集団移動、都市スラムの数の増加、増大する社会的緊張、心理上の苦痛や病気、国際的麻薬取引、組織犯罪、過剰消費、汚染によって特徴づけられる「人間の安全保障の新しい危機」について述べた。

私たちが次世代と地球自身のために安全を確保できる最良の方法は、経済プログラム、健康プログラム、環境プログラム、および社会プログラムを健全に組み合わせることによって得られるというのが私の信念である。大気・水・食物の保全と健全な経済と健康な社会の存在、これら三者は今日密接に結びついている。このバランスの一部分が犠牲になれば、三つともが失われる。これらの新しい安全保障の必要を満たすためには、環境を破壊するのではなくよみがえらせながら、人々を社会の周縁に追いやるのではなく権限を与えながら、社会の利益を公平に配分しなければならない――このようにまとまりつつあるコンセンサスに、ユニセフは注目してきた。将来の政策は、貧しい人々、自然、民主主義、女性と子どもを支持するものにならなければならない。新しいプロジェクトの評価のための、なんと素敵なチェックリストだろう！

私は迅速な「外科的」活動を解くカギとして軍を選び出した。しかし、軍の活動にたびたび直接に関係する社会上、環境上の諸問題を解決しようとすれば、もっと時間がかかるかもしれない。地球に生じている幾つかの問題は、故意の実験やまちがって導かれた優先事項の副作用であることを理解し始めるにつれて、人々は怒りをもって応えるだろう。この怒りを積極的なエネルギーに変換し、実際的なやり方で私たちの状態をいかに改善すべきかに集中することが重要である。軍を次第に廃止していくにつれ、生態学的安全保障の導入や持続可能な開発は、協同的で学際的なアプローチ、専門技術やアイデアの共有、地球規模と地元の両方での行動を必要とするようになる。重ねて、私たちは、警戒を怠らず、自己修正のきく政策を採用し、自分たちの成功と失敗に留意し続けなければならない。

経験を出し合うことは、問題の原因を突き止めその解決に取り組むとき、非常に重要な資源となる。ベトナムでオレンジ剤にさらされた兵士の病気に気づいていれば、例えば、ナイアガラの滝、ラブカナル地域の住民が自分たちの経験している症状を理解する助けになっていただろう（一五七頁参照）。

ほとんどの環境保護の大きな組織は今日、国連の組織に完全に編入されており、他の政府機関はその洞察を役立てることができる。結局、軍に反対する運動を行っている多くの組織は、この「知識の共有基金」に加わることが必要となる。軍事汚染や環境操作の理解を豊かにするために、また他の政府機関が平和のニーズに適切に応えられるようにするために。

個人あるいは環境に与えた危害は、「国益」――通常は国家の安全や観光事業――を守るために、ほとんどいつも沈黙させられてきた。世界的組織に加入すること、および地元の問題を国際的レベルで提起することは、偏見のない注意を獲得する上で助けになるかもしれない。グローバルな村落共同体を形成するために、国家的忠誠と敵対は真剣に再考される必要がある。私たちは惑星地球の市民となるが、なお、地球の持つ私たちの独特な部分、自らの言語、文化、文学、芸術を愛しながら、しかし、過去を支配した競争や敵対を排除する。最初に自国の争いを越えて手を差し出すことの価値を私に教えてくれたのは、広島と長崎の日本人被爆者であった。彼らは一九七八年の夏に行われた記念式典に私を招待してくれた。私は、日本の被爆者の被害は核実験に従事した兵士と退役軍人、ビキニ環礁の核実験場の近くに住んでいたマーシャル諸島の住民と同じであることを確かめることができた。私は日本の被爆者を米国の数人の退役軍人に紹介した。被爆者はこの「敵」を自分たちの賓客として日本に招待したが、この光景を見るのは感動的であった。日本の被爆者たちはゲストに名誉を与え、そして戦争による憎しみより共通の苦しみに基づく新しい友情のきずなが結ばれた。私たちは、普遍的な人間性を見い出すために、互いに破壊しあう必要はない。広島と長崎の日本の犠牲者は一度も復讐を口にしたことはない。彼らは急進的平和主義者となり、地球市民というものを受け入れた最初の人々のなかの一員であった。

したがって、私は、この最後の章で、持続可能な開発の複雑な問題にすぐに対処できる地球規模の組織と、すでに達成された基礎的な仕事について概説することに決めた。このグローバルな活動とより地方的な関心や活動グループをどのようにリンクできるかを検討したい。経済問題、環境問題、公衆衛生の問題が数え切れないほど緊密に結ばれているという事実を繰り返し述べるのは大事なことである。環境を守るための措置が人間の健康の増進をもたらし、健康がよくなれば経済に有益な効果を与え、健全な産業活動は私たちが住んでいる土地の安全を劇的に改善することになる。これまで見てきた軍事的濫用の全体像は憂うつなものであった。けれども、今日とられている多くの適切なイニシャティヴが革新と回復に向かう人間の大きな可能性を証明する。

環境保護と持続可能な開発

地球憲章

「人権誓約」は第二次世界大戦後に広められ、人から人への期待される行動を概説したものである。個人あるいはグループは、民主的な選挙、予期せぬ一撃による権力の奪取等々を通して、他に対する力を獲得するかもしれないが、この「力」には及んではならない限界がある。例えば、いかなる国においても、合法的に逮捕された人が拷問にかけられるとか、あるいは非人道的状態に置かれるとかされてはならない。そのような扱いをすれば、その人の人権を侵害することになるだろう。ハーグの国際法廷はこれらの誓約を遵守できない指導者を起訴することができる。

私たちの人権誓約は、第一に政府と国民の間の関係を取り扱う。人権誓約は、動物、生存する生きもの、あるいは地球それ自身の権利を明確に表現していないが、このような権利を明確に表現できれば、「力」を持つ人たちが合法的に行ってよいことに境界線を設定できるだろう。第二に、私たちの人道主義あるいは経済的要請を満たすことのできない諸国に課される罰を規制するようなガイドラインはない。ボイコット、制裁、侵入的調査、爆撃、食糧と医薬品の拒絶、飛行空間の否定、これらすべては罰せられた国の内部に住んでいる人々の健康と生活の質を脅かしている。国連によれば、イラクでは、制裁が年間九万人（一日当たり二五〇人）の死者を増やした。[*2] 一九九〇年代を通して国連安保理は一二ヵ国を経済、貿易、武器の禁止下に置いた。[*3] ニューヨークにある「国際平和アカデミー」は、研究報告『制裁の一〇年』を発表して、多くの場合、制裁はその目的を達成できていないと言及している。[*4]

一九九二年のリオ地球サミットを準備するにあたって、地球とすべての生き物にたいしてあるべき人間の行動を明瞭に表現する「地球憲章」をつくり出すことに多くの努力が向けられた。大量破壊兵器を撤去するため世界的に意見の一致を得ることは比較的簡単であったのに、環境に対する受け入れ可能な行動様式の合意はずっと困難であった。文化的・宗教的実践は、仏教徒による最も下等の昆虫の保護から、地球資源は「最も高等な」創造物である人間のためにあるというキリスト教徒の教義にまで及ぶ。そのためにリオサミットまでに、ほとんど一〇〇の異なった「地球憲章」が提案された。その幾つかは非常に長いものであった。それでも、「地球憲章」がこの惑星の未来にとって望ましいだけではなく重要であることも、明らかに認められた。世界中で採用されている経済発展モデルは、地球を収奪するものであり、持続可能なものではない。

リオサミットに続いて、出された考えを調和させ、比較的短く、世界的意見の一致の基礎を形作る文書を考案するために、国際NGOの集まりが提案されたすべての「地球憲章」を吟味し始めた。先住民の組織、女性のネットワーク、青年と信仰グループ、大学、学校、消費者団体、労働組合、平和グループ、経済団体、地方自治体、科学組織、環境保護団体、研究センター、国連諸機関、グローバルな統治組織、メディア・ネットワーク、これらすべてが相談に加わった。(たいていの価値ある国際活動の典型であるが)多くの小さい組織と個人が何の報酬もなしにこの仕事に自らを捧げた。最終的に、「リオ＋5会議」で検討するための草案の文書が用意できた。

地球憲章

基準草案Ⅱ　省略版　一九九九年一〇月

ともに希望を抱いて私たちは以下のことを誓う――

1　地球とすべての生命を尊重する。

2　多様性に富んだ生命共同体全体を大切にする。

3　自由で、公正で、参加できる、持続可能で、平和な社会を築こうと努力する。

4　現在と未来の世代のために地球の豊かさと美しさを確保する。

これらの目標を達成するために、私たちは以下のことを行う――

5　生物学的多様性および生命を維持し更新する自然のプロセスにとくに配慮して、地球生態系の完全な状態を保護し回復させる。

6　生態学的保全の最善の方法として環境破壊を予防する。また、知識が限られている時には用心深い方法をとる。

7　思いやりを持ってすべての生きものを扱い、生きものを残酷な行為と理不尽な破壊から守る。

8　地球の再生容量、人権、共同体の福祉を尊重し保護するような消費・生産および再生産の形態を採用する。

9　経済活動が公平かつ持続可能なやり方で人間の発展を支え促進するよう保証する。

10　倫理上、社会上、経済上、エコロジー上の要請として、貧困を撲滅する。

11　人々の尊厳、身体的健康と精神的健康状態を支えている環境に対するすべての人々の権利を、差別することなく、尊重し守る。

12　生態系についての世界的な協同研究、知識の普及と応用、クリーン・テクノロジーの開発、採用、移転を推進する。

13　意思決定における情報へのアクセス、包括的な民主的参加、統治における透明性、誠実さ、責任を確立する。

14　持続可能な開発にとっての必要条件として、性の平等を確認し促進する。

15　公正で持続可能な共同体を築くために必要な知識、価値、技能を正規の学校教育および生涯の長期学習の不可欠の一部にする。

16　平和と協力の文化を創造する。

「地球憲章」の全文はインターネットで見ることができる
http://www.earthcharter.org/draft/.
「地球憲章」に関連した教育資料は以下から入手できる
Global Education Associates, 475 Riverside Drive, Suite 1848, New York NY 10115 USA.

「地球憲章」が潜在的に持っている詩的な趣きとバランスのとれた構造のいくらかは融合されたことで失われてしまった。しかし、提案された文書は、会議でさらに修正され、八〇以上の国の政府、

NGO、経済団体を代表する七〇〇人の代表者によって満場一致で受け入れられた。憲章は、国連加盟国に広められて、一九九七年六月から二〇〇二年一二月にかけて、公認の再評価プロセスでさらに磨きをかけられる。憲章は十分に受け入れられてきた。そして署名は二〇〇二年一二月と予想されている。それを批准するために、加盟国政府にたいしてその国境内で施行するよう勧告が出されることになる。もし成功すれば、「地球憲章」は環境に関する国際法を構築するための土台となるだろう［訳注　二〇〇〇年、パリのユネスコ本部で開催された地球憲章フォーラムで最終原稿が完成。二〇〇二年のヨハネスブルグ環境開発サミットで発表された宣言は、持続可能な開発に関して「地球憲章」とほぼ同じ文言を用いて、その倫理観を重視している。しかし、「地球憲章」は、地球とすべての生命の尊重、平和の重視において、「ヨハネスブルグ宣言」を超える内容を含んでいる。現在、「地球憲章」支持の輪を世界中に広げるための「地球憲章イニシャティヴ」が進められている］。

「地球憲章」は軍の将来にたいして特別の意味を持つ。憲章は「自由で、公正で、参加できる、持続可能で、平和な社会を築こうと努力する」、および「平和と協力の文化を創造する」ことを約束する。すべての国は「生物学的多様性および生命を維持し新たに生み出す自然のプロセスにとくに配慮して、地球生態系の完全な状態を保護し回復させる」義務があるので、産業がオレンジ剤のような有害な化学物質を生産する余地はほとんど残されていない。また、もし、「人々の尊厳、身体的健康と精神的健康状態を支えている環境に対するすべての人の権利を、差別することなく、尊重し守る」なら、一つの国が他国に壊滅的被害を与える制裁を容認することはできない。

環境の世界的統治

「地球憲章」の遵守を監視するために新しい組織を結成し、その条項の法律上の施行を監督するために「人権裁判所」〔訳注　米州人権裁判所、欧州人権裁判所がある。国際的な人権裁判所で、個人が国家や企業を訴えることができる〕に類似した何らかの組織が確立されることが期待される。環境法廷は、イラクやユーゴスラビアにおける劣化ウラン弾使用のような問題、あるいは兵器実験場のそばで生活する人々に生じている健康上の問題に判決を下すことができるだろう。より周到なモニタリングで、異常気象が人間活動の直接的影響と考えられるのか、間接的影響と考えられるのかを識別することが可能かもしれない。違法薬物の貿易、有毒・放射性廃棄物の処理や危険、あるいは遺伝子組み換え食物、および不必要なものを生産するために天然資源を無制限に収奪する事態はすべてこの新しい制度が取り扱えるケースだろう。[*5]

国家、階級、ジェンダー、人種間に力の格差があれば平和よりも対立が促進される。法廷における平等な立場は、同水準で争える、つまり、個人が政府と、またNGOが多国籍企業と対決する機会を提供する。「国際司法裁判所」が環境問題を取り扱うために特別な会議場を設立したけれども、その法規の第三四条が、国際組織、NGO、多国籍または国境を越える企業および個人を巻き込んだ係争事件の審問を禁じているので、裁判所はこの平等主義的な役割を果たすことができなかった。現在のシステムの下では、ただ政府だけが訴訟を起こすか、あるいは告発されて立つことができるだけだ。それでも、政府は、特定の問題について判決を下す法廷の能力に異議を申し立てて非難を避けることができる。多国籍企業は自己規制を受け入れるに過ぎず、それもほとんど実行されることがない。また「経済成長」や「市場競争」を理由に環境のためになる実践を免除してもらうことが多い。「世界貿易機関」の設立およびグローバル資本主義の統合のせいで、人間と環境の権利を強調することは今まで以上に重要である。今のところ、環境の濫用に光をあてるために個人とNGOが入手可能な唯一の武器は情報と宣伝である。[*6] 前に述べたとおり、メディアへのアクセスでさえ困難である。[*7]

三〇ヵ国からやってきた専門家が私的なイニシャティヴを発揮して、一九八八年二月に初めて、環境国際法廷を作ろうとの考えがローマで浮上した。専門家たちは、環境法廷は法的というより道徳的権威を持つだろうと考えた。イタリア・ローマの最高裁判所裁判官であり以前は環境保護の弁護士であったアメデオ・ポスティリオーネ判事が最初からこの努力の先頭に立った。

「環境の世界的統治に向かって」第四回国際会議が一九九四年六月、ベニスで開催された。この会議は、一九九二年のリオサミット以来、環境危機が深まっていることを明らかにした。リオで採択された「行動計画」アジェンダ21は、新しい永久的制度が環境を保護できるように定めた。しかしベニスにおいて、この問題で前進がなかったことが指摘された。一九九四年の会議で出されたベニス宣言は以下のことを決定した。

- イタリア政府およびその他の政府にたいして「環境国際法廷」と「国際環境局」設立のためのプロジェクトを公式に支持するように依頼する
- 本部をベニスにおき全大陸を代表する「永続委員会」を準備するようにイタリア政府に依頼する

• 「永続委員会」にたいして既存の手段を研究し、国際管理と地球環境問題の裁定を保証するために採用され、「環境国際法廷」を設立するための議定書を立案する当面のステップを示すように依頼する[*8]

「国際環境局」は各国が従うべき国際基準を定めるに当たって、「地球憲章」をもとにして仕事を進めることになるだろう。

多くの国連加盟諸国の市民の大代表団がこれらの提案を支持して、今日、団体を組織している。公正かつ健全な惑星と安全な食物、きれいな空気、そして汚染されていない水の権利を求めて、女性たちが特に大声で主張してきた。イタリアの「女性たちの惑星」[*9]、ニューヨークの「女性たちの環境と開発の組織」[*10]は連繋を歓迎する指導的な組織である。アルゼンチンとオーストリアの政府は同じく国際法廷の考えを支持してきた。これと並行して、「人類の平和と安全に対する犯罪のドラフトコード」の枠組みの中で環境罪を定義する作業が、「国際法委員会」を通して国連の中で進行中である。一九九三年五月二六日に、国連安全保障理事会はハーグに「国際刑事裁判所」を設立することを決めた。その司法権が付随的に環境犯罪を含むかどうかは明確ではない。なかにはこれを環境国際法廷に代わる選択肢として推奨する人もいる。しかしながら、環境事件は技術的専門家と科学的専門家の共同作業が幾つかの問題を明確にする必要があるので、刑事事件と環境事件については、判決を下すにあたって必要とされる技能が異なる。

これらの重要な制度の形成を助けることを望む人々のために、アルゼンチン、ベルギー、カナダ、コロンビア、コスタリカ、フランス、ドイツ、ギリシャ、日本、ルクセンブルグ、メキシコ、ポルトガル、スペイン、英国、米国に、全国組織の委員会があり、その数は増大している。[*11] 米国の女性たちは他の国の女性より大きな困難に直面するかもしれないが、女性問題のための国連組織であり、支援のためにはより適切なフォーラムである「国連婦人開発基金」（ＵＮＩＦＥＭ）〔訳注　一九七六年に国連総会で設立された「国連婦人のための十年基金」を改称し、一九八四年に発足したもので、最貧開発途上国の女性たちに、技術的・財産的援助を行うことを目的としている。日本国内委員会は一九九二年に設立された〕に資金を提供することになるかもしれない。一九九九年一二月、米国議会は、国連の会費の一部を支払うことを決めた時、一九九二年のリオサミットあるいは一九九五年の北京女性会議の赤字を減らすことに金を使えないと明記した。米国の金は、一ドルたりとも、「地球気候変動枠組み条約」、「国際海底局」、「砂漠化条約」あるいは「国際刑事裁判所」のために使うことはできない。これは世界のリーダーとしては、異常なほど後退した行動様式である。[*12] ジョージ・ハーバート・ウォーカー・ブッシュ大統領の下で米国は、リオ地球サミットの環境政策の改革にたいして同じような嫌悪感をすでに表明していた。二酸化炭素の排出量が世界中の他のいかなる国より多いにもかかわらず、米国は「リオ＋５」から生み出されて二酸化炭素の排出削減を求めた「京都議定書」に応じなかった。「環境国際法廷」はこれらのむしろあからさまな米国の政策に異議を唱える手段を提供するだろう。

地球評議会

「地球評議会」は一九九二年九月、「地球評議会財団」に由来するＮＧＯとして組織された。環境への敏感さと同じく平和への実践（軍隊を保有していない）によって知られているコスタリカ政府が、サンノゼに事務局を設立するよう評議会に求めて、この新しい組織をこころよく支援した。[*13]「地球評議会」は、国際政治、ビジネス、科学および非政府の共同体から選ばれた二一人のメンバーによって運営される。最初の委員会が組織委員会によって選ばれ、そして現在は民主的交代の方法や意思決定の透明性が検討されている。また、一五人の高名な世界のリーダーからなる「名誉諮問委員会」が選ばれた。一九九六年まで、この組織が世界的規模で役割を果たし始めることはなく、その政策のすべてがまだ適切であるわけではない。しかし、結成してから数年間に、「地球評議会」は多くのパートナーシップを組織して、アジェンダ21を支持する行動の六つの中心的プログラムを確立した。「地球評議会」の任務と目的は次のように書かれている――

いっそう確かで、公平で、かつ持続可能な未来を創るに際して、人々を支え、力を与えること。

「地球評議会」はその作業のために、以下のような三つの基本的目的を持っている――

- 開発の持続可能で公平な形態への移行の必要性に対する認識と支援を促進する
- 意思決定に対する公衆の参加を奨励する
- 市民社会の組織と政府との間の理解と協力のかけ橋を世界規模で築く[*14]

「地球評議会」の会員は、NGOと同様、会社にも開かれている。組織の目標は確かに称賛に値する。しかし産業を包含していることには問題がないわけではない。最初から国連のパートナーであって主としてボランティアによって運営される非政府組織は、大きく十分な資金を持った会社によって、自分たちの影響力が侵害されるだろうと恐れている。産業の「よく響く」声は、民衆の組織としての国連の没落を証明するかもしれない［訳注　原書には付録として「地球評議会」のメンバーリストが付されているが、割愛する］。

もちろん、経済的行動様式に変更をもたらすためには中小企業と同様、大企業を巻き込まなくてはならないというのもまた明らかである。「リオ＋5会議」を私自身が観察したところでは、持続可能な開発のためのビジネス、国際商工会議所、世界銀行の代表たちは政府やNGOの代表とうまく統合されていなかった。彼らは重要な対話に携わるよりは、むしろ会議にアドバイスするためにだけそこにいるとの印象を与えた。商業部門はずっと競争モデルに基づいてきたから、多分、将来、経験豊かなNGOが協力的経営実践についてビジネス側に教え込むことができるかもしれない。

「地球評議会」の六つのプログラム・イニシャティヴは、リオサミットと「リオ＋5」の両方で確認された開発戦略における経済改革の重要な領域の大部分をカバーしている。第一のプログラムは「地球憲章」の持続的発展である。第二のプログラムは、経済政策の成功または失敗について改善された評価を用いた経済改革、および過去に開発を歪めてきた非能率な経済補助金の除去を扱うことになる。[*15] このプログラムは、地方的、国家的、そして世界的レベルで、構造改革の経済政策に取り組む銀行、企業、政府、NGOを巻き込むことになるだろう。

三番目のプログラムは意思決定過程において市民社会グループの関わり合いを強化することに捧げられている。ローカルな変化は調和的なグローバルな変化への鍵だから、一般市民が成長と開発計画に参加するよう奨励されなくてはならない。四番目のプログラムは、持続可能な開発イニシャティヴを、われわれの惑星が生き残るために不可欠なものである戦争の廃止に結合する。このプログラムは紛争解決と調停のためのメカニズムを発展させることになる。それは、公衆衛生、環境、開発、人権の分野において行政監察官が不正行為を正す計画を含んでいる。[*16] どんな間違った決定も修正できるように、このプログラムが政策変更に影響を与えるため迅速かつ正確にフィードバックできる方法を組みこんでいることが重要だと私は信じている。

「地球評議会」の五番目のプログラムは、主として、専用の「持続可能な開発のための地球ネットワーク」によるインターネットを通じたパートナーシップ・リンケージである。このようにすれば、世界全体の膨大な数の人々が、すばやく新しいデータにアクセスして自身の見地から見て適正な情報に介入することができるだろう。私は、特にこの「地球評議会」戦略が、例えば、戦争で使われた武器によって傷害を受けたのではないかと懸念する退役軍人がその心配事を持ち込む格好の場を提供するだろうと思う。「地球評議会」は、国の行動計画によって束縛されることなく、問題の中立的評価を提供することができるだろう。明らかに、データの組織化、アクセスのしやすさ、およびこのような仕事の非検閲は、その成功にとって極めて重要となる。同じく、事実と憶測とを区別できるように、また、目的を共有しない人たちが出した紛らわしい、あるいは誤った情報にネットワークが攻撃されにくするために、情報源を識別する方法を考案することが不可欠となる。

「地球評議会」の最後のプログラムは、他の五つのプログラムそれぞれへの「特別な支持者」の参加を含む。支持者には、国家的および国際的な問題にたいして平等な声を持たない先住民、女性、青年、信仰グループが含まれている。多分、このことはコミュニケーションと協議の一般に行われている形態が、白人男性によって、白人男性のために、考案されたものだったからである。これは大企業の役員室に入ろうとする女性たちが遭遇する問題である。彼女らが「少年」のように振る舞うことができれば、彼女らは歓迎される。「話棒」〔訳注　米国先住民が何世紀にもわたって会議における公正と公平の手段として用いてきた。先ず長老が話棒を持って話し、意見のある者が順次その棒を持って話す。他の者は静聴していなければならない。棒の両端にはバッファローの毛、ワシの羽、貝、四色のビーズなどが飾りつけられてあり、話す者に霊力を与えるとされている〕を持った人によって開催され、合意によって取り決めがなされ、共同体の円形広場の会議場で行われる協議に慣れている先住民は、「秩序のためのロバートの規則」[*17]〔訳注　米国で権威ある会議の運営則。大多数の動議の可決基準は過半数とされている〕ではくつろいだ気持ちになれそうにない。「リオ＋5」において注目された一つの励みになる発展は、銀行から融資を受ける主要プロジェクト計画に資金を要請している国の地元NGOを含めるという、世界銀行の新しい政策であった。銀行はまた、それらの組織に融資するようになってきた。これは「能力建設」と呼ばれる政策で、その結果ローンの承認のための交渉に彼らが十分に参加できるようになった。

「地球評議会」にとって予知される問題がその形成と成長の抑止力となってはならない。これは新しい時代のための新しい乗り物である。もし適切に支援され奨励されるなら、メンバーたちは、それが変化のための強力な道具となるように基礎を作り上げることができる。

これら地球規模のイニシャティヴと地域をいかに結ぶか

特定の地域のプロジェクトに取り組んでいる一般市民が社会変革のバックボーンを構成している。例えば、健康上の不安に応えると同時に経費を減らそうと、オンタリオの農民はこれまでの一〇年間に殺虫剤の使用を二五％引き下げた。目標は西暦二〇〇二年に、もう五〇％使用を減少させることである。農民たちは殺虫剤容器のリサイクル、および望ましくない、あるいは認められていない生産物の安全な処分を組織化した。「オンタリオ農家環境連合」は農民が直面する一七の重要な環境問題の分析を展開して、完全な「環境農家計画」を呼びかけている。

地域のイニシャティヴはより大きい国家のあるいはグローバルな計画から情報と支援を得ることができる。このようなプロジェクトに対する支援ネットワークは、「地方環境イニシャティヴのための国際評議会」（ＩＣＬＥＩ）を通してゆっくり築き上げられている。ＩＣＬＥＩは「地方自治体のための国際環境局」としても知られており、地方の活動を通して環境問題の防止や解決に専念している。一九九八年には、世界全体で三〇〇の都市が提携しており、その数は急速に増えている。

ＩＣＬＥＩは、「国連環境計画」（ＵＮＥＰ）、「国際地方自治体連合」［訳注　一九一三年に結成された国際的な地方都市の連合組織で、オランダのハーグに本部を置く。現在、世界の約一〇〇ヵ国の、四〇〇近くの地方自治体連合、地方自治体ならびに関係団体、民間団体、個人が会員として加入している］、および「革新的外交のためのセンター」〔訳注　八〇〇〇のNPOから成るセンターで、市民や市が直接に国際問題に参加することによって、地球規模の平和・正義・開発・環境保護を推進することを目的としている〕の後援下で、一九九〇年に開始され、地方自治体の利害を発言できる国連公認の地位をえている。ICLEIは、個人が自分の領域で特定の問題に取り組んで、しかも、地球のあちこちで進行している他のプロジェクトの累積した知識から利益を得ることのできる上部組織となる。究極的には、地方組織が革新的政策の発展にたいして影響を与えるための方法を提供する。[*18]

ICLEIの下に現在二つのプログラム――「都市気候保護キャンペーン」〔訳注　温室効果ガスの削減・大気汚染の改善・都市の居住性と持続性の向上を達成するための政策を採択した世界中の地方自治体の活動をつくり、支持するキャンペーン〕と「地方アジェンダ21イニシャティヴ」がある。「地方アジェンダ21イニシャティヴ」は、最初のリオ会議が生みだした「なすべきこと」の拡張されたリストに基づいている。関係するこれらの組織は、何が地域社会のニーズに最もふさわしいかを選択する。そして、行動計画を発展させ、実施に移す。また、環境監査、排出評価、エネルギー戦略計画、環境予算のような分野のトレーニングを提供する国別のアジェンダ21イニシャティヴがある〔訳注　日本は一九九一年一二月に「アジェンダ21行動計画」を策定した。その中で、地方自治体が持続可能な社会・環境負荷の少ない循環型社会の実現を目指すための具体的な行動計画（地方アジェンダ21）を市民の参加を経て策定するよう求めている〕。「気候保護キャンペーン」は都市が地方の二酸化炭素削減目標を達成するのを手伝う。それは公共建築物および商業建築物におけるエネルギー効率改善の資金調達と実施、効果的廃棄物処理プログラムや土地使用計画による温室効果ガスの削減、輸送部門における排出削減のための戦略の開発への革新的アプローチに集中する多様な技術的支援プロジェクトを行う。

グローバルな計画と結んだ有益な地方のイニシャティヴの一例は、トロント市のためのエコロジカル・フットプリントの製作であり、それは第五章で述べた国のフットプリントのために使われたと同じ方法論を利用したものである。[*19] この分析を通して最も大きい資源の浪費が輸送部門で起こっていることが発見された。フットプリントは、また、屋上庭園、都市農業、地場農産物をより多く購入するというような多様なプロジェクトを引き出した。先進的なドイツの科学者、ハンス＝ピータ・ドゥールは、職業、ライフスタイルの選択、貯蓄に基づく、個人のためのエコロジカル・フットプリントを計算するコンピュータ・プログラムを開発した。生態学的に非常に健全な生活をしている人々が、実際には、預けている銀行預金口座のお金が天然資源を浪費または破壊するプロジェクトに投資されているために、大きいエコロジカル・フットプリントを持っていることに気付くだろうと、彼は指摘した。[*20]

地方や地域の努力のいずれかに関係する市民たちはおそらく、ある局面で生態系を脅かす軍の行き過ぎた行為に気付くことになる。実際、多くの人たちは軍が直接引き起こしたローカルな汚染を処理しなければならないかもしれない。これまでの章で述べたように、旧軍事基地の汚染除去は今日、主要な問題となっている。クラーク空軍基地とスービック海軍基地が適切な例である。[*21] 以前、空軍基地であった土地に住もうとしているフィリピン人は現在、異常な病気を経験している。[*22] 米国会計検査院は、もし、この基地汚染が米国で生じていたら、汚染は財源を超えるレベルとなったであろう[*23]と述べている。しかし、米国政府は一切責任はないと主張している。米国政府は一八九八年付のフィリピンとの契約が汚染除去を含んでいなかったと言う。「ストックホルム環境研究所」や「ストックホルム国際平和研究所」のような組織は、地域エリアがグローバルな枠組みの中でこのような問題を調べるのを手助けできる情報を集めている。

小さな共同体それぞれがセンターを再構築する必要はない。ICLEIのように諸組織を通して可

フィリピン旧クラーク空軍基地における1997年の水質・土壌の評価

6つの使用可能な井戸において、世界保健機関（WHO）の基準を超えるヒ素が発見された。4つの使用可能な井戸、バックアップ用の井戸および廃棄された井戸で、WHO基準以上の殺虫剤ディルドリンが発見された。

ある廃棄井戸は、溶解した固体、硫酸塩、WHO基準以上の大腸菌バクテリアを含んでいた。他の廃棄井戸では、10種の揮発性有機化合物がWHOの基準を超えて検出された。

撤退したキャンプでは、硝酸塩、WHO基準以上の水銀と大腸菌のバクテリアが見い出された。

産業の土壌基準を10～30倍も超える殺虫剤レベルが記録された。また、非常に高いレベル（米国政府の浄化レベル以上）の全石油製品、高いレベルのダイオキシンと多芳香炭化水素がすべてのサイト上で発見された。バッテリー店の近くでは、産業基準の2倍以上の濃度の鉛が検出された。

ジェット燃料、ベンゼン、トルエン、エチル・ベンゼン、キシレンが航空区域で発見された。

サイトと爆撃訓練場の上には、不発弾を含む2つの毒性廃棄物のごみ捨て場があった。

Prepared by Weston Industrial, West Chester, PA, USA, August 1997.

能なネットワークを構成することによって、各共同体は膨大で豊富な情報にアクセスして他のグループの経験から洞察力を得ることができる。ローカルな環境の中で働いていても、私たちは地球全体の健康に貢献している。「グローバルに考え、ローカルに行動せよ」という戦法を思い出そう。

人の健康を守る

人の健康――とくに子どもの健康――への環境悪化の影響を防ぐことは健全な環境政策の基本的構成要素である。環境汚染に関係した病気は、現代の生活の最もむだで悲劇的なジレンマの一つである。ガンはおそらく大衆に最も恐れられている、有害な汚染の副作用である。しかし他の慢性病や命にかかわらない先天性異常も同様に人を衰弱させる。

ガン発生率は二〇世紀を通して増加し続けてきたようである。この増加には、先進国で寿命が延びたことや、感染症による死亡率を低下させた抗生物質の発見がある程度かかわっているだろう。基本的には、私たちの寿命は延び、他の病気にはかかりにくくなっている。その結果、ガン発生の「機会」が増えることになる。とはいえ、発ガンの増加はまた、環境中の人工化学物質と放射性核種の劇的な増加に極めて強く関連している。たいていの有毒化学物質やすべての放射性核種が突然変異とガンを引き起こす。すなわち、そうした変異原はＤＮＡを変化させることができるのである。ＤＮＡは遺伝物質（細胞の遺伝物質）のことで、細胞にたいしてある酵素あるいはホルモンを作り出すよう指示したり、あるいは細胞の成長と休止の期間を制御している。しかしながら、特定の病気を追跡して環境原因を突き止めることはいつも容易であるとは言えない。被曝と臨床的に診断可能な病気の発生との間には、常にある時間の隔たりがある。また、平均的な人は、「有毒スープ」と呼ばれる非常に多くの化学物質に曝されているので、その影響をそれぞれ個別に探し出すことはほとんど不可能である。

この点に留意すると、発ガン率が汚染の影響を測定する際の最良の指標でないことは明らかである。しかし、それでもなお、発ガン率はしばしば公衆衛生の研究で使われる。もっと良い指標は一日または一週当たりの人の呼吸困難の発生だろう。あるいは、人または家畜の流産の割合、鳥または魚類の死、また、バクテリアが突然変異を起こして抗生物質耐性となる割合だろう。これらの指標は環境負荷について早期に明確な警告を与えてくれる。私たちはまた環境汚染の影響についてあまり良い歴史的蓄積を持っていない。公衆衛生の記録を続ける現在のシステムは粗雑で時代遅れである。というのはそのシステムではまだ感染症や食中毒に大きな関心が払われているからだ。発展途上世界では、公衆衛生政策はマラリア、腸チフス、結核のような問題に焦点を合わせている。その結果、有毒な殺虫剤や他の輸入化学物質によって生じる病気の影響は大部分認められていない。妊娠・出産異常、神経・毒物学的影響、慢性病、ガン、遺伝的障害が、住民の一般的健康の指標として今日ではより適切である。これらの要因の健康監視は非常に異なったものなので、データを収集して解釈する方法の大きな変更が緊急に必要とされている。[*24]

動物への影響を考慮することによって、私たちはまた、環境汚染について適切な情報を収集できる。上記のとおり、もし湖の魚の生息数が劇的に減少するなら、その地域に重大な問題が生じている可能性の高い兆候である。私たちはみんな、生物圏の一部であり、一つの部分の健康は全体に影響を与える。非常に単純なレベルにおいて、人々が湖の汚染魚を食べると、食べた人たちの健康が損なわれることがある。動物が健康であることは、きれいな大気や水と同じくらいこの惑星のよい状態にとって重要なのだ。

一九九三年、「五大湖調査協会」[*25]のメンバーが五大湖周辺の汚染「ホットスポット」と推測される場所の関係者に対する電話インタビューを行った。調査委員会は問題のある地域に住む普通の人々が語った健康上の懸念リストを編集した。三二%が大気の質に、二九%が飲料水に、二一%が発ガン率に、一一%が魚の汚染に、そして七%が生殖の健全な状態に言及した。この社会的関心に応えて、「五大湖人の健康影響調査プログラム」が一般大衆向けの二冊のガイドブックを準備した。『環境の汚染物質に曝された人の調査——共同体ハンドブック』と『被曝計算のためのハンドブック』である。彼らは現在、ハンドブック『医療専門家——健康と環境』[*26]の四〇〇ページにわたる草稿に関してフィードバックを受け取っているところである。これらの本は、いかなる共同体にも権限を与えてローカル・イニシャティヴを支援するために利用できる優れた基本テキストとなっている。

五大湖の例は、環境汚染へのとりくみが実行されたどんな研究についても、検閲されていない結果を大衆が入手する必要性を強調している。五大湖流域の女性たちは、行政機関と産業が環境に関する見解を述べても信用できないと主張してきた。軍の秘密を伴った「肯定的メッセージ」は環境問題の重大さについて誤解を引き起こすこともある。明らかに、情報で大衆をおびえさせることと大衆に行動をとるよう促すこととの間には、微妙なずれがある。とくに、まだ問題のすべてに答が出ているわけではないときに、科学的情報を伝達するのは難しい仕事である。[*27]

一人のガン研究者として、私は、一九七〇年代以前に、ガンに罹っていることを患者に話すべきか否かについてのほぼ同じような心理的葛藤を多く見てきた。患者の家族にさえ話そうとしない医者もいた。病気の重大性を知れば、患者が回復しようと努力しなくなるだろうと思われていた。患者はただただ希望を失ってしまうだろうと。しかし、患者にとっても家族にとっても軽い問題ではないにせよ、正直が常に最善策であることが明らかになった。

真実を知らせることが重要であるとの認識が環境に関する公共政策の一部にならなくてはならない。「人々がパニックになるかもしれない」という言い訳を用いて、情報が隠されていることがあまりにも多い。私たちは、現地の地域グループがどんな調査結果についても明確で率直な説明を聞ける、もっと建設的な対話やフォーラムを求めなければならない。相互尊重と協力こそが住民と政府との間に新しいレベルの信頼を創り出すことになる。

子どもへの健康リスク

環境汚染物質が単独あるいは複合で及ぼす全体としての影響はまだ分かっていない。汚染の蓄積はゆっくりしているから、曝された成人における不健康な人の割合は同じく長い時間をかけて拡大する。子ども達は、今日のような高いレベルの毒物にたいして準備できていない状態のままこの世に生まれてくるのだから、特に危険に曝されている。有毒化学物質を変化させ、解毒し、排出する能力の点で子どもは大人と異なっている。しかし、赤ん坊と幼年時代には、骨がよく成長するので、骨の組織は速い速度で入れ替わる。したがって、例えば、蒸留された水を使うなどして重金属や放射性核種が骨に結合するのを減らせることもある。

子どもに対する環境上の健康リスクが重要な世界的関心事として次第に認められてきている。「国連子どもの権利条約」は、子ども達が可能な限り最高の水準の健康および医療を享受する権利を持っており、安全な環境を享受する権利を与えられていると述べている。環境と子ども達の健康との間のこの結びつきは一九九七年三月五日に再認識された。この日、「国連環境計画」と「国連児童基金」のトップが持続可能な開発にとって重要な分野での協力を目的とする合意の覚書に署名した。両者は相互に子ども達の健康を保証するプログラムの実行を支援することになるだろう。環境が子どもにとって安全であるなら、大人はもっと十分な可能性を手にできそうである。

「子ども達の健康、環境、安全に関する国際ネットワーク」(INCHES)が一九九八年八月二八日、アムステルダムにおける「国際小児科協会」の会合で創設された。[*28]

INCHESは、子どもの健康に取り組んでいる人たちが最新のデータを共有し、他の領域の仲間と結んで、それぞれの仕事の学際的かつ国際的性格を強化できる調整組織として機能している。メンバーには、国内的および国際的専門家協会、研究と政策の研究所、支持組織、大学、親と子の組織、国および政府間の機関、および個人が含まれる。[*29]

ユニセフによって準備された一九九五年報告「世界の子ども達の状態」は、「子ども達にとってますます頻繁になる一連の破局」に注意するよう呼びかけた。破局にはルワンダ、モザンビーク、アンゴラ、ソマリア、スーダン、アフガニスタン、カンボジア、ハイチ、ボスニアでの紛争が含まれている。ユニセフによれば、「これらすべての紛争は、工業国から輸出された武器によっていっそう壊滅的になり、何百万という家族への短期の苦しみだけでなく、人間と国の発展に対する長期的影響をもたらした」[*30]。これまでの一〇年間に戦争で二〇〇万人の子どもが殺され、四〇〇〜五〇〇万人が身体障害者にされ、五〇〇万人以上が難民キャンプに押し込められ、一二〇〇万人がホームレスとなった。

退役軍人の被害

軍事行動が生み出した環境上の健康問題が他に類を見ない一群の困難を引き起こしている。過去には、病気を兵器の使用と結びつけようと試みた人たちは、西側では「共産主義者」、東側では「資本主義者」のレッテルを貼られた。私はベインベリーと呼ばれた一九七〇年の地下核実験を思い出す。この実験は大変悪い事態をもたらした。放射性ガスと爆発の破片がネバダ砂漠の表面を突き抜け、発生した有毒な放射能雲は米国を横切って、ニューヨーク州バファローに近接するカナダへと移動した。実験サイトにいた一人の愛国的労働者は、米国の核実験プログラムをくつがえすために「共産主義者」がこれを実行したにちがいないと大声で言いたてた。たいていの軍事プロジェクトはこれと同じような愛国心の重荷を背負っていたのである。

軍事兵器、特に、第二次世界大戦中と戦後に導入された兵器の毒性は広い範囲で軍人の中に病気を引き起こした。原爆を受けた退役軍人は西側とロシアで支援組織をつくった。これらの男性たちは、核戦争の最中に、軍の指揮に応えられるかどうかを確かめるために、大気圏の核爆発の後、爆心地に向かって行進させられた。退役軍人が自分たちの経験を語り、抜け落ちる歯や髪、極端に低下した免疫システム、最終的には致命的ガン[*31]を含む病的健康状態についての経験を話したり苦情を言うことは、愛国的でないと考えられた。長年の沈黙、闘いと拒絶、多数の退役軍人の死の後、若干の生存者たちが一九九〇年代になって補償を受け取り始めた。二〇〇〇年四月には、米国政府が最終的に核兵器生産労働者の作業に関連する病気を認め、彼らもまた補償すると発表した。[*32]米国は、放射線防護基準が放射線障害から労働者を守る[*33]と他国にたいして請け合ってきたので、この出来事は重要な一歩である。

何年もの間、米国政府は、武器製造施設に秘密の覆いをかけて運営してきた。病的健康状態に関するすべての要求は立証責任が犠牲者の側にあるという法廷論争で対抗した。研究、金、法律上の専門知識のすべてが政府の側にあった。新しい補償プログラムは、「前例がなく」、「多くの核爆弾工場の何十年にもわたる危険な作業条件にたいして初めて具体的に責任を認めたもの[*34]」とされている。それはこの業界周辺の核産業にたいして波紋を起こすことになる。

枯葉剤に曝され被害を被ったベトナム戦争の退役軍人たちは同じく、病気への補償を求めるために組織をつくってきた。ごく最近、病気になり死をまじかにした湾岸戦争の退役軍人たちも組織をつくった。退役軍人たちは戦争自体は非難しない。政府が自分たちの障害を認め、支援を拡大し、家族のためにケアを提供するよう求めているだけだ。多分間もなく、この成果は、自分たちの土地で原爆のためのウランが採鉱・粉末にされ、かつ核兵器実験の汚染の影響を被った先住民に広げられるだろう。ケアと支援は、いわゆる「風下住民」、核実験サイトや危険な廃棄物のごみ捨て場の風下で生活する人々のためにもまた必要とされている。

健全な経済

一九六〇年から九三年の間に、新生児死亡率はフィンランドで一〇〇〇人当たり二八人から五人にまで減少した。他方ニジェールでは、一〇〇〇人当たり三二〇人にとどまった。アフリカのサブ・サハラ［訳注　サハラ砂漠以南のアフリカ諸国］すべてで、新生児の平均死亡率は一九九三年に一〇〇〇人当たり一七九人であった。他方、工業諸国では平均一〇〇〇人当たり一〇人であった。この相違の多くは安全な飲料水が手に入らないことや、貧弱な下水設備、医療サービスの不足によるものである。「後発開発」諸国（最貧諸国）では、農村の住民のほんの四六％がきれいな水を利用し、わずか二七％が適切な下水設備を利用しているにすぎない。妊産婦の死亡率も同様に残酷物語である。先進国では一〇万出生当たりおよそ一〇人の女性が死亡するが、発展途上諸国ではその数字は三五一人となり、最貧国では六〇七人となる。貧困、環境悪化、健康と生殖との間の関係は驚くべきものである。[*35]

持続可能な社会を築くには効果的社会プログラムが必要だということはよく認識されている。開発されているか開発途上にあるかにかかわらず、多くの国々で、社会プログラムは資金不足のためにひどく制約されている。多くの行政や慈善の保証が消失するか、あるいは現在のレベルに凍結されると、失業状態が常態化して家族の収入が減少する。その結果、絶望感を持ち、暴力に依存し、さらに自然界を傷つけるに至る。私たちが、社会全体として、手持ちのエコロジー手段の枠内で生活を始めねばならないということには誰も異論がない。けれども、これをどのようにして公正かつ公平な方法で達成するかについては、激しい議論が闘わされている。

多くの国が国内総生産の大きな割合を軍備に向けているので、軍備の必要を地球規模で縮小すれば、間接的に、発展途上国の債務負担を緩和するだろう。実際に、「第三世界の債務」は、これらの国々が国内で資金を使うことができるように帳消しにされるべきだとする要求は、おびただしい数に上った。「国連環境計画」(UNEP)のクラウス・タープファ事務局長は、記者会見で、「債務軽減は持続可能な開発のために必要な前提条件である教育・健康・環境のための財源の増加へと向かう重要なステップである」と述べた。彼はまた、もしこれが良い統治と合わされば、負債の軽減はさらに有効だろうと述べた。「もし政府と地方自治体がもっと良い都市統治に自らを委ねるなら、債務軽減はホームレスや、あるいは私たちの都市で適切な避難所もなく生きている一〇億の人々の生活条件を楽にすることになる[*36]」。

いくつかの積極的な動きが債務軽減に向かってなされてきた――一九九九年六月、G8ケルンサミットにおいて世界のリーダーたちは重債務貧困国イニシャティヴに再び着手することに同意した。およそ三六の国が合計でおよそ七〇〇億ドルの債務帳消しを受け取って利益を得ることになると予想される。しかしながら、債務軽減だけでは世界の発展途上諸国が直面する膨大な諸困難を解決するために前進できない。そこでクラウス・タープファはまた海外の開発援助を増加するよう要求した。

金持ちと貧しい人たちの間の格差は地球のいたる所に広がっている。経済的に発展した国でさえ、ムードは非常に否定的である。多くの場合、これには十分な理由がある。その収入が実際に居住者に行くか否かにかかわらず、国内総生産（ＧＤＰ）は社会において所得を生み出す生産高の総量を測る。上位八ヵ国と最下位八ヵ国の年変化率の間にはものすごい開きがある。[*37] 利用可能な最も最近のデータは、アジア経済の破局以前の一九九四年のものである（表）。

GDP 成長率最上位諸国		GDP 成長率最下位諸国	
ブラジル	10.5%	カナダ	0.7%
中　国	10.3%	アメリカ	0.5%
韓　国	9.9%	日　本	0.3%
マレーシア	8.9%	ケニア	-0.2%
タ　イ	8.5%	トルコ	-1.5%
ベトナム	8.5%	サウジアラビア	-2.0%
シンガポール	8.1%	ロシア	-6.0%
ラオス	8.0%	メキシコ	-10.5%

表面上、ベトナムのような若干の発展途上諸国の経済は急成長しているように見えるだろう。しかしながら、この統計値は、投資がなされて雇用がつくられた国を示しており、必ずしも富が蓄積した地域ではない。生産の所有者はカナダ人、米国人、あるいはヨーロッパ人であるかもしれない。その結果、利益は海外に行くことになる。一九九七年のアジア経済の暴落はこれらの経済的利益がまさにどれほど不安定であり得るかを示した。外国の投資家が投入資金を引き上げれば、全経済の崩壊が起こるだろう。

カナダ、米国、メキシコの個人や多国籍企業は世界の他の地域で雇用を作り出して大いに利益を得ているかもしれないが、この三国が雇用の成長地域でないことははっきりしている。このような国の一般市民は、仕事の機会の減少や金融不安の増大を経験することになる。現在、世界の経済構造の推進力は富への貪欲さであり、軍事力がそれを防衛しているのだ。

いいニュースは環境上の要請が直接雇用を提供するということである。例えば、カナダだけで、現在およそ五〇〇〇以上の環境関連ビジネスがあり、三〇万人を雇用している。この部門の年間売上高は今日、およそ二二〇億ドルの価値を持っている。[*38] この部門を強化して、政府、大学、環境保護NGOの間にパートナーシップを形成することで、おそらく、私たちは生態学的安全保障を破壊するより、むしろそれに貢献するいっそう堅実な経済の構築を始めることができる。私たちは同じく「クリーンな生産」に向かう産業の奨励に集中できる。産業がクリーンな生産に変わるなら、環境上の健全さへの不安は減少することになる。以前の章で述べたように、産業は裕福な人たちのためのぜいたく品ではなく、地球規模の必要を本当に満たす製品を作るべきである。すべてが私たちの考え方の巨大な転換を必要としている。競争ではなく、チームワーク、協力、責任が、新しいビジネス・パラダイムにならなくてはならない。そのための技量を身につけるには時間を要するかもしれないが、努力に値することは確かだ。

市民の活動のいくつかの推奨例

たとえ、このすべてが達成困難だと思われるとしても、私たちは、より公平な実践をもたらす試みを思いとどまるべきではない。よく知られた組織の後ろ盾があるなしにかかわらず、傑出した個人がしばしば公共政策に影響を与えてきた。ある連合の中で働くことは、もちろん、変化をもたらすための強力な方法である、そして世界全体の非政府組織によって達成された成果は市民運動の力と可能性を証明している。

もともと、ほとんどのNGOは、人権や紛争の解決について、教育、難民、国内移住民への支援提供のサービスを行う組織であった。この組織は、技能、知識、影響力を持っていて、それらを受益者の自由に使わせ、干渉にたいしてよりよい状態を作るよう望んでいる。赤十字社／赤い三日月、リーガルエイド［訳注　法律扶助組織］、国境なき医師団のような組織が心に浮かぶ。サービスが称賛に値するものであり、不幸にもいまだに必要とされる一方で、二〇世紀の最後の一〇年はNGOの活動が政治運動や政策形成のような領域を含むまでに拡大した。これらNGOのイニシャティヴは永続的に重要な構造改革を起こす。ここではNGOの少数の例を示したが、世界のいたる所に非常に多くのNGOが存在する。読者がこれらの積極的な行動の例によって勇気づけられることを希望している。

「経済的優先に関する評議会」（CEP）

これは、国家機密に関する政策、エネルギーと環境、および企業責任の分析を専門に行う独立の公共事業組織である。企業責任の下で、倫理的投資、政治活動委員会、公正な雇用、消費者問題を分析する。一九八六年にCEPは、「アメリカ企業の良心」の評価、および消費者の『より良い世界のための買い物』を出版した。一九九〇年には、「企業の良心賞」を創設した。そして社会的責任を果たしている企業を認証する仕事を世界的規模で行っている。*39

エコロジー経済学のための国際学会（ISEE）

これは、論点を結合して戦略を工夫するために、エコノミストやエコロジスト、学者、活動家に重要なフォーラムを提供する。その形成に携わった重要人物の一人は、米国、ブラジル、オーストラリアで経験を持つ経済学者ハーマン・デイリである。彼は、経済学、生態学的持続可能性、倫理的行動様式の間の関係について広範囲に書いてきた。この組織は経済学が環境破壊にどのようにかかわるかの理解に関して重要な貢献をして、将来、何ができるかについて実行可能なアイデアを与えてくれる。[*40]

兵士の母親委員会（ロシア）

「兵士の母親委員会」は、もともと、若者たちを学校にやるために、わが子を兵役から家庭に連れ戻そうとして、一九八九年に創設された。母親たちはこの目的で一八万人の若者を家に連れ戻すことに成功した。また、軍で普通に行われていた日常的な乱打、虐待、屈辱などを発見して、多くの行為に抗議した。彼女らは軍には十分な食物やその他の必需品がなく、兵士のおよそ三〇％が建設のために使われ、事実上奴隷のように扱われたことを見い出した。改革および民間による軍の監視を求める母親の要求の幾つかはゴルバチョフ大統領によって認められた。しかし、大部分は重要視されなかった。また、母親たちは健康上の理由で退役した軍人のためにリハビリテーションセンターを設けた。これは拡大されて、徴集兵とその親のための人権教育を含むようになった。母親たちは立法化の提案と非暴力の抗議行動に取り組んだ。チェチェン戦争中には、何百という母親が息子を家に連れ戻すためにチェチェン共和国にでかけた。彼女らは「母親たちの思いやりの行進」を組織して請願と陳述でロシア議会を攻めたてた。その組織はほんの五人の女性たちが始めたものだった。[*41]

ケララ科学作家フォーラム（ＫＳＳＰ）、**インド**

この組織はもともと、地元の言葉による科学報道に焦点をあてていた。ＫＳＳＰは、インドで多くの類似組織が現れるのを激励して「人民の科学」の運動となった。それは今日、およそ二〇〇〇の組織に属する六万人のメンバーを擁している。現職教員の教育を提供し、カリキュラムと教科書を評価し、革新を促進し、子ども達のために科学本と定期刊行物を出版し、大規模な「子ども達のサイエンス・フェスティバル」や教師の交換プログラムを行う。グループの援助により、ケララは一九九一年までに全住民の識字を達成した。ＫＳＳＰは健康、女性の問題、研究開発にたいして相当な影響力を持ってきた。その収入の大部分は、本の戸別販売を含む出版物から得ており、外国の金融支援を受けないでやってきた。[*42]

サハバット・アラム・マレーシア─サラワク（ＳＡＭ）

「マレーシア地球の友」は、環境の健康問題、先住民の権利、熱帯林の保護、伐採、汚染、土壌侵食、土地損傷に関わるキャンペーンに取り組んできた。しばしば、政府が抑圧的姿勢をとるにもかかわらず、ＳＡＭは、「ペナン消費者協会」（ＣＡＰ）、「アジア・太平洋人民環境ネットワーク」、「第三世界ニュース・ネットワーク」のような影響力のある他のマレーシアの組織と一緒になって、不公平な開発政策の主要な問題、すなわち原産種の消失、殺虫剤汚染、企業責任、持続可能な農業に市民社会と政府の関心を集中させた。ＳＡＭは『一九八三〜八四年マレーシア環境状況報告』で環境レポートの考えを切り開いた。[*43]

オルタナティヴな開発のためのセンター

「オルタナティヴな開発のためのセンター」は、マンフレッド・マックス＝ニーフによって一九八一年にチリで設立された。「人民に役立つように経済を実践する」ことを目指す。組織は独立性を激励し、人間の基本的要求を満足させるように開発の新たな方向を定めようと試みる。これは、農村と都市の両方の小・中規模の共同体の再生や開発に関する情報センターである。マンフレッド・マックス＝ニーフは人間の諸要求（持つこと、すること、生きること）と道徳的価値について、将来の発展を助ける活動を行っている。[*44]

私たちの手中の未来

このノルウェーの研究所は、危機に対するオルタナティヴな政治的解決を研究し報告する。「社会・地球および環境の価値を経済的動機よりも上に」置く社会の必要を促進し、工業世界と発展途上世界の両方に対応する動きを調整する。三〇〇万ドルの年間予算を持ち、二〇以上の国のプロジェクトに資金を供給する。[*45]

前へ進む

過去五〇年以上にわたり、国連の種々の機関は、どちらかと言うと奇跡的に、世界的変化のために多少なりとも効果を発揮する機関に発展してきた。これは、スタッフの多国籍／多言語性、およびその任務の拡大によって困難なものであるにもかかわらず、注目すべき成果を上げている。国連に対する世界の期待には大きなものがある。しかも国連は莫大な財政的不安定に耐えてきた。歴史におけるこの決定的な時期に、持続可能性と真の安全保障の方向を確実なものにするため、国連とその諸機関および委託機関の組織を再考することは重要である。私たちが目指すべき新しいビジョンとして、人間の安全保障を再定義することも同じく重要である。

国連は最初から物理的強制力を欠いていたから、合意の構築と道義的説得という、どちらかといえば女性的な特質を発達させてきた。最近、速やかに継続される国際会議を通して、国連は、環境保護、持続可能な開発、人権、人口のコントロールと女性や子どもの権利を促進するアジェンダに対する支援を築き上げてきた。この合意はまだ行動に移されていないが、その活気が行き渡ることになると私は信じている。

女性たちが社会変化の源であることもたびたびであった。最近では、国連機関をリードする二人の女性の長、UNEPのエリザベス・ダウデスウェルとユニセフのキャロル・ベラミーがいる。バーバラ・ウォードはルネ・デュボイスと一緒に『ただ一つの地球』という本を執筆した。ストックホルムにおける一九七二年の国連会議の課題に環境を設定する上で、この本は非常に重要であった。特に、この本は、環境変化の社会的、政治的、経済的次元に政府が関心を持つことに大きな正当性を与えるのに貢献した。一九九五年の北京での世界女性会議には信じられないほど多くの参加があり、歴史上初めてNGOの並行会議の方が政府の会議より多くの参加者を集めた。これらはすべて明るい徴候である。

しかしながら、大国と多国籍企業は侵略的市場経済における世界貿易の必要に国連を適応させようとしてきた。理論では、これは皆のために雇用と生活水準の向上を生み出すものだという。現実は違っている。商業の美化は、最悪時には、直線的思考となり、環境事業や社会事業にはほとんど関心を示さない。西側世界は、軍事的競争からグローバルな貿易政策へと移行し、貿易上のコントロールを安定化させるために、国連を使おうと試みてきた。国連内における権力と影響力のためのこの闘いの結果は、地球の未来の健全性にたいして巨大な影響を与えることになる。

現在の世界貿易戦争は射撃競技と同じような持続不可能なシナリオを提供するように、私には思われる。それは経済が発展途上にあり苦闘している諸国にたいして構造調整の「論理」を課して、次々に貧困、病気、犯罪を人々にもたらしている。「治療法」こそが問題を作りだす。貧しい人たちがもっと貧しくなり、金持ちがもっと金持ちになるという状態のもつこのような不安定性は、腕力あるいは抑圧で「処理」できるものではない。貪欲、暴力、目先の目標達成は、少数の人々に、短期間「良い生活」を意味することになるが、周知のように、究極的には環境と社会の破壊をもたらすことになる。代わるべきものは、広範囲にわたる行動様式の変化、スケールの大きな判断、持続可能な開発に導く価値と行動様式である。それはやって来るのが遅かったが、生が死より強いと人が信じる時、人は流れに立ち向かうことができるし、またこの変化を待ち続け、この変化のために働き続けることもできる。

国連が一九四五年に創設されたとき、より実践的な構造的要素をはぐくむために生み出されたビジョンがあった。このビジョンは「人権誓約」に取り入れられた。それはこの世界の中に生まれたすべての人に適用されて「アムネスティ・インターナショナル」や「国際人権法律家」のような、多くの組織を生みだした。「人権誓約」は、権力を濫用する人たちに濫用をちゅうちょさせ、たとえ異常な行動を抑えるのに失敗した場合にも、それが社会的承認を得るためのすべての口実を剥奪した。ある行動が過去には異議をさしはさまれなかったとしても、現在、人はそれを変えることができる。私たちは、もはや、奴隷制度、拷問、女性抑圧、子どもの搾取、労働者の健康破壊を容認できるものとして見ることはない。死刑、大量虐殺、レイプ、暴力を不法とするために闘いは続いている。

今の時代、今後数十年にわたって成長させることができるもう一つの新しいビジョンが存在している。このビジョンは「地球憲章」に取り入れられている。もし支持されるなら、「地球憲章」は望ましい世界的統治と市民権の概念を広げるだけでなく、究極的に私たちの惑星の安全を保障するだろう。

おわりに

今日、反核平和運動は誕生から五〇年、環境保護運動は誕生から二五年になる。私は軍事研究や開発が起こした環境上の諸問題に関するすぐれた分析や、環境を改変しそれを兵器として利用することについてのすぐれた分析をついぞ見たことがない。おそらく、平和運動が戦争の準備よりも戦争そのものに目を向けてきたためだろう。平和運動は核戦争の危険を管理し減少させることに専念してきたが、もっと一般的な軍事研究や地球への影響を注意深く監視することはなかった。旧来の平和運動は低強度の戦争、民族的反感、大量虐殺および他のいろいろな脅威で手一杯だった。これらはすべて重要な問題ではある。が、軍事研究に対する資金や人員を絶つような単純な戦略的措置こそが暴力の段階的拡大を効果的に止めることになると、私は考えている。

他方、環境保護運動は、戦争の巨大な影響について分析することなく、主に市民社会への影響、ライフスタイル、多国籍企業に集中してきた。二五年間の環境にかかわる教育や努力は、主要な環境問題を一つとして逆転させられなかったが、これは驚くにあたらない。オゾン層は予測より速い割合で消滅し、山林伐採と砂漠化は広い範囲に及び、一万もの種が毎年消滅し、感染症、慢性疾患はその発生率がともに世界的規模で増加し、毒性廃棄物が十分に隔離もされずに積み上げられ、疑うことを知らない途上国の共同体にまで輸送されている。気象と気候の変動はエルニーニョが原因とされているが、なぜエルニーニョが突然、そんなにしばしば、そんなにひどく起こるのか、誰も説明していない。たとえ、観察された地球の発作が大気圏の実験と直接関係していないとしても、それらは、確かに、大気の不安定性と、それをさらに不安定にする計画の危険性の証拠である。

私は、本書で、このまま続けば地球社会を支配するにちがいない、人間のふるまいがもたらした現在の危機に関して、ある考えを読者に提供しようと試みた。人間の健康とこの惑星、地球の生命維持システムの両方が攻撃されているので、回復は困難であろう。新しい世代が生まれると、彼らは過去の世代の失敗——使い尽くされた資源、汚染された土地、経済と環境の不安定性——をなんとか処理しなければならない。過剰な欲望が世界経済を支配して貧困と憤りを促進し、それらは暴力となって爆発するだろう。兵器類はこれまで以上に破壊的な潜在力を持ち、標的はただ人や建物だけでなく、地球そのものの構造にまで及んでいる。

明るい面は、この問題への自覚が高まり、健全な状態に戻すための社会的生産基盤(インフラ)がゆっくりと構築されていることである。そのほとんどは、地球規模で献身的に働くリーダーや、共同体で身を粉にして働くボランティアが担っている。ネットワークの形成と連繋の構築が将来に向かう道であり、インターネットが地球規模の組織化のための最良の手段の一つである。この本で紹介したのは将来を考える何千もの組織のわずかなものであり、本当はずっとたくさんの組織がある。しかし、戦争、搾取、環境破壊を廃止するのを手助けする人々にたいして開かれた機会をすべてカバーするのがこの本の目的ではなかった。どちらかと言えば、戦争をなくす必要があること、およびなくすための機が熟していることを示すのが私の目的であった。

この本の重要なメッセージは、地域の問題と地域での解決がとても重要だということである。建設的なイニシャティヴと実り多い発見が失われるべきではない。地元の問題であるように思われるものは何でも、より大きい統治体——市であろうと、州や省であろうと、国家であろうと、広域あるいは世界であろうと——に接続する必要がある。人がどのレベルで働き、どれだけの賞賛や報酬を受け取るか、または受け取れないかにかかわらず、その努力は未来を建設するネットワークの一部を構成する。

どうすればこの平和な惑星、地球の全可能性を十分に進化させるのに役立つ仕事にかかわれるのか、という点で、読者の皆さんが何らかのインスピレーションを得てくだされば幸いである。何年も痛めつけられてきたにもかかわらず、地球はいまだにすばらしく、美しい創造物である。私たちが最善の努力を傾けるに値するものである。地球を楽しみ、地球を愛し、そして地球を救おう!

略語一覧

ＡＢＣ　核・生物・科学（兵器）　atomic, biological and chemical weapon
ＡＢＭ　対弾道弾ミサイル　Antiballistic missile
ＡＲＥ　エイジャン・レア・アース（社）　Asian Rare Earth
ＡＷＥ　原子兵器施設　Atomic Weapons Establishment
ＢＭＤ　弾道ミサイル防衛　Ballistic Missile Defense
ＢＭＥＷＳ　弾道ミサイル早期警戒システム　Ballistic Missile Early Warning System
ＢＴＦ　環境と人間の居住についてのバルカン諸国特別委員会　Balkan Task Force of Environment and Human Settlements
ＣＡＰ　ペナン消費者協会　Consumer's Association of Penang
ＣＡＲＥ　地球規模の援助及び救援組合　Cooperative for Assistance and Relief Everywhere
ＣＥＣ　共同戦闘能力　Cooperative Engagement Capability
ＣＥＰ　経済的優先に関する評議会　Council on Economic Priorities
ＣＦＣ　フロンガス　chlorofluorocarbon
ＣＩＡ　米国中央情報局　Central Intelligence Agency
ＣＩＤＡ　カナダ国際開発機関　Canadian International Development Agency
ＣＮＮ　ケーブル・ネットワーク・ニュース　Cable Network News
ＣＲＭ　化学物質放出モジュール　Chemical Release Module(s)
ＤＥＩＳ　環境影響評価書案　Draft Environmental Impact Statement
ＤＥＷ（ｌｉｎｅ）　遠距離早期警戒　Distant Early Warning

DRA　英国防衛研究機関　Defence Research Agency

DU　劣化ウラン　depleted uranium

EAPC　ユーロ・大西洋パートナーシップ評議会　Euro-Atlantic Partnership Council

EED　電気爆発装置　electro-explosive devices

ELF　極低周波　extremely low frequency

EMP　電磁パルス　electromagnetic pulse

EOSAT　地球観測人工衛星会社　Earth Observation Satellite Company

EROS　地球資源観測システム　Earth Resources Observation System

ERP　実効放射力　effective radiated power

ERTS　地球資源技術衛星 Earth Resources Technology Satellite

ESA　欧州宇宙機関　European Space Agency

FAO　食料農業機関　Food and Agricultural Organization

FOBS　部分軌道砲撃システム　fractional orbit bombardment system

GDP　国内総生産　gross domestic product

GE　ゼネラル・エレクトリック（株式会社）　General Electric Corporation

GPS　地球上位置決定システム、全地球位置把握システム Global Positioning System

GEO　地球静止軌道　geostationary Earth orbit

GWEN　地上波緊急時ネットワーク　Ground Wave Emergency Network

HAAP　高周波活性化オーロラ研究プログラム　High-Frequency Active Auroral Research Program

HEAO　高エネルギー天文台　high-energy astronomy observatory

HERO　電磁放射線の軍需品に与える危険　Hazard of Electromagnetic Radiation to Ordnance

HF　短波、高周波　high frequency

HIPAS　高出力オーロラ励起　High Power Auroral Stimulation

IAEA　国際原子力機関　International Atomic Energy Agency

ICLEI　地方環境イニシャティヴのための国際

評議会　International Council for Local Environmental Initiatives
ICRP　国際放射線防護委員会　International Commission on Radiological Protection
IMF　国際通貨基金　International Monetary Fund
INCHES　子どもたちの健康・環境・安全に関する国際ネットワーク　International Network on Children's Health, Environment and Safety
IPI　国際公共情報　International Public Information
IR　赤外線　infrared
IRC　国際研究評議会　International Research Council
IRIS　米国地震学統合研究所　Incorporated Research Institutions for Seismology
ISEE　エコロジー経済学のための国際会議　International Society for Ecological Economics
KSSP　ケララ科学作家フォーラム　Science Writers' Forum of Kerala, India
KLA　コソボ解放軍　Kosovo Liberation Army
LASER　レーザー　light amplification by stimulated emission of radiation
LFC　ロンドン食品委員会　London Food Commission
LGB　レーザー誘導爆弾＝スマート爆弾　laser-guided bomb
MIC　イソシアン酸メチル　metylisocyanate
MIRACL　中赤外線先端化学レーザー　Mid Infrared Advanced Chemical Laser
MIT　マサチューセッツ工科大学　Massachusetts Institute of Technology
MoD、MOD　英国国防省　(British) Ministry of Defence
NADGE　NATO防空地上環境　NATO Air Defense Ground Environment
NASA　米国航空宇宙局　National Aeronautics and Space Administration
NASDA　宇宙開発事業団　National Space Development Agency of Japan
NATO　北大西洋条約機構　North Atlantic Treaty Organization
NFZ　非核地帯　Nuclear Free Zone

NGO　非政府組織［機関］、民間公益団体　Non-Governmental Organization
NMD　米本土ミサイル防衛　National Missile Defense
NOAA　米国大洋・大気管理局、海洋大気局　National Oceanic and Atmospheric Administration
NPT　核不拡散条約　Nuclear Non-Proliferation Treaty
OAU　アフリカ統一機構　Organization of African Unity
OMS　軌道修正システム　Orbit Maneuvering System
OSCE　全欧安保協力機構　Organization for Security and Cooperation in Europe
PAN　殺虫剤行動ネットワーク　Pesticide Action Network
PAVEPAWS　（見通し外レーダー）フェーズド・アレイ型超大型警戒システム　Precision Acquisition Vehicle re-Entry Phased Array Warning System
RADAR　レーダー　radio detection and ranging
RF　ラジオ周波数、無線周波数　radio frequency

RIG　秘密の関係省庁グループ　Restricted Inter-agency Group
RTG　放射性同位体熱ジェネレーター　Radioisotope Thermal Generator
SAM　サハバット・アラム・マレーシア、サラワク　Sahabat Alam Malaysia-Sarawak
SDI　戦略防衛構想　Strategic Defense Initiative
Seafarer　船乗り、遠く離れて展開する受信機に送信する地表面ELFアンテナ　Surface ELF Antenna for Addressing Remotely-deployed Receivers
SEAN　科学的事件警告ネットワーク　Scientific Event Alert Network
SIPRI　ストックホルム国際平和研究所　Stockholm International Peace Research Institute
SMES　超伝導磁気エネルギー貯蔵　Superconducting Magnetic Energy Storage
SPS　太陽光発電人工衛星プロジェクト　Solar Power Satellite Project
TLD　熱蛍光線量計　thermoluminescence dosimeter

TMAAD　高々度戦域防衛　Theatre High Altitude Area Defense
TMD　戦域ミサイル防衛　Theatre or tactical missile defence
UN　国際連合　United Nations
UNCHS　国連人間居住センター　United Nations Center for Human Settlements
UNEP　国連環境計画　United Nations Environment Program
UNIFEM　国際婦人開発基金、ユニフェム　United Nations Development Fund for Women
UNSCOM　国連特別委員会　United Nations Special Commission
VLF　超低周波　very low frequency
WHO　世界保健機関　World Health Organization
WMO　世界気象機関　World Meteorological Organization
WWF　世界自然保護基金　Wold's Wildlife Fund
WWW　世界気象監視計画　World Weather Watch

12 April 2000, A1.

33. The US National Academy of Sciences Publications on the Biological Effects of Ionizing Radiation, known as the BEIR Reports. Published by the US National Academy Press, Washington DC.
34. Joby Warrick, op cit.
35. Grant, op cit, Table 10, pp. 84-85.
36. 'UNEP and Habitat Welcome Group of Eight Cologne Debt Relief Initiative', UNEP Press Release, 21 June 1999.
37. 『アジアウィーク』(1995年9月1日)に報告された。これはアジア「危機」以前のものであるが、それでも、富裕な投機グループが世界市場を操作して、普通の人々の生活の質に重大な影響を及ぼすことを示している。
38. Based on an updated Report of Canada to the United Nations Commission of Sustainable Development, Third Session of the Commission, 11-28 April 1995. Available from the Department of Foreign Affairs and International Trade, Ottawa.
39. Alice Tepper Marlin, president of CEP, can be reached at 30 Irving Place, New York, NY 10003-2386, USA.
40. ISEE can be reached at School of Public Affairs, University of Maryland, College Park, MD 20742-1821, USA.
41. Committees of Soldiers' Mothers of Russia, 4 Luchnikov Lane, Door 3, Room 32, 103982 Moscow, Russia.
42. Prof. P. K. Ravindrian is president of KSSP. They can be reached at Kerala Sastra Sahirya Parishad, AKG Road, PO Edappally, Kochi 682 024, India.
43. SAM, 27 Lorong Maktab, 10250 Penang, Malaysia. The Third World Network and the Third World Health Network can be reached at: CAP-Malaysia, 228 Macalister Rd, Penang, 10250 Malaysia.
44. Manfred Max-Neef can be reached at Universidad Austral de Chile, Casilla 567, Valdivia, Chile.
45. Future in Our Hands, Torggata 35, 0183 Oslo 1, Norway.

on or near to the Former US Clark Air Force Base 1996-1998', a joint project of the International Institute of Concern for Public Health, Toronto, and People's Task Force for Base Cleanup, Manila. Published by the IICPH, Toronto, Canada, October 1998.
23. 'Military Base Closures, US Financial Obligations in the Philippines', US General Accounting Office, 1992.
24. M. Minkler (ed), Community Organizing and *Community Building for Health*, Rutgers University Press, New Brunswick, NJ, and London, 1997. See also *Statistics Needed for Determining the Effects of the Environment on Health*, Report of the Technical Consultant Panel of the United States National Committee on Vital and Health Statistics, Series 4, Number 20. US Department of Health, Education and Welfare DHEW Publ. No. (HRA) 77-1457, 1977.
25. Great Lakes Research Consortium, State University of New York, College of Environmental Science and Forestry, Syracuse, New York.
26. These documents and 'Summary: State of Knowledge Report on Environmental Contaminants and Human Health in the Great Lakes Basin' are available from Environmental Health Effects Division, Wing 1100, Main Statistics Building, PL. 0301 A 1, Tunney's Pasture, Ottawa, Ontario KlA OK9, Canada.
27. *The Role of the Media in Health Risk Perception:A Literature Review*, prepared by Lori Abbott, for Great Lakes Health Effects Programme, Health Canada, August 1994.
28. INCHES reflects the perspectives of a wide spectrum of professions on the relationships between environment health and children. Contact person is Peter van den Hazel, MD, c/o Dutch Association of Environmental Medicine, PO Box 389, 6800 AJ Arnhem, The Netherlands.
29. Rosalie Bertell, 'Environmental Influences on the Health of Children', in *Risks, Health and Environment*, M.E. Butter (ed), Report No. 52, Science Shop for Biology, University of Groningen, The Netherlands, 1999.
30. *The State of the World's Children 1995*, James P. Grant (ed), executive director of Unicef, Oxford University Press, Oxford, 1996.
31. Rosalie Bertell, *No Immediate Danger: Prognosis for a Radioactive Earth*, The Women's Press, London, 1986.
32. Joby Warrick, 'US Plans to Pay for Ills from Radiation', *Washington Post*,

13. The Earth Council is also supported by private donors.
14. International Secretariat, Earth Council, San Jose, Costa Rica; tel:+506-256-1611; fax:+506-255-2197; email: *info@terra,ecouncil.ac.cr*; Web: *http://www.ecouncil.ac.or.*
15. Some of the problems with global development are highlighted in the journal *Development Alternatives*, B-32 Tara Crescent, Qutab Institutional Area, New Delhi 110 016, India.
16. Andre de Moor and Peter Calami, 'Subsidizing Unsustainable Development: Undermining the Earth with Public Funds', published by the Earth Council, San Jose, Costa Rica, 1997.
17. 原著は『議会のルールを記したポケットマニュアル』(1876年)。『秩序のためのロバートの規則』は米国で、公開の会議を円滑に進めるための国会のルールを示す権威ある説明書とされている。初版は陸軍の技師、ヘンリ・マーティン・ロバートの手になり、本質的には米国下院の実例を採用したもの。
18. The International Environmental Agency for Local Governments, also known as the International Council for Local Environmental Initiatives (ICLEI), World Secretariat, City Hall, 8th floor, East Tower, Toronto, Ontario, Canada M5H 2N2. The European Secretariat is located at Eschholzstradde 86, D-79115 Freiburg, Germany; the Asian Pacific Secretariat is located at c/o GEF, Iikura Building, 1-9-7 Azabudai, Minato-ku, Tokyo 106-004 Japan; the Office of the African Regional Coordinator is at PSA House, 9 Livingstone Avenue, PO Box 6852, Harare, Zimbabwe; the Office of the Latin American Regional Coordinator is at Corporacion para el Desarrollo de Santiago, Av. Cardenal Jose Maria Caro 390, PO Box 51640, Correo Central, Santiago, Chile; the US Cities for Climate Protection is at 15 Shattuck Square, Suite 215, Berkeley, CA 94704, USA.
19. L.J. Onisto, E. Krause and M. Wackernagel, 'How Big is Toronto's Ecological Footprint', the Centre for Sustainable Studies and the City of Toronto, September 1998.
20. Hans-Peter Durr, Max Plank Institute fur Physik, Fohrihger Ring 6, D-80805 Munich, Germany.
21. WHO Report of toxic waste left on military bases in the Philippines by US Armed Forces, May 9, 1993.
22. Dr. Rosalie Bertell, 'Health for All: A Study of the Health of People Living

ronto Star, 18 April 2000, A16.

5. S. Schmidheiny et al., ‘Signals for Change: Business Progress Towards Sustainable Development’, World Business Council for Sustainable Development, E & Y Direct, PO Box 934, Poole, Dorset, BH 17 7BR, tel: +44-1202-679-885; fax: +44-1202-661-999.
6. WTO交渉の次のラウンドにおいて環境と持続可能な開発にとって何が問題になっているかを易しい用語で説明するために、世界自然保護基金は、NGO、国会議員、ジャーナリスト、政府当局者、この問題に関心を持つ人々のために、情報、ロビー活動のパックを準備してきた（最初は英語、フランス語、スペイン語で）。クロード・マーチンWWFインターナショナル部長がパックへの前書きで書いているように、「この情報パックは、貿易と環境と持続可能な世界経済を構築する必要性とが密接に結びついていることを説明するように計画されている。また、われわれすべての未来を守るために国際貿易の改造に寄与したいというあなた方の希望を可能にする」。Mikel Insausti, WWF EPO,「生命の惑星のための持続可能な貿易」は、以下で求めることができる。Flo Danthine, WWF European Policy Office, email: <*Fdanthine@wwfnet. org*> mail to: *Fdanthine@wwfnet.org*, or fax:+32.2 743.88.19.
7. ‘War, Lies and Videotape: How the Media Monopoly Stifles the Truth’, based on international conference held in Greece, 24-28 May 1998, by Women for Mutual Security, published by International Action Center, New York, NY, 2000.
8. The Venice Declaration of the IV International Conference, ‘Toward the World Governing of the Environment’, Cini Foundation, Venice 2-5 June 1994. Can be obtained from International Court of the Environment Foundation (ICEF), Palazzo di Guistizia, Piazza Cavour, 1, 00193 Roma, Italy.
9. Women’s Planet, Via S. Maria dell’Anima, 30, 00186 Rome, Italy.
10. WEDO, 355 Lexington Avenue, Third Floor, New York, NY 10017-6603, USA.
11. The Secretariat for the International Court of the Environment Foundation (ICEF) is in the Palazzo di Guistizia, Piazza Cavour, 1, 00193 Rome, Italy.
12. ‘Senate Committee Reports Detail Requirement for UN Reform’ Washington Report, 6 May 1999. Available from the United Nations Association (UNA) of USA, Washington Office.

other US non-governmental organisations.

17. UN General Assembly Resolution, 2 November 1994.
18. International Court Document No. 96/23, 8 July 1996.
19. This third decision was by a split vote. In favour: President Bedjaoui, Judges Ranjeva, Herczegh, Shi, Fleischhauer, Vereschetin, Ferrari Bravo; Against: Vice-President Schebel and Judges Oda, Guillaume, Shahabuddeen, Weeramantry, Koroma, Higgins.
20. The International Court of Justice, Peace Palace, The Hague, Communique No. 96/23, 8 July 1996.
21. 複合的な陳述についての「イエス」ないし「ノー」の投票は一つ以上の解釈に導くことができるという理由から、法律上の陳述が複合的であることは通常許されない。
22. Ernie Regehr, President of Project Ploughshares, 'Canadian Non-Proliferation Treaty Delegation Report to Non-Governmental Organizations #4', 16 May 2000.
23.「アボリッション 2000」という名称の NGO 組織連合は多くの国にコンタクト・グル ープを持ち、核軍縮のために国際的圧力をかけ続けてきた。
24. Statement made at the 12 July 1996 Brussels Meeting of the International Peace Bureau.
25. One international NGO involved in this area is Global Network Against Weapons & Nuclear Power in Space, PO Box 90083, Gainesville, FL 32607; email: *globalnet@mindspring.com*; web page: *www.globenet.free-online.co.uk.*
26. Betty Reardon, 'Gender and Global Security: A Feminist Challenge to the United Nations and Peace Research', *Journal of International Cooperation Studies*, vol. 6, June 1998.
27. International Fellowship of Reconciliation, Spoorstraat 38, 1815 BK Alkmaar, The Netherlands.

第７章　生態学的安全保障

1. ブトロス・ブトロス＝ガリはこの時国連事務総長であった。
2. Unicef Report, 30 April 1998.
3. These countries were Iraq, Yugoslavia, Libya, Liberia, Somalia, Haiti, Angola, Rwanda, Sudan, Cambodia, Sierra Leone, and Afghanistan.
4. J. Tuyet Nguyen, '"Smart sanction" needed, Axworthy Tells UN Body', *To-*

ローマに3つの事務所を置き、また国別に多くの支部を持っている。ロンドン事務所の連絡先：Flat A Museum Mansions, 63A Great Russell Street, London WC1B 3BJ, England, UK; tel: +44-20- 7405-6661; fax: +44-20-7831-5651; email: *pugwash@qmw.ac.uk.*

5. See Richard Deats, 'The Global Spread of Active Nonviolence', *Fellowship of Reconciliation*, vol. 62, July/August 1996; and Arthur Laffin and Anne Montgomery (eds) *Swords Into Plowshares: Non- violent Direct Action for Disarmament, Peace and Social Justice*, revised edition, Fortkamp Publ., Rose Hill Books, 28291-444th Avenue, Marion, SC 57043, 1996. This is a collection of essays from many of the leading peacemakers of our day, together with comments covering wars as recent as that in Iraq.
6. Don Kraus, 'Most Americans deplore US tactics', *Mondial*, Journal of the World Federalists Canada, January 2000.
7. Fergal Keane, BBC African reporter, quoted in Nicholas Hildyard and Sarah Sexton, '"Blood", "Culture" and Ethnic Conflict', Cornerhouse Briefing Papers, The Corner House, Sturminster, Newton, UK, January 1999. *cornerhouse@gn.apc.org*
8. 'Time for Truly Ethical Policies', *Guardian*, 12 June 2000.
9. 1992 Pentagon Defense Planning Guide.
10. This report is available on the Internet at *http://www.dfat.gov.au/dfat/cc/cchome.html*, or it can be obtained from the NGO Committee on Disarmament, 777 United Nations Plaza, New York, NY 10017.
11. *NATO Review*, July-August 1997, p. 9.
12. Ibid, p. 8.
12. Ibid, p. 8.
13. 'NATO to Review Nuclear Weapons Policy', *Mondial*, Journal of the World Federalists Canada, January 2000.
14. Figures from 'Hidden Killers: The Global Demining Crisis', US Department of State, Washington DC, publication no. 190575, 1998. The numbers represent rounded estimates.
15. Quoted in Silvija Jaksic, 'Landmines', *Peace Magazine*, official magazine of Science for Peace Canada, July/August 1996.
16. The US refusal to sign the landmine ban was opposed by the Vietnam Veterans of America Foundation, RR l, Box 871, Putney, Vermont 05346; tel: +1-802-387-2080; fax+1-802-387-2081; email: *banmines@sover. net* and by

32. Among the trade names for chlordimeform are Acaron, Bermat, Bermachlorfenamidine, C 8514, Chlordimeform, Chlorophenamide, Ciba 8514, Ciba-C 8514, Cotip 500 EC, ENT 27567, EP-333, Fundal 500, Fundex, Galecron, ovinaovitix, Ovitoxionschhering 36268, RS 141, Schering 36268, Spanon and Spanone.
33. *Return to the Good Earth; A Third World Network Dossier*, Third World Network, Penang, Malaysia. See also 'Dangerous Exposures' *India Today*, 15 January 1985.
34. T.R. Chouhan et al., *Bhopal: The Inside Story*, with an afterword, 'Bhopal Ten Years After', by Claude Alvares and Indira Jaising, published in cooperation with the International Coalition for Justice for Bhopal by The Apex Press/The Other India Press, Mapusa 403 507 Goa, India, 1994.
35. Peter Snell and Kirsty Nicol, 'Pesticide Residues in Food: The Need for Real Control', Report of the London Food Commission quoted in '49 Pesticides in Link with Cancer, Report Claims', James Erlichman, *Guardian*, 4 March 1986.
36. Amitya Baviskar and Chiranjeev Bedi, Third World Network, 'Why Pesticides Can Never Be Safe' (see ref 33 above).
37. Beth Hanson, 'Spoiled Soil', *Amicus* Journal, Summer 1989.
38. Rachel Carson, *Silent Spring*, Houghton Mifflin, New York, NY, 1962.
39. Robert Rudd, *Pesticides and the Living Landscape*, quoted in 'The Witchhunt of Rachel Carson', by Frank Graham Jr., *The Ecologist*, vol. 10, no. 3, March 1980.

第６章　新しい世紀における軍事的安全保障

1. Joanne Macy, *Despair and Personal Power in the Nuclear Age*, New Society Publishers, Philadelphia, PA, 1983.
2. 地域の平和組織、国の平和組織、国際的平和組織についての情報は以下から得ることができる。International Peace Bureau, 41 rue de Zurich, CH-1201 Geneva, Switzerland; Tel:+41-22-731-6429; Fax: +41-22-738-9419.
3. 'Peril Seen in Globalizing Arms Industry', *Disarmament Times*, published by the NGO Committee on Disarmament, 777 UN Plaza, New York, NY 10017, September 1999, p. 1.
4. 「科学と世界情勢に関するパグウォッシュ会議」は科学者や技術者が平和に接する絶好の場である。パグウォッシュ会議は、ジュネーヴ、ロンドン、て、海洋空間はすべての国民に等しく割り当てられている。

20. See Paul Hawken, Amoury Lovins and L. Hunter Lovins, *Natural Capitalism-The Next Industrial Revolution*, Earthscan, London, 1999.

21. M. Wackernagel, et al., op cit.

22. *A Guide to the Global Environment*, 1996-97, op cit.

23. Carbon Dioxide Information Analysis (CDIAC), Oak Ridge National Laboratory, '1992 Estimates of CO_2 Emissions from Fossil Fuel Burning and Cement Manufacturing Based on United Nations Energy Statistics and the US Bureau of Mines Manufacturing Data', ORNL/CDIAC-25, NDP-030 (an accessible database) Oak Ridge, Tennessee, September 1995.

24. Ernst Ulrich von Weizacker, *Factor Four*, Amory Lovins and L. Hunter Lovins, Earthscan, London, 1997.

25. 'Veterans and Agent Orange Update 1996', Committee to Review the Health Effects in Vietnam Veterans of Exposure to Herbicides, Division of Health Promotion and Disease Prevention, Institute of Medicine, US National Academy Press, Washington D.C.

26. '1.2 Million Award in Agent Orange Suit', AP, *New York Times*, 27 May 1996.

27. Rajiv Chandrasekaran, 'War's Toxic Legacy Lingers in Vietnam', *Washington Post* Foreign Service, 18 April 2000.

28.「大型基金」は、1980年の米国議会による「包括的環境対応、賠償と責任法令」(CERCLA) の通過から始まり、「大型基金の改正と再認可法令」(SARA) によって修正された。この法令は人の健康に深刻な脅威を及ぼすと認められた2000以上の汚染サイトクリーンアップのために150億ドル以上を約束した。1つのサイトの平均的なクリーンアップは3000万ドルと見積もられた。

29. 希土類元素は57から71の原子番号を持つ一連の化学元素である。これらの元素は一般にいっしょに産生し、それぞれを分離するのは困難である。

30. See Civil Suit No. 185 of 1985, in the High Court of Malaya at Ipoh, between Woon Tan Kan (deceased) et al. and Asian Rare Earth Sendirian Berhad. Court Order 14 October 1985 to stop operations. The Court papers in support of this injunction include the recommendations of the I.A.E.A.

31. 私はこの2年の期間を通して法廷のほとんどすべてに出席して、住民のために働く弁護士を指導した。

在的利用、その遺伝子の回復性に集中的に注目する。エコロジストは、生物多様性を守り続けるためには、世界の生態系のもっと大きな割合を保存する必要があると信じている。1970年にエコロジストのユーガム・オダムが40%を勧告し、1991年に「ワイルドランド・プロジェクト」科学部長のリード・ノスは、大きな肉食生物を回復し、他のよく認められた保護目標を果たすためには、自然保護区として保護されることが必要な地域として平均して50%が必要とされると仮定した。

13. *A Guide to the Global Environment 1990-1997*, a joint publication of the World Resources Institute, the United Nations Environment Program, the United Nations Development Program and the World Bank, Oxford University Press, New York, 1996.
14. NATO Committee on the Challenges of Modern Society, cited in *The World Guide:1999-2000*, Millennium Edition, The New Internationalist, Oxford, 1999.
15. R. Costanza, et al., 'The Value of the World's Ecosystem Services and Natural Capital', *Nature*, vol. 387, no. 6630, pp. 235-60, 15 May 1997.
16. Copies of these documents can be found in the United Nations archives. Because I was involved in the process, I also received copies of the papers with rings round the contested points.
17. Years earlier I had identified the issues that were debated at this summit in my book *No Immediate Danger: Prognosis for a Radioactive Earth*, The Women's Press, London, 1985.
18. M. Wackernagel, et al., 'Ecological Footprint of Nations', Centro de Estudios para la Sustentabilidad, Universidad Anahuac de Xalapa, Apartado Postal 653, 91000 Xalapa, Ver., Mexico, 10 March 1997.
19. 20の主要な資源が、生産+輸入−輸出として定義され、消費を決定するために分析された。これらの数字は各資源のそれぞれの国における消費を決定した。世界の平均的な産出、消費、廃棄物吸収についての食糧農業機構（FAO）の見積もりを用いて、これらの数字は消費を満たすために必要な土地と海の面積（ヘクタール）に変換できる。各国のエネルギーバランスは、輸出財（他国で消費される）にたいして使用されたエネルギーおよび輸入された最終生産物に必要なエネルギーを含むように調整された。大国と小国との公正な比較が提供できるように、研究者は1人当たりの消費の数字を計算した。おそらく、算出ファクターは、肥料を大量に使う工業諸国の生物生産性を過大に評価している。大洋の国際性によっ

62. See Frank Wentz and Matthias Schnabel, 'Effects of Orbital Decay on Satellite-Derived Lower-Tropospheric Temperature Trends', *Nature*, vol. 394, no. 6694 pp. 661-64, 1998.
63. *State of the World*, op cit, p. 27.
64. Steven Hume, in *The Vancouver Sun*, 30 December 1998.
65. *The Ecologist*, special issue on Climate Change, vol. 29, March/April 1999.

第5章　戦争行為の引き起こす環境危機

1. *Humanitarian Times*, 5 April 2000.
2. *Guardian*, 1 December 1995, available also on line: *http://onli.guardian.co.uk/science/951201scexztiyah.html.*
3. Memo from the Catholic Fund for Overseas Development, the Catholic Institute for International Relations, Christian Aid, Oxfam, Save the Children Fund and the World Development Movement, sent to the Foreign Affairs Select Committee.
4. *The World Guide: 1999-2000*, Millennium Edition, The New Internationalist, Oxford, 1999.
5. US Office of Budgets projection for 2001.
6. J. Pike, 'US and Soviet Ballistic Missile Defence Programmes', in *Outer Space: A Source of Conflict or Cooperation*, Bhupendra Jasani (ed.), United Nations University Press, Tokyo, 1991.
7. Ruth Sevard, *World Military and Social Expenditure*, Washington, DC.
8. Ian Davis, 'Europe, Diversification or Conversion: More than Just Semantics?' Project on Demilitarisation, Leeds, England, in *Press for Conversion!* No. 24, February 1996.
9. Stockholm International Peace Research Institute Yearbooks 1992 to 1994.
10. 「武器取引に反対するキャンペーン」(5 Caledonian Road, London N1 9DX, UK. 11) によって発表された米国の労働統計局の数字。
11. この方法によれば、世界の人口58億9200万人、利用可能な1人あたりの土地1.8ヘクタール、実際に消費されている1人あたりの土地2.3ヘクタールと推定されている。
12. 1992年リオの「環境と開発に関する国連会議」で調印された「生物多様性条約」のテキストに含まれる生物多様性の定義は、種の急速な喪失に対する憂慮が増大したところに由来している。それは、未開地・生産の場としての土地、海洋の生態系において再生される資源、薬品としての潜

tee 1966.
41. *Science News*, 18 June 1994.
42. Nick Begich and James Roderick, *Earth Rising - The Revolution: Toward a Thousand Years of Peace*, Earthpulse Press, Anchorage, AK, 2000.
43. US Department of the Interior, *US Geological Survey: Eqrthuake Hazards Program*. Historical Earthquakes and Archives: World Lists.
44. 'Earthquakes Induced by Underground Nuclear Explosions: Environmental and Ecological Problems', edited by Rodolfo Console and Alexi Nikolaev, Springer-Verlag, Berlin, 1995 (published in cooperation with NATO).
45. *New York Times*, 1 March 1987.
46. P.A.C.E., *Newsletter*, vol 3, nos. 1-6, 1981.
47. P.A.C.E., *Newsletter*, vol 3, nos. 1-6, 1981. Located by Steve Elswick, Exotic Research, PO Box 5382, Security Colorado 80931, USA.
48. P.A.C.E., *Newsletter*.
49. *Newsweek*, 6 July 1993.
50. *Wall Street Journal*, 2 October 1992.
51. *Defense Daily Reports*, US air force, September and October 1994.
52. Alain-Claude-Galthe, 'Is El Niño Now a Man-Made Phenomenon?', *The Ecologist*, vol. 29, p. 64, 1999.
53. Interview in *Maclean* magazine, 5 August 1996.
54. *Toronto Star*, 9 July 1996.
55. C. Flavin, 'Facing Up to the Risks of Climate Change', Chapter 2 in *State of the World 1996, A Worldwatch Institute Report on Progress Toward a Sustainable Society*. Lester Brown et al. (eds), W. W. Norton & Co., New York, NY, 1996.
56. Jose Lutzenberger (president of Fundacio Gaia in Brazil), 'Gaias Fever', *The Ecologist*, vol. 29, no. 2, 1999.
57. Mark Jaffe, 'What Hath Man Wrought', The Frankline Institute Online.
58. Simon Retallack and Peter Bunyard, 'We're Changing our Climate! Who Can Doubt It?' *The Ecologist*, vol. 29, no. 2, 1999, p. 60.
59. 1946-63 for the Pacific and North America.
60. H. A. Bethe et al., 'Space-based Ballistic Missile Defense', *Scientific American*, vol. 2511, no. 4, 1984, p. 37.
61. D.J. Kassler, 'Orbital debris issues', a paper presented at the COSPAR Congress, Graz, Austria, 1984.

26. *Angels Don't Play This HAARP*, op cit, p. 64.
27. The Proceedings of the 1988 International Tesla Symposium, Reno, Nevada.
28. Tracey C. Rembert, 'Discordant HAARP', from 'Currents', *E Magazine, Britannica.com,* 1 January 1997.
29. John Mintz, 'Pentagon flights secret scenario speculation over Alaskan antennas', *Washington Post,* 17 April, 1995.
30. Grant proposal, 'Arctic Research Initiative: expansion of the SuperDARN Radar Network', submitted to Dr. Odile de la Beaujardiere, National Science Foundation, Division of Polar Programs, 5 November 1996, by S.M. Krimigis, Head, Space Department, The Johns Hopkins University Applied Physics Laboratory. Ref. No AC-23434.
31. *http://w3.nrl.navy.mil/projects/harp/faq.html.*
32. US National Science Foundation awarded proposal OPP-9704717, Applied Physics Laboratory of Johns Hopkins University. Obtained under the Freedom of Information Act by Ms Kristin Stahl-Johnson, Kodiak, AK, 21 April 1998.
33. Operator: Applied Physics Laboratory, Johns Hopkins University, Baltimore, MD, as identified by the awarded grant (see above).
34. Sheila Ostrander and Lynn Schroeder, *Super-Memory: The Revolution,* Carol and Graf Publishers, New York, NY, 1991, p. 299.
35. 人の脳波は一般に4～35ヘルツである。子どもの脳波は低いめの周波数を持つ傾向にあり、4～7ヘルツの範囲にある。内省的・瞑想的な成人の脳波は8～12ヘルツ、機敏で活動的な成人の脳波は13～35ヘルツの範囲にある。
36. See a description of Woodpecker in *Specula Magazine*, January 1978.
37. Bill Sweetman, *Aurora: The Pentagon's Secret Hypersonic Skyplane,* Motor Books International, Oscela WI, 1993, pp. 152-69.
38. See Harold Puthoff, 'Everything or Nothing', *New Scientist,* 28 July 1990; and Bill Sweetman, op cit, pp. 91-94.
39. 二つの符合する出来事についてはその後、1997年7月5日の『ニューヨークタイムズ』に掲載された。
40. According to Professor Gordon F. McDonald, associate director of the Institute of Geophysics and Planetary Physics at the University of California, Los Angeles, and member of the US President's Science Advisory Commit-

8. Michael Rycroft, 'Active experiments in space plasmas', *Nature*, vol. 287, 4 Sept. 1980, p. 7.
9. C.N.263.1978.Treaties-12 (Convention on the Prohibition of Military or Other Hostile Use of Environmental Modification Techniques, 10 December 1976, UN General Assembly).
10. See *United Nations Registry of Space Objects*, compiled by Jonathan McDowell, Harvard University, Cambridge, MA, 1997.
11. 'Night Clouds Won't Have Silver Lining but Will Be Red, Blue, Scientists Say', *Buffalo News*, 10 January 1991.
12. 'Northern Lights Thrill Sky Watchers from Texas to Ohio', *Kansas City Star*, 10 November 1991.
13. Information obtained from the Parliamentary Library, Ottawa, Canada at the request of Jim Fulton, Member of Parliament.
14. Richard Wolfson and Jay M. Pasachoff, *Physics with Modern Physics*, second edition, Harper Collins College Publishers, New York, NY, 1995.
15. More information on HIPAS can be found at: *http://www.hipas.alaska.edu.*
16. 'HAARP: HF Active Auroral Research Program', Joint Service Program Plans and Activities: Air Force Geophysics Laboratory and Navy Office of Naval Research, February 1990.
17. Nick Begich and Jeane Manning, *Angels Don't Play This HAARP*, Earthpulse Press, Anchorage, AK, 1995.
18. これは、1992年３月草案の形で発表された「国家産業安全保障プログラムマニュアル」の付録に見ることができる。
19. David Yarrow quoted in *Angels Don't Play This HAARP*, op cit, p. 73.
20. ARCOはHAARPの建設を請け負う米国の法人。
21. Bernard Eastlund, 'Applications of in situ generated relativistic electrons in the ionosphere', Eastlund Scientific Enterprises Corp, 13 December 1990.
22. *New York Times*, 22 September 1940.
23.「C3システム」は「指揮、管理、通信システム」(Command, Control and Communication Systems)。
24. 'HAARP: HF Active Auroral Research Program', Joint Service Program Plans and Activities: Air Force Geophysics Laboratory and Navy Office of Naval Research, February 1990.
25. Ibid., paragraph 4.1.1.

40. Information based on extensive confirmation obtained by Geoff Metcalf, staff reporter for *WorldNet Daily*.
41. Office of Research and Engineering, US National Transportation Safety Board report, by Vernon S. Ellingtad, of 20 October 1998. No cause of the destruction of TWA flight 800 has been determined and apparently the investigation is still open, as officially declared at the conclusion of the public hearings on 12 December 1997, by Alfred W. Dickerson, investigator in charge.
42. James Sanders, *The Downing of TWA Flight 800: The Shocking Truth Behind the Worst Airplane Disaster in US History*, Zebra Books, Kensington Publishing Corp., New York, NY, 1997.
43. AEGIS は米軍によって使用されるレーダと目標の管理システムである。
44. James Sanders, op cit, pp. 23-24.

第４章　スターウォーズが地球に与える諸問題

1. E.L. Heacock, 'Remote Sensing and Meteorology: A Review of the State of the Technology and Its Implications', in *Outer Space: A Source of Conflict or Cooperation*, Bhupendra Jasani (ed), United Nations University Press in cooperation with the Stockholm International Peace Research Institute (SIPRI), Tokyo, 1991, pp. 69-90.
2. 'Space Programs, National', Grolier *Multimedia Encyclopedia*, August 1996 (many more references are given in the encyclopedia for more detailed research on the global space industries).
3. 国際原子力機関（IAEA）は発展途上国においても原子力を推進し、1959年の世界保健機関（WHO）との了解メモに基づき、核放射線の健康への影響の解釈においてWHOより優位にあると主張してきた。例えば、IAEAが、チェルノブイリの惨事から生じる汚染と人の傷害を解釈する主要な機関となったのは、この合意のためである。
4. W.N. Hess, *Weather and Climate Modification*, Wiley, New York, 1974.
5. これは「海洋と国際環境に関する米国議会小委員会のヒアリング」（1970年代）で論じられた。
6. Zbigniew Brezinski, *Between Two Ages: America's Role in the Technetronic Era*, Penguin Books, Cambridge, MA, 1976.
7. Lowell Ponte, *The Cooling*, Prentice-Hall, Inc., Upper Saddle River, New Jersey, 1976.

20. Harry Mason, 'Bright Skies part I', *Nexus*, March-April 1997.
21. Harry Mason, 'The Banjawarn "Bang" Revisited', *Nexus*, June 1997.
22. Harry Mason, 'Bright Skies part I', op cit.
23. Encarta *Multimedia Encylopaedia*, 1999.
24. 'Tremorous night of the death ray', *New Zealand Herald*, 25 January 1997.
25. David Shukman, *Tomorrow's Wars: The Threat of High-Technology Weapons*, Harcourt Brace & Co., New York, 1996, p. 174.
26. Dr Huda S. Ammash, 'Toxic Pollution, The Gulf War, and Sanction', in *Iraq Under Siege: The Deadly Impact of Sanctions and War*, Anthony Arnove (ed), South End Press, Cambridge, MA, 2000.
27. Catalogued in the 1981 US Department of Transportation's 'First Annual Workshop on Aviation Related Electricity Hazards'.
28. Patricia Axelrod, 'Disaster Signals: Suicide Weapons', *International Perspectives* in Public Health, Vol. 6, 1990, pp. 10-20.
29. Technical Investigation BB61 Addendum 3-Status as of June 1989.
30. Patricia Axelrod, op cit.
31. 'Worldwide US Military Active Duty Military Personnel Casualties, October 1, 1979, through September 20, 1998', US Department of Defense Directorate for Information and Reports Booklet M07, 1980.
32. 'Nuclear Disarray', Bruce Nelan, *Time*, 19 May 1997.
33. 'Pentagon Envisions Cyber-warfare Rise', *Washington Times*, 31 May 2000.
34. National Aeronautics and Space Administration (NASA) Lyndon B. Johnson Space Center in Houston, Texas, January 1987.
35. See, for example, *the guardian-unlimited.co.uk* website or *http://www.networkingusa.org/fingerprint/page1/fp-political-control.htm*.
36. Yorkshire CND
37. Steve Wright, 'Assessing the Technologies of Political Control', Omega Foundation, Science and Technology Options Assessment (STOA), Dick Holdsworth (ed), 6 January 1998. The 112-page STOA report is available from the European Parliament. See also 'Britain and US Accused in Spy Row', *Guardian*, 5 July 2000.
38. Steve Wright, op cit.
39. Ben Barber, 'Group will battle propaganda abroad', *Washington Times*, 28 July 1999.

Soviet Space Programs, US Government publication, 1971 (revised 1976 and 1981).
2. Citizen Energy Project Study Brief on the Solar Power Satellites (SPS), 1978. This and other briefs were submitted to the US government during the comment period on the SPS project and no doubt exist somewhere in the US national archives. The set kept by Rosalie Bertell is in the Bertell Archive, Canadian National Archives, Ottawa, Canada.
3. Grolier *Multimedia Encyclopaedia*.
4. 超低周波は潜水している潜水艦に届くために必要とされる電波の波長である。
5. 'Solar power white paper on military implications', critique of SPS by Michael J. Ozeroff, SA-1, 1978, part of the Citizen Energy Project Study Brief on the Solar Power Satellites (SPS), (see ref 2 above).
6. *Popular Science*, September 1997.
7. Televised statement, later quoted by the *Globe and Mail*, 11 March 1991.
8. William Saphire, 'The Great Missile Mystery', *New York Times*, 11 March 1991, A1.
9. William E. Burrows, in Grolier *Multimedia Encyclopaedia*.
10. This explanation is based on information in Richard Wolfson and Jay M. Pasachoff, *Physics with Modern Physics: For Scientists and Engineers*, second edition, HarperCollins College Publishers, New York, NY, 1995.
11. 1996 年会計年度の全合衆国予算が 1.6 兆ドルであり、そのうち 2560 億ドルが防衛予算だった。
12. *Jane's Defence Weekly*, 25 February 1989.
13. Rich Garcia, 'Airborne laser arrives in Wichita', Air Force Research Laboratory Public Affairs, *Air Force News*, 24 January 2000.
14. Courtesy of Air Force Material Command News Service, 24 January 2000.
15. Associated Press, Washington, 3 September 1997.
16. Alert from Global Network Against Weapons and Nuclear Power in Space, Florida, Fall 1999.
17. 'Clinton Lawyers Give Go Ahead to Missile Shield', *Washington Post*, 15 June 2000.
18. 'More Doubts Raised on Missile Shield', *Washington Post*, 18 June 2000.
19. 'GAO Report Finds Fault with Missile Shield Plan', *Washington Post*, 17 June 2000.

20. K.H.A., 29 June 1962.
21. K.H.A., 11 May 1962.
22. クリスマス島は北緯2度、西経157度に位置する。核実験のために使用され、放射能が残存しているにもかかわらず、クリスマス島は今日、再び「ビジネスのために開かれ」、観光事業や他の産業が推進されている。
23. K.H.A., 11 May 1962.
24. K.H.A., 5 August 1962.
25. As explained in 'The High Energy Weapons Archive', in Science & Technology, *Encyclopaedia Britannica*, 2000.
26. *Long-term Effects of Multiple Nuclear-weapon Detonations*, US National Academy of Science, 1975.
27. M. Mendillo, et al., Science, Vol. 187, p. 343, 1975.
28. *Environment News Service Daily*, 13 February 1992.
29. Grolier *Multimedia Encyclopaedia*, August 1996.
30. *Long-term Effects of Multiple Nuclear Weapons Detonations*, op cit.
31. 'Istanbul, Turkey at the Habitat II Summit,' Reuters, 4 June 1996. Figures are according to the World Bank.
32. *USA Today*, 21 July 1994, p. 3A.
33. Committee to Bridge the Gap, letter to Dr Dudley McConnell, deputy director, Advanced Programs, Solar System Exploration Division (Code EL, NASA, 6 April 1990).
34. Speech given outside the gates of the Cape Canaveral Air Force Station, 24 June, 1997, at a Florida Coalition for Peace and Justice demonstration against Cassini.
35. Robyn Suriano, 'NASA Worker Suspended for 2 Days', *Florida Today*, 13. September 1997.
36. 'Space Accidents of the Past', Associated Press, 25 June 1997.
37. Professor Ernest Sternglass, personal communication, 7 August 2000.
38. *Aviation Week & Space Technology*, 5 August 1996. General Ashy is also commander of the US Air Force Space Command and commander-in-chief of the combined US-Canada North American Air Defense Command (NORAD).

第3章　宇宙軍事プラン

1. The Grolier *Multimedia Encyclopaedia*, 1996 citing Charles Sheldon et al.,

hammer (eds), *Magnetospheric Physics*, Kluwer Academic Publishers, 1990, for greater detail.

4. Gary V. Latham, 'Moon', 1998, in Microsoft *Encarta Multimedia Encyclopaedia*.
5. George P. Sutton, 'Rockets and Missiles', 1999, in Grolier *Multimedia Encyclopaedia*.
6. 核兵器実験に関するさらなる情報については次の本を参照されたい。Rosalie Bertell, *No Immediate Danger: Prognosis for a Radioactive Earth*, The Women's Press, London, 1985.
7. *New York Times*, 19 March 1959.
8. *Globe and Mail*, 1 December 1988.
9. C. E. Miller and L. D. Marinelli, 'Measurement of Gamma Rays Activities from the Human Body', Argonne National Laboratory Report No. 5518, 1956.
10. Linden Kurt, 'Cesium 137 Burdens in Swedish Laplanders and Reindeer', *Acta Radiologica*, Vol. 56, p. 237, 1961.
11. Unpublished studies by Peter M. Bird, PhD, Environment Canada, Government of Canada, Ottawa, May 1965.
12. 'Canada and the Human Environment, English Summary,' paragraph 3.11, Government of Canada, June 1972.
13. 'Incidence of Neoplastic Diseases in Canadian Eskimos' [a name no longer used for the Inuit], a letter to the Editor, *Canadian Medical Association Journal*, Vol. 82, 30 January 1960, pp. 280-81.
14. See Bertell, *No Immediate Danger*, op cit, pp. 20-63.
15. 'The changing picture of neoplastic disease in the Western and Central Arctic 1950-1980', *Canadian Medical Association Journal*, Vol. 130, 1 January 1984.
16. 'Soviet herders suffer effects of nuclear tests', Associated Press, Moscow, quoted in *Japan Times*, 18 August 1989.
17. Keesings Historisch Archief (K.H.A.), 13-20 August 1961.
18. Nigel Harle, 'Vandalizing the Van Allen belts', *Earth Island Journal*, Winter 1988-89, p. 11.
19. Nick Begich and Jeane Manning, *Angels Don't Play This HAARP*, Earthpulse Press, Anchorage, AK, 1995, p. 53.　日本語訳：宇佐和通訳／並木伸一郎監修『悪魔の世界管理システム「ハープ」』学習研究社 , 1997.

Times, 30 January 1991.
69. 'Bombing Strikes Stepped up in "Secret War" against Iraq', *Guardian*, 8 June 2000.
70. See, for example, 'Under UN Cover', Editorial, *Washington Post*, 3 May 1999 and Thomas W. Lippman and Barton Gellman, 'US Said It Collected Iraq Intelligence via UNSCOM', *Washington Post*, 8 January 1999.
71. John Pilger, *Paying the Price: Killing the Children of Iraq*, Carlton, 2000.
72. US newswire, 9 June 2000.
73. Statement of 'Michael Rackman' to the Subcommittee on Resources and Intergovernmental Relations House Committee on Governmental Reform and Oversight, 26 June 1997.　退役軍人のプライバシー保護のため仮名を使用した。
74. Protocol I Additional to the Geneva Convention - 1977; Part I, Chapter III, Article 54.
75. Personal correspondence from participant Larisa Skuratovskaya, 26 May 2000.
76. In 'Metal of Dishonor', International Action Center, New York, NY, 1997, PP. 172-73.

第２章　上空の研究

1. 太陽エネルギーよりもむしろ地球のエネルギーに依存する深海の幾つかの生命もまた存在する。この生命は、熱水孔がある海底の裂け目の近くに生息している。熱水孔は深海に暖かいスポットを与え、巨大二枚貝や3.7メートルの長さの管棲虫のような有機的組織体にたいして無機の栄養物を吐き出している。
2. 人工的な力の源泉を停止したときに物体が従うコースが軌道であり、その運動は重力だけに従う。「自由落下」と呼ばれることもある。ボールを投げると、その到達高度は投げた人の推進力に依存する。ある点で、ボールはこの「推力」を使い果たし、曲線を描いて地球に落下し始める——ボールは不意に止まってまっすぐ地球に落下するのではなく、下降しながら前方に進む。例えばロケットを使用して地球上の十分な高さに到達すれば、落下する物体の進路は地球のカーブと釣り合う。

3. Grolier *Multimedia Encyclopaedia*, 1996 and 1998, and Microsoft *Encarta Multimedia Encyclopaedia*, 1999, are good sources of information on the atmosphere and the Van Allen belts. See also B. Hultqvist and C. G. Falt-

51. William Thomas, op cit, p. 97.
52. Robert Fisk, 'Iraqi Casualties Remain a Mystery', *The Independent News Service*, in the *Toronto Star*, 5 August 1991, A5.
53. Rich McCutcheon, 'From Baghdad to Karbala: The Human Cost of War', April 1991, informally distributed to friends and concerned citizens.
54. Ann Montgomery, 'Iraq: The Suffering Continues', in *Ground Zero*, Winter 1991-1992.
55. *Nurses for Social Responsibility*, Vol. 6, No. 2, Summer 1991.
56. Bruce McLeod, 'From Canada's Heart', *The Toronto Star*, 3 January 1992, A17.
57. *The Washington Report on Middle East Affairs*, July/August 1995, p. 105.
58. 'Children in Iraq Suffering, UNICEF', *The Toronto Star*, 27 November 1997, A21.
59. 'Death Rates Rising in Iraqi Children', *Reuters News*, 26 May 2000.
60. これは、人工衛星画像に基づくものであり、流出量を誇張した国防総省宣伝ではない。*The Daily News*, Halifax, 22 February 1991, p. 8, from 'Truth Behind Gulf Slick May Be a Victim of War' by Keay Davidson, *San Francisco Examiner*.
61. ラムゼイ・クラークによって作成された概要によれば、米国の航空機が最悪のオイル漏れを数多く起こした。連合軍のヘリコプターがナパーム弾や燃料気化爆弾を油井貯蔵所、貯蔵タンクおよび精油所に落として、イラクのいたる所で原油火災を起こし、クウェートで、ほとんどではないにしても、数多くの油井火災を起こした。米国が起こしたものではない火災は、逃亡を隠すために逃亡するイラク軍が故意に出火させたものである。
62. British biologist J. L. Cloudsley-Thompson, quoted in a Parliamentary Briefing prepared for Jim Fulton, MP, 22 January 1991.
63. Steve Newman, 'Earth Week: a Diary of the Planet', *The Toronto Star*, D6, Saturday 10 August 1991.
64. John Horgan, 'Burning Questions: Scientists Launch Studies of Kuwait's Oil Fires', *Scientific American*, July 1991, pp. 17-24.
65. Ibid.
66. Ibid, p. 20.
67. Ibid, p. 17.
68. Keith Schneider, 'Environmental Rule is Waived for Pentagon,' *The*

31. Stockholm International Peace Research Institute ARMS Transfer Project.
32. William Thomas, op cit, p. 19.
33. 'Ex-US Envoy Misled US on Saddam, Baker told', *Toronto Star*, 12 July 1991, A3, Washington (Special) reprinted from the *Los Angeles Times*.
34. John Pilger, 'Mythmakers of the Gulf War', *Guardian Weekly*, 13 January 1991.
35. Testimony of Ramsey Clark, op cit.
36. Ibid.
37. P. Young and P. Jesser, *The Media and the Military*, St Martin's Press, New York, NY, 1997, p. 2.
38. 'Economies with Truth', *Guardian Weekly*, 13 January 1991.
39. Thierry D'Athis and Jean-Paul Croize, *Golfe: la guerre cachee*, Jean Picollec, Paris, 1991.
40. Op-ed column by Ramsey Clarke in the *Toronto Star*, 18 February 1991.
41. Ibid.
42. From a briefing document prepared for Canadian members of parliament, Ottawa, 1 February 1991.
43. Norman Friedman, 'Desert Victory: the War for Kuwait', US Naval Institute, Annapolis, 1991.
44. Reported in *The Times* and quoted in William Thomas, op cit.
45. The Hersh article 'Overwhelming Force: Annals of War' appeared in the 22 May 2000 issue of *The New Yorker* magazine and was discussed by Michael R. Gordon in 'Report Revives Criticism of General's Attack on Iraqis in '91', *New York Times*, 15 May 2000.
46. William Thomas, op cit, p. 101.
47. Testimony of Ramsey Clark, op cit.
48. 'Depleted Uranium — deadly weapon, deadly legacy?', Nick Cohen, *Guardian*, 9 May 1999.
49. Dan Fahey, 'Case Narrative: Depleted Uranium Exposures', Swords to Plowshare, National Gulf War Resource Center and Military Toxics Project; latest update 2 March 1998.
50. 'Health and Environmental Consequences of Depleted Uranium Use in the US Army', US Army Environmental Policy Institute (AEPI), June 1995 pp. 83-84.

political work in Balkans', *National Post*, 3 February 2000.

14. Rollie Keith, in 'Failure of Democracy'.
15. *Depleted Uranium: A Post-war Disaster for Environment and Health*, Laka Foundation, Ketelhuisplein 43, 1054 RD Amsterdam, The Netherlands, May 1999.
16. Wayne C. Hanson and Felix R. Meira Jr, 'Long-term Ecological Effects of Exposure to Uranium', Los Alamos Scientific Laboratory, July 1976.
17. Richard L. Fliszar, Edward W. Wilsey and Ernest W. Bloore, 'Radiological Contamination for Impacted Abrams Heavy Armour', Report No. BRL-TR 3068, December 1989.
18. 英国の法的線量限度は英国放射線防護委員会によって設定され、核兵器施設オルダーマストンの年報に引用されている。
19. UN Secretary General's Report, Document No.E/CN.4/Sub.2/ 1997/27, issued 24 June 1997.
20. Felicity Arbuthnot, 'Depleted Uranium Warning Only Issued to MoD Staff', *Sunday Herald*, August 1 1999.
21. The Boston Globe, 6 August 1999, A1. The quote is from Pekka Haavisto, the head of one of the UN environmental teams.
22. UN News Release No. 70, 1999.
23. コソボでの劣化ウラン弾使用地図は以下で入手できる。*http://www.antenna.nl/wise/uranium/img/dukosom.gif.*
24. International Court of Justice press communique 99/23, dated 2 June 1999.
25. Anthony Goodman, *Reuters News* Agency, 'No War Crimes Probe into NATO Bombing', *The Toronto Star*, 3 June 2000.
26. Testimony of Ramsey Clark, former Attorney General, May 1991, at the Commission of Inquiry for the International War Crimes Tribunal, New York.
27. Testimony in 1989 by CIA Director William Webster before the US Congress.
28. William Thomas, *Bringing the War Home*, Earthpulse Press, Anchorage, AK, 1998, Ref. no. 29, pp. 16-17.
29. Testimony of Ramsey Clark, op cit.
30. The Riegle Report to the US Senate Committee on Banking, Housing and Urban Affairs, 25 May 1994; see also William Thomas, *Bringing the War Home*, Appendix VII, p. 428.

原　注

［本文と密接に関係のあるものは日本語に直し、それ以外のものは英語のまま掲載した。］

略号　ibid　　同じ個所に、同書（章、節）に、同上。
　　　op cit.　前掲書中に。
　　　et al.　およびその他。

第１章　二〇世紀最後の一〇年間の戦争

1.「下院議員たちは、コソボ爆撃は違法であるが必要だったと述べた」、*Guardian*, 7 June 2000.
2. これは46頁から成る米国の政策文書である。重要な文書は、1992年3月8日に発行された『ニューヨークタイムズ』の論文に抜粋されている。
3. 'US Defense Planning Guide', Pentagon, 1992.
4. *NATO in the Balkans,* International Action Center, 39 West 14th Street, 206, New York, NY 10011 (web site: *www.iacenter.org*), 1998.
5. Emil Vlajki, *The New Totalitarian Society and the Destruction of Yugoslavia*, Legas Press, New York, NY, 1999.
6. For a complete history of the OSCE, see web site *http://www.osce.org.*
7. Rollie Keith, in 'Failure of Democracy', *The Democrat,* May 1999.
8. Sveriges TV/radio interview, Stockholm, 24 May 1999.
9. Johan Galtung, Professor of Peace Studies, Transnational Foundation for Peace and Future Research, Vegagatan 25, S-224 57 Lund, Sweden.
10. Bradley Graham, 'Medals Granted after Acknowledgment of US role in El Salvador', in *Washington Post,* 6 May 1996.
11. 'Les morts de Racak ont-ils vraiment été massacré froidement?', *Le Monde*, 21 January 1999, p. 2; and 'Kosovo: zones d'ombre sur un massacre', *Le Figaro,* 20 January 1999, p. 3. See also the excellent analysis of the 'failure' of the OSCE: Diane Johnstone, 'Making the Crime Fit the Punishment', in *Masters of the Universe? NATO's Humanitarian Crusade*, edited by Tariq Ali, Verso, London, 1999.
12. For a post-war understanding of what happened at Racak see 'Yugoslav Government War Crimes in Racak', *Human Rights Watch,* 29 January 1999.
13. Richard Foot and Patrick Graham, 'Australians criticize CARE Canada for

ウラン兵器の危険と禁止を求める国際運動

振津かつみ

一九九一年の湾岸戦争で初めて実戦使用されたウラン兵器[※1]は、その後、兵器を使用した側の米国で帰還兵に現れた「湾岸戦争症候群」によって、米国社会でクローズアップされるようになった。バーテル博士は、そのような帰還兵の健康被害に対する補償を求める運動を支持し、また、ウラン汚染による環境と住民への影響を危惧し、科学者としてウラン兵器の危険性を訴えてきた。

本書の中でも、最新兵器のひとつとして、ウラン兵器の危険性が詳しく述べられている（日本語版まえがきおよび第1章）。バーテル博士は、①放射性物質を兵器として用いることの危険性を米軍が早くから認識していたことが、すでに原爆製造のマンハッタン計画の文書（一九四三年）にも明記されていること、②ウラン兵器の使用だけでなく、実験によっても環境や生態系が汚染されている事実、③戦闘終了後も住民がウランによる環境汚染に長期にわたって曝される危険性、特に女性や子ども達への健康影響、④ウラン兵器を使用した地域での戦闘に参加した帰還兵に共通してみられる「湾岸戦争症候群」と呼ばれる様々な健康障害、⑤ウラン兵器の使用がいくつもの国際人権・人道法に反していること、などを指摘している。

湾岸戦争後もウラン兵器は、NATO軍によってバルカンで使用され、二〇〇三年には米・英軍によってイラクで再び使用された。そして「対テロ戦争」の名の下に、あるいは地域紛争等で、今後も繰り返し使用される危険性がある。ウラン兵器を国際的に禁止させ、被害者の救済と補償を実現させることは、「惑星地球」の破壊と汚染をやめさせ平和な世界を取り戻すという、わたしたちが今、取り組まねばならない重要課題の大事なひとつである。

ウラン兵器の性格と禁止要求

ウラン兵器は以下のように、最新兵器、放射能兵器、環境汚染兵器、非人道的無差別殺傷兵器としての性格を持っており、それぞれの特性から禁止要求の根拠と意義を確認することができる。

一 「優れた性能」を持つ最新の兵器

ウラン弾は、他の金属素材の砲弾よりも兵器として優れた性能を持つ「徹甲焼夷弾」である。ウランは密度(一九・〇五グラム/立方センチメートル)が高い(鋼鉄の二・四倍、鉛の一・七倍)ため、弾芯に用いれば射程距離が長くなり、標的に激突する速度もより速く、従って衝突時の運動エネルギーも大きくなる。そのエネルギーによって、戦車などの標的物を破壊すると同時に高熱を生じ、ウランの融点(一一三二度)、沸点(三八一八度)を超える三〇〇〇〜六〇〇〇度にも達するとされている。ウラン弾は、酸化ウランの金属蒸気を生じ、発火し、戦車の装甲を焼き払いながら貫通するのである。ウランは同じくらい密度の高い金属であるタングステンに比べて、安価なばかりでなく、先端がより鋭角となって標的物を貫通し、兵器としての性能も優れているとされている。

軍事的攻撃力の強化を求め、すでに多くの国々がウラン兵器を装備している。ウラン兵器禁止の要求は、最新兵器の禁止、軍拡の阻止と全面的な軍縮を押し進める上でも重要な意義がある。

二　放射能兵器

ウラン兵器の素材である劣化ウランは、原発・核燃料サイクル、核兵器製造の過程で生じた放射性廃棄物である。ウラン兵器を使用した米・英国でも、また、両国を支持している日本でも、自国内では環境中にばらまいたり、一般の人々が扱ったりすることを法的に禁じている放射性物質である。

ウラン兵器の使用や実験は、結果として環境の長期にわたる放射能汚染と人を含む様々な生物への被曝をもたらす。劣化ウランのほとんど（九九・八％）を占めるウラン二三八は、放射能の半減期が四五億年であり、それは地球の年齢に相当する。

このようなウラン兵器の使用と実験は、「放射性物質による人類の環境の汚染を終止させる」ことを謳った「部分的核実験禁止条約」（一九六三年）や、「放射性廃棄物および他の放射性物質の投棄」を禁止した「非核地帯条約」（南太平洋非核地帯条約／一九八五年、東南アジア非核兵器地帯条約／一九九五年、アフリカ非核兵器地帯条約／一九九六年）にも反するものであり、世界の反核平和運動の成果を踏みにじり、核軍縮の流れにも逆行する。

三　環境と生態系を汚染する兵器

ウランは放射能毒性と化学毒性を持つ有害物質である。前述のようにウラン弾は戦車などの標的にあたると、超高温によって直径一〇ミクロンからナノメートル[※2]のレベルの大きさの、酸化ウランのエーロゾル状の微粒子となり、広い範囲に拡散し環境を汚染する。

実際に、クウェートでは、一九九一年の湾岸戦争で戦場となった砂漠地帯から数十キロメートルも離れた都市やペルシャ湾沿岸の空気中の浮遊物や固形降下物中に劣化ウランが検出されたことが報告されている（文献1）。

環境に拡がった劣化ウランが生態系を汚染している事実を、米軍のウラン弾試射場の研究エリアの植物や小型哺乳動物の体内から劣化ウランが検出されたことを例に挙げて、バーテル博士も指摘している（第1章）。また、湾岸戦争時に大量のウラン弾が投下された戦場に近いイラク南部の都市バスラに、少なくとも一九九一〜九四年の間住んでいた一般市民の剖検試料で、肺、肝臓、腎臓などの臓器から劣化ウランが検出されたことが報告されている（文献2）。

ウラン兵器の使用によって、自然界にはもともと存在しなかったような「酸化ウランの微粒子」という形態でウランが環境中に放出される。このように、天然にはない形態でのウランの放出が、今後、どのように環境や生態系へ影響を及ぼすかは十分に解明されてはいない。

ウラン兵器は、有害物質による環境と生態系の汚染を防ぐという環境保護の立場からも禁止されるべきである。

四　非人道的無差別殺傷兵器

バーテル博士も指摘しているように、環境と生態系を汚染するウラン兵器は、対人地雷などと同様に、戦闘終了後も長期にわたり、兵士だけでなく一般市民にも無差別に危害を与える兵器である。また、国境を越えて汚染が広がることによって、周辺の紛争当事国以外にも被害を与える可能性がある。このような兵器の使用は、「ハーグ条約」(一九〇四年)、「毒ガス等の禁止に関する議定書」(一九二五年)、「ジュネーヴ条約第一追加議定書」(一九七七年)、「特定通常兵器使用禁止制限条約」(一九八〇年)など、これまで国際社会が確認してきた戦争に関する様々な国際条約や国際人道・人権法に明らかに反している。このような趣旨からウラン兵器は、国連人権小委員会でも、核兵器、化学兵器、燃料気化爆弾、ナパーム爆弾、クラスター爆弾、生物兵器と並んで「大量あるいは無差別な破壊をもたらす兵器」として非難された(一九九六、九七年決議)。ウラン兵器の禁止は、国際人道・人権法に基づく当然の要求である。

ウラン兵器の被害と「予防原則」

一　生態系と人々の健康への被害の危険性

ウラン兵器の使用によって生じる酸化ウランの微粒子が生体に取り込まれた場合の、体内分布や動態、生体への作用と傷害発症のメカニズム、内部被曝線量の評価などは、科学的にまだ十分に明らかにされてはいない。しかし、ウランそのもの、あるいは微粒子の吸入が、生体に悪い影響を及ぼすことは、すでに様々なレベルで示されている。

(1) 動物・細胞実験では、発ガン性、神経毒性、免疫細胞への影響、生殖と胎児発育への影響、細胞レベルでの核内ＤＮＡや酵素蛋白への作用など、ウランの化学毒性と放射能毒性による生体への影響を示す多くのデータが、すでに医学・科学雑誌等でも報告されている（文献3―9）。これらの実験結果は、ウランへの曝露の仕方や量の違い、生体内と生体外での作用の違い、マウスなどの実験動物とヒトとの違いなどを考慮しなければならないが、ヒトへの健康影響を予測し、何らかの対策を講ずるための重要な基礎データである。これらはまた、ウランが、ガン・白血病だけではなく、様々な全身的影響を及ぼす可能性があることを示している。ウラン兵器の健康被害を化学毒性による腎障害と肺障害のみに限定する米・英両国の政府や軍の見解は、明らかに被害を過小に評価するものである。

(2) 湾岸戦争（一九九一年）とバルカン戦争（一九九五～九九年）に参加した一六人の英国帰還兵の末梢血リンパ球の調査で、放射線被曝で引き起こされるタイプの染色体異常（二動原体、環状染色体）の出現率が、対照群の平均五・二倍であったことが報告され（文献10）、「劣化ウラン曝露による体内被曝を示唆する調査結果」として注目されている。この調査結果が強力な根拠のひとつとなって、スコットランドのある湾岸戦争帰還兵が障害年金を求めていた裁判で、英国で初めて「劣化ウランの毒性による障害」との判決が下され勝訴した（ヘラルド・スコットランド、二〇〇四年二月）。判決は、劣化ウランの放射能毒性を事実上認めたものである。

(3)　一九九一年の湾岸戦争帰還兵では、湾岸戦争に従軍しなかった退役軍人に比べて、様々な健康障害の症状の訴えが多い。循環器、血液・造血器、泌尿・生殖器、免疫系などの疾患の罹患率が高く、いくつかの悪性腫瘍で増加傾向がみられる。不妊症や流産、また、帰還後に生まれた子どもの先天障害の頻度が高い。これらの調査結果が医学雑誌でも報告されている（文献11—19）。これまでの調査・研究では、これら湾岸戦争帰還兵の健康障害の原因は明らかにされてはいない。しかし、その重要な原因のひとつに、戦場での劣化ウランへの曝露があると考えられる。バーテル博士も指摘しているように、帰還兵士の健康障害には、「倦怠感、筋肉や関節の痛み、息切れ、ガン、泌尿生殖器系の非常に稀な疾患、造血器や血液系の障害、戦争後に生まれた子どもに増加している先天障害の発生、筋萎縮性側索硬化症の発症頻度の増加」など、精神的ストレスとして片付けることのできない症状や疾患が含まれている（日本語版まえがき）。しかし米・英両国の政府や軍はこれまで、「戦争によるストレスが湾岸戦争症候群の原因である」と決めつけ、健康調査と治療・補償を求める退役軍人らの訴えを退けてきた。退役軍人らの抗議を受けて、やっと最近になって（二〇〇四年一一月一二日）米国退役軍人省の調査諮問委員会は、「湾岸戦争症候群」の原因は、「化学兵器のような神経毒性物質への曝露の可能性が高い」とし、また劣化ウランもその原因物質のひとつとして検討すべきとの報告書を出すに至った。

(4) 欧米では、近年、環境大気中の直径一〇ミクロン、あるいは二・五ミクロン以下の微粒子による住民の健康影響についての疫学調査がなされ、これらの微粒子への曝露が、呼吸器系、心臓血管系などの疾患と関連があることが明らかされてきた（文献20―22）。微粒子であるために、肺での滞留期間がより長くなることも指摘されている。これらの微粒子の人体影響のメカニズムの詳細は、まだ完全には解明されていない。しかし、欧米ではこれら微粒子による大気汚染の規制など、行政レベルでも対策の見直しがなされている。さらには、数ミクロンの粒子とは異なる挙動を示す可能性のある、より微細な「ナノ粒子」の環境や生体に対する影響が、動物実験の結果などによって確認されている（文献23）。これらの知見はウラン兵器使用によって生じる数ミクロン、あるいはそれ以下の大きさの粒子への曝露が、他の大気汚染微粒子と同様に人体に悪影響を及ぼす可能性があることを示唆している。しかもそれは、放射能・化学毒性を持つ微粒子であり、生物学的半減期が相対的に長い分だけ、人体に深刻な影響を及ぼす可能性がある。

二　求められる実態調査と被害者救済

ウラン兵器と帰還兵士や汚染地域住民の健康被害との関連を、科学的に十分に検討した健康調査や疫学調査は行われておらず、彼らの健康被害とウランへの曝露との因果関係は、現在のところ、必ずしも明確には示されていない。

このような科学的調査を困難にしてきた責任のひとつは、米英をはじめとする国の政府や軍による一貫したウランの毒性の過小評価、因果関係の否定、ウラン兵器の使用や被害に関する情報の隠蔽にある。そのうえに、これらの政府は、健康障害の原因がウラン兵器であることの証明は被害者の側が行うべきとし、まともな調査も被害者救済も行わず、ウラン兵器を使い続けているのである。

また、大量のウラン兵器が投下されたイラクでは米英とその同盟軍による占領と戦闘が続いており、汚染の実態調査、汚染地域住民の健康調査、そして治療もまともに行うことができない状況がある。さらに、これらの地域では、長年にわたる戦争、経済制裁、政治的混乱などによってもたらされた、さまざまな環境破壊と汚染、貧困、避難などによる都市人口の著しい変化などの諸要因が混在しており、ウラン兵器の影響だけを切り離して調査・評価することが非常に困難となっている。

国際原子力機関（ＩＡＥＡ）や国際放射線防護委員会（ＩＣＲＰ）など、原子力利用を推進する国際勢力も、ウランによる環境の放射能汚染や被曝リスクの過小評価を行ってきた。ＩＣＲＰなどは、被曝の影響評価において、致死的なガン・白血病と重篤な遺伝的影響のみを指標にし、実際にヒバクシャ（原爆による被爆者とその他の放射能による被爆者とを総称した国際語）が苦しんでいる他の様々な健康障害を除外してきたのである。

ウラン兵器による被害について、早急に、本格的な科学的実態調査を行うことが求められている。これらの調査は、被害者の訴えを受け止め、被害者への支援、治療とあわせて行われるべきである。イラクではウラン兵器の使われた地域で「特に子ども達に白血病や先天障害などの増加が顕著に認められる」と、現地で治療にあたっている医師達からの報告がなされていることを考えると、放射能や汚染物質に対する感受性の高い胎児や乳幼児への影響にも注目して評価・検討することが重要であろう。

三 「予防原則」からも即刻の禁止が必要

動物・細胞実験、湾岸戦争等の帰還兵の健康調査、微粒子の健康影響調査などによって、これまでに明らかにされてきたウラン兵器の危険性は、生態系や人々の健康への影響とウラン兵器との因果関係の確証に時を費やしている間、何ら対策を講じることなく放置すれば、被害が拡大し深刻化するおそれがあることを示している。すべてが科学的に証明されるまでは「影響がない」かのように扱い、被害者の訴えを退け、ウラン兵器を使用し続けることを許してはならない。このことは、環境汚染による公害問題などで、私たちがこれまでに学んできた歴史的教訓でもある。

近年、環境汚染や環境破壊から生態系や人々の健康を守る際の原則、アプローチの仕方として「予防原則」が確立されてきた。一九九二年にリオデジャネイロで開かれた「国連環境開発会議」（地球サミット）で出された「環境と開発に関するリオ宣言」には、「重大あるいは取り返しのつかない損害のおそれがあるところでは、十分な科学的確実性がない」場合でも対策を遅らせてはならないと明記された。

この「予防原則」は、「地球サミット」の行動計画である「アジェンダ21」や、一九九八年に環境保護を訴える科学者らが出した「予防原則に関するウイングスプレッド宣言」、二〇〇四年五月に発効した「残留性有機汚染物質に関するストックホルム条約」（ＰＯＰｓ条約）などでも確認されている。このような「予防原則」の見地からも、ウラン兵器は即刻禁止されなければならない。

ウラン兵器禁止を求める国際運動

湾岸戦争以降、健康障害に苦しむ米英の帰還兵、ウラン兵器が使用された射爆場周辺の住民、被災地イラクの医師や科学者、イラクへの医療支援等に取り組む人々、欧米のいくつかの反核平和団体、それらの活動を支持する科学者や法律家などによって、国際的にも、この危険なウラン兵器の使用に反対する取り組みがなされてきた。一九九六、九七年の国連人権小委員会での決議もそのような動きの中で実現したものである。また、「一九九一年湾岸戦争における米英による劣化ウラン使用の健康・環境についての会議」（一九九八年、バグダット）、「ハーグ平和アピール会議」での劣化ウラン問題分科会（一九九九年）、「劣化ウラン兵器反対国際会議」（二〇〇〇年、マンチェスター）など、いくつかの国際会議も開催された。バーテル博士も科学者として、これらの運動を支えてきたひとりである。

二〇〇〇年末、「イタリアなど欧州諸国でNATO軍のコソボ帰還兵に白血病発症」とのマスコミ報道は、欧州諸国でウラン兵器の問題がクローズアップされるきっかけとなり、国連環境計画（UNEP）、世界保健機構（WHO）などの国際機関や、欧州の各国政府も、限られたものではあれ、バルカンでの劣化ウラン汚染調査や劣化ウランの健康影響評価を行わざるをえなくなった。

そして二〇〇三年三月の米・英軍によるイラク攻撃を機に、イラク戦争反対と結んで、ウラン兵器禁止と被害者支援を求める世界の運動が新たな広がりをみせ始めた。

二〇〇三年一〇月一六〜一九日、ドイツのハンブルクで「世界ウラン兵器会議二〇〇三」が、「核兵器廃絶のための非暴力行動」（ＧＡＡＡ）などの呼びかけで開かれた。イラクを含む二〇ヵ国から約二〇〇名のウラン兵器反対や平和運動、反グローバリゼーションの活動家、専門家、退役軍人とその遺族などの被害者が参加し、被害の訴え、ウラン兵器の危険性の評価についての議論、運動の交流と意見交換が行われた。新たな要求としての「ウラン兵器禁止条約」の「現行国際法」における位置づけなど、運動の方針をめぐる意見の違いも出され、議論された。

ハンブルクでの会議に先立つ一〇月一〇～一三日、ベルギーのベルラールでは、「国際劣化ウラン研究チーム」（ＩＤＵＳＴ）らのよびかけで、ウラン兵器反対や反核平和の活動家、専門家など八ヵ国から約三〇名が集い、世界の草の根の運動をつなぐ国際的ネットワークとして「ウラン兵器禁止を求める国際連合」（ＩＣＢＵＷ）が結成された。そして、国際的なウラン兵器禁止と被害調査・被害者支援を訴える「声明」を発表した。[※3] ＩＣＢＵＷの結成メンバーは、ハンブルク会議にも参加し、報告や議論に積極的に加わった。

ＩＣＢＵＷは「声明」への賛同を世界に呼びかけており、すでに二〇ヵ国から七〇の団体が賛同し、ＩＣＢＵＷへの参加を表明している（二〇〇四年一二月末現在）。また、ＩＣＢＵＷの科学顧問のひとりに、バーテル博士も名を連ねている。

ＩＣＢＵＷのウラン兵器禁止要求のひとつの軸は、「対人地雷禁止条約」制定の運動にも学びつつ進められている「ウラン兵器禁止条約」の締結要求である。ＩＣＢＵＷのメンバーのマンフレッド・モーア氏（「国際反核法律家協会」ＩＡＬＡＮＡ、ドイツ支部）らによって、「ウラン兵器の開発、製造、貯蔵、使用の禁止に関する条約案」が叩き台として提案されている。[※3] この「条約案」前文では、「ハーグ条約」

「毒ガス議定書」「ジュネーヴ条約」など、現行のいくつかの国際人道・人権・軍縮法に基づき、また、「大量無差別破壊兵器」としてウラン兵器を批判した「国連人権小委員会決議」も確認しつつ、ウラン兵器使用の違法性が明記されている。「条約案」は、最終的なウラン兵器廃絶をめざし、ウラン兵器の開発、生産、蓄積、移転、使用の禁止と、廃棄を定めている。また、被害を受けた国と人々に対する除染・防護・医療などへの国際的支援の条項も含まれている。

ICBUWは二〇〇四年の夏から、「ウラン兵器禁止を求める国際署名」の国際キャンペーンを開始した。[※3] この「国際署名」は、世界中の多くの人々の声を結集し、ウラン兵器を使用・保持している国々へ国際的な圧力をかけることをめざしている。署名の大衆的な力を背景に「禁止条約」実現などを求め、諸国政府や国連などの国際機関へ働きかけるように準備が進められている。

ICBUWはまた、一一月六日を「ウラン兵器禁止の国際共同行動デー」として取り組むことを呼びかけ、第一回目の二〇〇四年一一月には、世界各国、日本各地でウラン兵器禁止の諸行動が連帯して取り組まれた。毎年一一月六日は国連が定めた「戦争と武力紛争による環境破壊を防止する国際デー」（二〇〇一年決議）である。アナン国連事務総長も「国際デー」のメッセージ（二〇〇二年）の中で「劣化ウラン兵器のような新たな技術が、環境への未知の脅威をもたらしている。戦争による環境への被害は、平和の回復と社会の再建への障害にもなっている」とウラン兵器を批判している。

今後もICBUWの国際キャンペーンを拡げ、反戦平和、非核、反原発、環境保護、人権擁護など、国内外でのさまざまな運動に取り組む人々とともに、ウラン兵器の禁止を求める粘り強い運動を展開することが求められている。特に「広島・長崎を繰り返さない」という願いから、あらゆるヒバクシャとの連帯した運動に取りくんできた日本の私たちは、ウラン兵器による「新たなヒバクを許さない」、「新たなヒバクシャをつくり出してはならない」という観点からも運動を強めて行きたい。

「未来の世代に対する私たちの配慮が、今、試されているのだ。……今こそ、この流れを変える時だ！」というバーテル博士の呼びかけは、私たちにウラン兵器禁止を求める運動への確信と勇気を与えてくれている。

（二〇〇四年十一月）

注

※1　ここでは「劣化ウラン兵器」ではなく「ウラン兵器」を用いることにする。本来ウランの「劣化」という表現は、原子力利用に必要な核分裂性のU二三五の割合が天然ウランよりも低いという意味で使われている用語である。ウラン兵器禁止を求める運動の中では「劣化」という表現が「危険性がより低い」という印象を与えるとして、「ウラン兵器」を用いることが多くなっている。

※2　ミクロンは一ミリの一〇〇〇分の一、ナノはさらにその一〇〇〇分の一。

※3　ＩＣＢＵＷの声明文、ウラン兵器禁止条約案、国際署名は、ＩＣＢＵＷのウェブサイト（http://www.bandepleteduranium.org/index.php）から、日本語版は「ヒバク反対キャンペーン」のホームページ（http://www1.odn.ne.jp/hibaku-hantai/）からダウンロードできる。

参考文献

1. Firyal Bou-Rabee, Estimating the concentration of uranium in some environmental samples in Kuwait after the 1991 Gulf War, Applied Radiation and Isotopes, vol. 46, no. 4, pp. 217-220, 1995.
2. Hari D. Sharma, 〝Investigation of Environmental Impacts from the Deployment of Depleted Uranium-Based Munitions, Part 1, Report and Tables,〟 December 2003. This report is available from the Military Toxics Project (MTP).
3. A.C. Miller, et al., Transformation of human osteoblast Cells to the tumorigenic phenotype by depleted uranium-uranyl chloride, Environmental Health Perspectives, vol. 106, no. 8, pp. 465-471, 1998.
4. F.F. Hahn, et al., Implanted depleted uranium fragments cause soft tissue sarcomas in the muscle of rats, vol. 110, no. 1, pp. 51-59, 2002.
5. A.C. Miller, et al., Observation of radiation-specific damage in human cells exposed to depleted uranium: dicentric frequency and neoplastic transformation as endpoints, Radiation Protection Dosimetry, vol. 99, nos. 1-4, pp. 275-278, 2002.
6. T.C. Pellmar, et al., Electrophysiological changes in hippocampal slices isolated from rats embedded with depleted uranium fragments. Neurotoxicology, vol. 20, no. 5, pp. 785-792, 1999.
7. J.F. Kalinich, et al., Depleted uranium-uranyl chloride induces apoptosis in mouse J774 macrophages, Toxicology, vol. 179, pp. 105-114, 2002.
8. J.L. Domingo, Reproductive and developmental toxicity of natural and depleted uranium: a review, Reproductive Toxicology, no.15, pp. 603-609, 2001.

9. A.C. Miller, et al., Depleted uranium-catalyzed oxidative DNA damage: absence of significant alpha particle decay, Journal of Inorganic Biochemistry, vol. 91, pp. 246-252, 2002.
10. H. Schröder, et al., Chromosome aberration analysis in peripheral lymphocytes of Gulf War and Balkans War, Radiation Protection Dosimetry, vol. 103, no. 3, pp. 211-219, 2003.
11. G.C. Gray, et al., The postwar hospitalization experience of U.S. veterans of the Persian Gulf War. New England Journal of Medicine, vol. 335, no. 20. pp. 1505-1513, 1996.
12. L.A. McCauley, et al., Illness experience of Gulf War veterans possibly exposed to chemical warfare agents. American Journal of Preventive Medicine, vol. 23, no. 3, pp. 200-206, 2002.
13. R. Simmons, et al., Self-reported ill health in male UK Gulf War veterans: a retrospective cohort study, BMC Public Health, vol. 4. no. 27, 2004. (This article is available from: http://www.biomedcentral.com/1471-2458/4/27)
14. A.Vojdani, et al., Cellular and humoral immune abnormalities in Gulf War veterans, Environmental Health Perspectives, vol. 112, no. 8, pp. 840-846, 2004.
15. G.J. Macfarlane, et al., Incidence of cancer among UK Gulf War veterans: cohort study, British Medical Journal, vol. 327, no. 7428, pp. 1373-1375, 2003.
16. J.D. Knoke, et al., Testicular cancer and Persian Gulf War service. Epidemiology, vol. 9, no. 6, pp. 648-653, 1998.
17. Maria Rosario G. Araneta,et al., Conception and pregnancy during the Persian Gulf War: the risk to women veterans, Annals of Epidemiology, vol. 14, pp. 109-116, 2004.
18. P. Doyle, et al., Miscarriage, stillbirth and congenital malformation in the offspring of UK veterans of the first Gulf war, International Journal of Epidemiology, vol. 33, pp. 74-86, 2004.
19. N. Maconochie, et al., Infertility among male UK veterans of the 1990-1 Gulf war: reproductive cohort study, British

Medical Journal, vol. 329, pp. 196-201, 2004.

20. J. Schwartz, et al., Is daily mortality associated specifically with fine particles?, Journal of Air & Waste Management Association, vol. 46, pp. 927-939. 1996.

21. J.J. de Hartog, et al., Effects of fine and ultrafine particles on cardiorespiratory symptoms in elderly subjects with coronary heart disease, the ULTRA study, American Journal of Epidemiology, vol. 157, no. 7, pp. 613-623.

22. J.M. Samet, et al., Fine particulate air pollution and mortality in 20 U.S. cities, 1987-1994, The New England Journal of Medicine, vol. 343, no. 24, pp. 1742-1749, 2000.

23. C.W. Lam, et al., Pulmonary toxicity of single-wall carbon nanotubes in mice 7 and 90 days after intratracheal instillation, Toxicological Science, vol. 77, no. 1, pp. 126-134, 2004.

解説——訳者あとがきにかえて

戦争が地球環境に及ぼす破壊的影響についての分析

翻訳グループを代表して　稲岡美奈子

本書（原題『「惑星地球」最新兵器——軍と環境の批判的研究』二〇〇〇年出版）は、軍の研究・開発が起こした環境上の諸問題に関する初めての優れた分析です。なかでも、将来のスターウォーズを目的に開発が進められている電磁兵器、レーザ兵器、電離層ヒーターなどの最新兵器と劣化ウラン兵器（ウラン兵器）に関する分析には、注目すべき内容があります。

著者は、戦争そのものから戦争準備にまで踏み込んで、最新兵器の研究・開発および製造・使用が地球上のすべての生命、および生命維持システムとしての大気諸層と大気圏外を含む、太陽系の中の地球にたいして及ぼす破壊的影響を包括的、歴史的に検証、評価しています。この点に本書の最大の特徴があります。

さらに、本書は、一九七二年の「人間環境サミット」以降の環境問題を総括して、オゾン層の減少と気候変動、森林伐採と砂漠化、多数の種の絶滅、毒性廃棄物の蓄積、感染症と慢性疾患の増加など、人間の諸活動が回復困難なまでに地球環境と人の健康を悪化させていると警告しています。その上で、人間の行動様式を持続可能なものへと転換して、地球の生命と生命維持システムを保持すべきだと主張しています。この点では、著者のロザリー・バーテル博士は多くの「環境保護主義者」と認識を共有しています。当然ですが、著者は、「地球環境はそれほど悪化していない、市場競争と経済成長、技術革新こそがグローバルな問題を解決する」という「懐疑的環境主義者」(ビョルン・ロンボルグなど)の対極にあります。

また、本書は、環境・健康の専門家と市民活動家の立場を結合した視点から、地球環境と軍のあらゆる側面を概観し、「軍の廃止」なしには地球環境問題の解決はありえないと訴えています。そして、NGOの様々な活動も紹介しながら、全面的で完全な軍備撤廃(「全面完全軍縮」)、「軍の廃止」から「生態学的な安全保障」の確立の方向を具体的に追究しています。この点でも、本書はユニークなものとなっています。

二〇世紀末の二つの「人道的介入」戦争を生き生きと描写

ブッシュのイラク戦争は、開戦から二年が経過した今日、戦争の大義が完全に崩壊し、占領軍への反米武装勢力の抵抗・攻撃が継続拡大し、ますます「泥沼化」しています。二〇〇四年六月のイラクへの「主権移譲」、二〇〇五年一月の暫定国民議会選挙の後も、米英による占領状態は続き、治安は回復するどころかますます悪化しています。〇五年三月には米軍の死者は一五〇〇人を超えました。イラク人の死者は二万人を超えています。

米英軍によるイラク占領支配の破綻、米国の軍事費の増大と双子の赤字の累積、イラクでの大量失業と生活苦の増大、劣化ウランや化学物質による環境汚染、中東情勢の「液状化」、原油価格の高騰と世界経済における「地政学的リスク」の増大等が国際社会の関心を引きつけ、戦争と平和、帝国主義、グローバルな危機などについて議論がたたかわされています。反戦平和行動、占領反対の行動も継続して展開されています。

我が国では、イラクへの自衛隊派遣の是非、米軍の再編と基地問題、憲法九条が議論を呼んでいます。本書は、現在のイラク戦争前の二〇〇〇年に書かれましたが、以下の点で、イラク戦争を巡る国内外の議論に一石を投じるものだと、私たちは確信しています。

① 本書第1章は、一九九〇年代の二つのハイテク戦争、すなわち、ユーゴスラビア戦争と湾岸戦争を、生き生きと描写し、「人道的」介入と呼ばれた戦闘の動機と結果を分析しています。二つの戦争は、より明白な人道的関心の結果であったと同程度に、「経済的策略、政治的便宜、失敗した外交の結果」でもあったと著者は評価しています。とくに冷戦後の米国の外交政策を批判して、米国中心の政治的・経済的秩序を乱すものにたいしては、「開拓時代の西部」を思い出させるような「銃による統治」を追求するものと厳しく弾劾しています。このことは、九・一一以降のアフガンやイラクへの先制攻撃、それに続く米国の外交・軍事政策にもあてはまります。

第1章では、経済的利害、外交と戦争が、さまざまな事実をまじえて歴史的に描写されており、ドキュメントとしても大変面白く、また考えさせられる内容となっています。現在のイラク戦争では、「ならずもの国家」への「先制攻撃」や「民主化」が戦争の目的として新たに付け加えられましたが、二〇世紀末の二つの戦争の延長線上に現在のイラク戦争があることが本書からもわかります。

②　著者は、戦争による被害は、メディアが大々的に宣伝する戦闘時の直接的被害、すなわち攻撃による死亡や負傷、建造物などの破壊だけではないことを強調しています。第一に住宅等の建物、産業施設や研究施設の破壊による大気と水の汚染、食糧や農産物の破壊、大規模火災による気象異変、第二に戦争準備における兵器の実験段階から戦後まで長期にわたって続く環境汚染と生態系の破壊、第三に戦後の国際制裁による食糧・水・医薬品の不足、第四に戦争準備の研究・開発の副産物としての民需製品（例えば、殺虫剤）等が環境と人の健康に広く影響を及ぼしているということが、本書全体を通して、検討・評価されています。包括的な分析は数多くの事実や著者自身の多くの体験に基づいており、非常に説得力があります。

③　湾岸戦争で初めて広範囲に使用された劣化ウラン兵器について、著者は歴史的に振り返り、その起源は一九四三年のマンハッタン計画の「放射能兵器」の開発にまでさかのぼると指摘しています。著者は、劣化ウラン兵器は実験段階から戦争終了のずっと後まで被害を与え続けると警告しています。すでに、実験段階でその使用の危険性は証明されており、湾岸戦争後のイラクではとくに多数の子ども達の間に健康被害が出てもおかしくないと述べています。そして、国際人道主義と両立しない「大量無差別破壊兵器」としての劣化ウラン兵器の禁止を求めた「国連人権小委員会」の決議を、著者は支持しています。

大気圏と宇宙空間における軍の実験は生命維持システムを傷つける

本書の第Ⅱ部（第2〜4章）は、核や電磁波などの軍事利用、ロケットと宇宙開発、スターウォーズ戦略を歴史的に総括し、大気圏や大気圏外での軍事的実験とそれが地球と生命に及ぼす影響を全体的に分析しています。

第Ⅱ部は、ロケットや電磁兵器など最新兵器の開発を歴史的に解説する入門的性格と、最新兵器の地球に対する影響を予測する論争的性格とを合わせ持っています。地球の生命維持システムの重要な構成要素としての電離層や磁気圏に目を向け、これらがスターウォーズのための最新兵器の開発によって傷つけられ壊されようとしていると警告していることは、とくに注目すべき点です。

しかし、その実験が及ぼす電離層やヴァン・アレン帯の攪乱、地球物理学的影響、兵器としての環境の利用については、著者のかなり大胆な評価、問題提起を含んでおり、議論を呼ぶことが予想されます。なかでも、電磁兵器や電離層ヒーターによる地震誘発については、詳細な科学的検討が必要です。地震によって電磁波が発生し電離層と相互作用することは確かめられていますが、逆に、電離層の攪乱により発生する電磁波が地震を誘発するのかどうかは不明です。

他方、大気圏の核実験の影響や、宇宙ロケットやスペースシャトルによる汚染やオゾン層の減少に関しては議論の余地はほとんどありません。

一九八〇年代のレーガン政権のスターウォーズ計画（SDI）は、ブッシュ政権下で、ミサイル防衛（M

D)として全面的に復活し、配備が開始されようとしています。スターウォーズが地球に及ぼす影響(第4章)の批判と暴露は今日、反戦平和運動に必要とされているものです。

また、著者はスターウォーズの重要な構成要素となる宇宙からの監視・諜報システムが、湾岸戦争やユーゴスラビア戦争ですでに使われ、さらに産業スパイ活動にも利用されていることを指摘しています(第3章)。米国の宇宙制覇戦略のもう一つの側面として、この事実にも注目しなければなりません。

エコロジー資源を浪費し環境危機を促進する戦争とその準備

軍による資源の濫用、浪費があらゆる生命維持システムを危機に陥れる重要な要因になっているにもかかわらず、「環境危機を議論するための大きな世界会議」は、「軍事生産によって、あるいは軍事研究から生まれた民間企業によって生じる資源枯渇」にはほとんど注意を払ってこなかった(第5章)と、著者は述べています。そして、九二年のリオの「地球サミット」で、米国政府が「アジェンダ21」から戦争に関連した事項のほとんどを削除させたことを厳しく批判しています。ヨハネスブルグの「環境開発サミット」(二〇〇二年「リオ+10」)でも、「実施計画」に環境を悪化させる要因としての「戦争」や「武力紛争」を盛り込ませなかったことなど、この傾向はさらにひどくなっています。

第5章では、人的資源、財政資源、天然資源の過剰消費、浪費が全般的に検討されています。とくに「エコロジカル・フットプリント」に基づく地球のエコロジー資源容量の分析は、人間による消費との関係でエコロジー資源の現状や限界を見渡し、把握する上で重要です。もちろん、地球の環境容量を正確に把握するには、資源への汚染の影響、生物多様性にとって必要な資源や環境等を含めての動的な解析が必要となります。

著者は、エコロジー資源の世界的消費は少なくとも三三％ほど地球の回復容量を超えている、「軍事生産だけでこのエコロジー不足のおよそ一三％を説明できる」として、「戦争および戦争準備はさらにいっそう資源の蓄えを劇的に減少させる」と警告しています。この考え方は、それほど注目されていませんが、「石油のための戦争」、「軍産複合体のための戦争」と言われるイラク戦争の環境への影響を見る上で、重要な視点です。

さらに、第5章は、研究開発や生産における軍事と民事の相互連関を歴史的かつ系統的に分析しています。原発開発にも核兵器開発にも必要だった「平和のための原子力」、気象管理と不可分に進められた「宇宙開発」や、「太陽光発電人工衛星プロジェクト」に起源を持つスターウォーズ計画、毒ガス開発から始まった「平和の塩素プログラム」、稀少金属の生産を途上国に求めた「ハイテク軍事プログラム」等が具体的に検証されています。そこで、平和の装いをもって、膨大な資金や人員が軍事研究に投入されるメカニズムが暴露されています。

本書では、核施設の事故や放射能汚染、人の健康への影響は詳しく分析されていません。この分析は、バーテル博士の別の著書 *NO IMMEDEATE DANGER Prognosis for a Radioactive Earth*（The Women's Press, London, 1985）やチェルノブイリ一〇周年人民法廷（Permanent Peoples Tribunal Session on Chernobyl Viena, Austria, April 1996）での博士の報告においてなされています。

著者は、「軍事研究に対する資金や人員を絶つような単純な戦略的措置が暴力の段階的拡大を効果的に止めることになる」と述べています。確かに、電磁兵器や宇宙兵器など最新兵器の研究開発への資金や人員を絶つことは、新たなタイプの破壊、暴力の拡大を事前に阻止するために重要です。

ブッシュ政権は小泉政権も巻き込み、巨額の軍事費をつぎ込んで、ミサイル防衛（ＭＤ）の開発を進めようとしており、軍事費の大幅削減を要求し、闘うことは日本においても緊急の課題となっています。

核兵器廃絶と宇宙兵器禁止、軍備撤廃の課題

第６章で著者は、冷戦終結後も、核兵器は安全保障にたいして重大な脅威を与え続けているが、世論の高まりによって国際情勢は核兵器廃絶条約の早期の締結に向かって前進しているとする一方で、「好戦的な国家がすでにほとんどのタイプの核兵器をやめて種々の電磁ビーム・パルス兵器の使用に近付いたという証拠がある」と、述べています。同時に、著者は、このような現状認識に立って、「核兵器廃絶からスターウォーズ反対へ」と軍備撤廃をめざす大衆運動の重点を移すべきだと主張しているように思われます。

しかし、核兵器の開発や拡散、使用の脅威が後退したわけではありません。ブッシュ政権は二〇〇〇年の核不拡散条約（ＮＰＴ）再検討会議の「核兵器廃絶の確約」を踏みにじり、包括的核実験禁止条約（ＣＴＢＴ）に反対し、小型核のような「使用可能な」核兵器の開発を進め、核の先制使用戦略

をも打ち出しました。核兵器の禁止も、宇宙兵器の禁止も、またウラン兵器の禁止も、「全面完全軍縮」の中に位置づけ、平和と軍縮の闘いを進めるべきだと私たちは考えます。

この点では、一九五〇年代末から六〇年代にかけ、米ソの全面核戦争による人類破滅の危機が切迫する中で、国際社会が部分的核実験禁止条約からＮＰＴ、宇宙条約など「全面完全軍縮」に向かう流れを作り出したことを再評価する必要があります。著者も言及しているＮＰＴ第六条の「軍縮義務」もこの流れに沿ったものです。人類を破滅から救うには、すべての戦争手段を廃棄する以外にないというのが当時の基本的な認識でした。

冷戦終結後、全面核戦争による人類破滅の脅威が後退する一方で、途上国における貧困の蓄積、衛生状態の悪化と感染症の蔓延、世界的な貧富の格差の拡大、地球温暖化と気候変動、エコロジー資源の枯渇などのグローバルな危機が国際政治の前面に登場してきました。武力紛争と戦争、新たな軍拡は、「惑星地球」の生命と生命維持装置の破壊、収奪、資源の浪費を進行させています。今日、新たな条件下で、「全面完全軍縮」をめざす国際的動きを再構築して行くことが求められているのではないでしょうか。

軍の廃止から生態学的安全保障へ

著者は、軍による資源の濫用と環境の軍事汚染が地球環境の危機に拍車をかけているので、地球の危機を防止するために「軍の廃止」に向けて緊急に取りかからなければならないと主張しています。

そして、第6章で、軍を廃止していく方向として、軍隊の文民統制から、軍備撤廃へと進む過程を提起しています。また、国連を中心にすえて、新しいミレニアムの最初の一〇年を「非暴力のための一〇年」にしようと呼びかけています。

しかし、著者も述べているように、「現在、世界の経済構造の推進力は富への貪欲さであり、軍事力がそれを防衛して」いるのです。米国は最先端の軍事力を使って、帝国主義的世界制覇を追求しています。九・一一を境に、国際情勢は、暴力と戦争の拡大という危険な方向へと動いています。「軍の廃止」は、軍国主義、帝国主義の廃棄と深く関わっていると私たちは考えます。「軍の廃止」の目標に向かってどのように接近して行くのか、現在の戦争と侵略に反対して闘いを進めながら、真剣に模索していかなければならないと私たちは考えています。

日本は、国際紛争を解決する手段として、「戦争と武力による威嚇又は武力の行使」を放棄し「戦力を保持しない」ことを謳った「平和憲法」を持っています。米国に追随して日本を戦争できる国に変えようとする改憲策動が強まるなかで、「平和憲法」を守り抜き、国際紛争を平和的に解決させ、新たな軍拡に歯止めをかけ、「軍縮」の過程を進展させて世界平和に貢献することは、日本の反戦平和運動の重大な責務です。本書は、グローバルな観点から、日本の護憲・平和勢力を勇気づけるものとなっています。

「軍の廃止」から「生態学的安全保障」へというのが、地球環境の危機を解決するための著者の戦略であり、「生態学的安全保障」とは「より平等主義的なビジョン、人々や人権や健全な環境を優先させる」ものである」（第6章）と定義されています。「生態学的安全保障」の実現の過程は、「軍の廃止」後、長期にわたると、著者は述べます。今日、軍事力と軍事的安全保障を絶対視する考えや軍国主義の風潮が、世界でも日本でも強まるなかで、そこには学ぶべき点が多くあります。

「地球憲章」をもとに国際法秩序の構築を提唱

本書は、第7章で、私たちの惑星＝地球の「生態学的安全保障」のビジョンとして、「地球憲章」を挙げています。「地球憲章」は一九九二年の「地球サミット」に向けて提起され、その後、国連諸機関と国際NGOなどによって共同で練り上げられて、九七年の「リオ＋5会議」の前に第一次草案が作成され、二〇〇〇年に最終的に成文化されました。著者は「地球憲章」(案)が「持続可能なかつ平和な社会を築こうと努力する」と謳っていることに特に着目し、これらが軍の活動を制約する上で特別の意味を持つと強調しています。

著者は、「地球憲章」が各国で調印され国際文書として承認されれば、これを基礎に「環境に関する国際法」を構築して環境法廷をつくり環境犯罪を裁くことが可能になる、イラク等における劣化ウランの使用や兵器実験場周辺の環境汚染も裁くことができるだろうと述べています。しかし、ブッシュ政権が、単独行動主義をとり、「京都議定書」等の国際環境条約にも敵対している現状では、このようなプロセスを進めることは極めて困難です。ここでも超大国＝米国が大きな障害となっており、その政策を転換させることが前提です。

人の健康、とくに子どもの健康への環境悪化の影響を防ぐことは「健全な環境政策の重要な構成要素である」と著者は述べています。そして、公衆衛生の専門家として、特定の病気の環境原因を追跡することが困難なために、また人が多くの化学物質に曝されているために、発ガン率は汚染の影響の「良い指標」ではないと主張します。代わるべき指標として、人の呼吸困難の発生率、人または家畜の流産率、鳥または魚類の死などを提案しています。ガン（死の）発生率を基礎に環境と経済とのバランスを唱え、環境汚染とその影響を過小に評価する「環境リスク論」が台頭してきている現在、著者のこの提案は重要であり、発展させられるべきです。

草の根活動の重要性とグローバル・イニシャティヴ

本書は、「草の根活動の重要性」（第6章）を強調し、一九九九年の「ハーグ平和会議」への取り組み、二〇〇〇年の「平和のための宇宙を保持せよ」、九九年のG7サミットに向けた「債務帳消し運動」、九九年の反WTOの「シアトルの反乱」などを紹介し、先進国のNGOと発展途上国との連合が「変化のためのエネルギー」を増大させていると述べています。しかし、残念ながら、著者が主張するエコロジカルな変革を全世界的にリードする勢力は今日、まだはっきりした形をとって登場しておらず、国際的、国内的な活動の前進を通して、変革の方向を探って行く以外に道はないと、私たちは考えています。

著者は、市民運動や住民運動を進めるにあたって、ローカルな活動をグローバルなイニシャティヴと結びつけるべきだと述べています。これが有名なスローガン 'Think Globally and Act Locally' の著者による解釈です。「現在の危機はグローバルである」という認識からすれば、これはごく当然のことです。しかし、日本ではこの有名なスローガンのAct Locallyに重点を置き、ＮＧＯ等の活動を身の回りの実践に矮小化するという傾向があります。著者の提案を真剣に受けとめ、運動に活かして行くべきです。

そのような一つの事例として、自らの被爆体験を被爆兵士やマーシャルの被爆者と結んで国際的に提起した広島・長崎の被爆者を「地球市民」の最初の一員として著者が特筆していることに深く動かされます。

「ロザリー・バーテル博士と私」と「日本語版へのまえがき」

本書第5章では、日本の三菱関連の「エイジャン・レア・アース社」（ＡＲＥ）による放射能汚染が取りあげられており、マレーシアで著者といっしょに住民側に立って裁判闘争を支援した市川定夫博士が紹介されています。市川博士には「ロザリー・バーテル博士と私」という文をこの本のためにいただきました。これは、本書第5章のＡＲＥ批判の補足となるもので、日本企業の公害輸出の植民地主義的性格を読みとることができます。

バーテル博士には日本語版序文をいただきました。そこで、著者は九・一一以降の米国の外交・軍事政策の急激な変化とアフガン戦争、第二次イラク戦争に焦点をあてて分析し、恐ろしい未来に向かって事態が悪化していると結論づけています。そして、「今こそ、流れを変えるべきだ！」と訴えています。

私たちがこの解説で指摘した本文への幾つかの疑問についても答えています。劣化ウラン兵器の危険性についての最近の知見や第二次イラク戦争での使用についても言及しています。

※　※　※　※

翻訳作業は中川慶子、稲岡美奈子、振津かつみの三人が中心になって行いました。訳文のチェック、解説の作成には、物理学、化学、生物学、工学、環境学、社会学などの多くの専門家の方々の協力をえました。協力いただいた皆さんに心から感謝します。

訳者の一人、振津かつみが、ウラン兵器禁止の国際的運動を進めるために、入門的解説「ウラン兵器の危険と禁止を求める国際運動」を付け加えました。振津は、ロザリー・バーテル博士といっしょに「第二回核被害者世界大会」（一九九二年）や「チェルノブイリ一〇周年人民法廷」（一九九六年）に参加するなど、博士の長年の知人でもあり、またＩＣＢＵＷ（ウラン兵器禁止を求める国際連合）の評議員の一人でもあります。バーテル博士の「日本語版へのまえがき」、本文第１章とあわせてお読み下さい。

（二〇〇五年三月）

【す】

【せ】

索 引

[アルファベット]

（日本語訳については略語一覧を参照）

[かな・漢字]

[著者略歴]

ロザリー・バーテル　Dr. Rosalie Bertell, GNSH

ロザリー・バーテル博士は計量生物学の博士号を持ち、1969年から環境保健の分野で研究を行ってきた。博士は、産業や軍の活動による汚染の被害者、とりわけ第三世界の人々や先住民が生命と健康にかかわる自らの人権を守るための闘いを重視し支援してきた。

博士は、グローバルな核汚染とその被害について調査研究を進め、カナダのトロントに「公衆の健康を憂慮する国際研究所」（1984年）を設立するなど、いくつかの組織の創設に貢献した。また、インドのボパールで起こった化学工場爆発事故による住民の被害調査（1993年）を行ったり、国際原子力機関（IAEA）によるチェルノブイリ原発事故被害の過小評価を批判して「永久人民法廷」で証言を行う（1996年）などの活動に取り組んだ「国際医学委員会」の責任者も勤めた。

博士は「もうひとつのノーベル賞」とも言われる「正しい生活賞」（Right Livelihood Award）、世界連邦主義者平和賞、国連環境計画（UNEP）グローバル500賞など5つの賞を受賞している。最近、2005年ノーベル平和賞の女性候補者1000人のひとりにも選ばれた。

本書の他に、『電離放射線被曝による健康影響の推定のためのハンドブック』（邦訳：『放射能毒性事典』技術と人間刊）（*Handbook for Estimating Health Effects from Exposure to Ionizing Radiation*）、『すぐに現れない危険——放射能にまみれた地球の行く末』（*No Immediate Danger: Prognosis for Radioactive Earth*）などの著書がある。

博士はローマカソリック教会のメンバーで、修道女（Grey Nun of Sacred Heart）でもある。

[訳者略歴]

中川　慶子（なかがわ　けいこ）

1942年生まれ。アメリカ文学・英語圏児童文学専攻。

教職のかたわら「原発の危険性を考える宝塚の会」などの市民活動にかかわる。共訳書に『核の目撃者たち——内部からの原子力批判』（筑摩書房）、『父マーク・トウェインの思い出』（こびあん書房）、『マーク・トウェインのラヴレター』（彩流社）、共著に『英語圏の新しい児童文学』（責任編集、彩流社）など。

稲岡　美奈子（いなおか　みなこ）

1948年愛媛県の農家に生まれる。大学で分子遺伝学を専攻。30年余、高校の理科教員。1975年に「国際女性年連帯委員会」、1997年に「地球救出アクション97」を結成、活動中。

振津　かつみ（ふりつ　かつみ）

1959年生まれ。内科医。阪南中央病院で原爆被爆者の健康管理や実態調査に携わる中で、ヒバクによる健康・生活への被害を知る。チェルノブイリ原発事故の被災地支援の市民活動「チェルノブイリ・ヒバクシャ救援関西」にもかかわる。「ウラン兵器禁止を求める国際連合」(ICBUW) 評議員。

戦争《せんそう》はいかに地球《ちきゅう》を破壊《はかい》するか　最新兵器と生命の惑星

2005年8月6日　初版第1刷発行　　定価3,000円＋税

著　者　ロザリー・バーテル
訳　者　中川慶子・稲岡美奈子・振津かつみ
発行者　高須次郎
発行所　緑風出版 ©
〒113-0033　東京都文京区本郷2-17-5　ツイン壱岐坂
［電話］03-3812-9420　［FAX］03-3812-7262
［E-mail］info@ryokufu.com
［郵便振替］00100-9-30776
［URL］http://www.ryokufu.com/

装　幀　堀内朝彦　　イラスト　梅本善昭
制　作　R 企 画　　印　刷　モリモト印刷・巣鴨美術印刷
製　本　トキワ製本所　　用　紙　大宝紙業　　E2000

Printed in Japan　　ISBN4-8461-0506-7　C0047